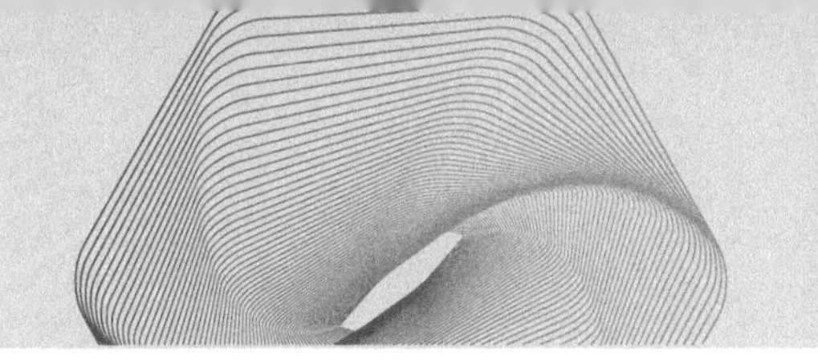

重庆文理学院学术专著出版资助

高性能纤维基本原理及制品成形技术

翟福强　著

GAOXINGNENG XIANWEI
JIBEN YUANLI
JI
ZHIPIN
CHENGXING JISHU

化学工业出版社
·北京·

内 容 简 介

高性能纤维是我国国民经济和国家安全领域基础战略原材料。随着国民经济的快速发展和科技进步，对高性能纤维的需求更加迫切。高性能纤维品种多样，制备过程各异，且制备和应用涉及众多学科交叉和融合。《高性能纤维基本原理及制品成形技术》首先介绍了高性能纤维的基本概念，以及高性能纤维技术发展历程，然后分析了高性能纤维加工成形基本原理、高性能纤维加工成形流变基础，接下来对高性能纤维制品成形技术进行了系统研究，最后阐述了高性能纤维的产业特性与发展。

本书可作为普通高等院校相关专业的教材，也可供相关专业的生产和技术人员参考。

图书在版编目（CIP）数据

高性能纤维基本原理及制品成形技术/翟福强著．—北京：化学工业出版社，2022.9（2023.8 重印）
ISBN 978-7-122-41519-6

Ⅰ．①高…　Ⅱ．①翟…　Ⅲ．①纤维增强复合材料-研究　Ⅳ．①TB334

中国版本图书馆 CIP 数据核字（2022）第 092081 号

责任编辑：陈　喆　王　烨　　文字编辑：公金文　葛文文
责任校对：刘曦阳　　装帧设计：王晓宇

出版发行：化学工业出版社（北京市东城区青年湖南街 13 号　邮政编码 100011）
印　　装：北京建宏印刷有限公司
710mm×1000mm　1/16　印张 14½　字数 250 千字
2023 年 8 月北京第 1 版第 3 次印刷

购书咨询：010-64518888　　售后服务：010-64518899
网　　址：http://www.cip.com.cn
凡购买本书，如有缺损质量问题，本社销售中心负责调换。

定　　价：138.00 元

高性能纤维是我国国民经济和国家安全领域基础战略原材料。随着国民经济的快速发展和科技进步，对高性能纤维的需求更加迫切。近年来，得益于航空航天、国防工业、防护和体育用品领域的旺盛需求和国家的大力支持，我国高性能纤维制备和应用领域发展迅速，特别是具有代表性的碳纤维、对位芳纶和超高分子量聚乙烯纤维三大高性能纤维领域取得了巨大的技术进步，产业水平也得以快速提升。此外，其他高性能纤维，如 PBO 纤维、碳化硅纤维、玻璃纤维等特种纤维也取得了突破性进展。但当前我国高性能纤维领域仍然存在一些不足。总体而言，我国高性能纤维仍然与国际先进水平存在一定的差距，特别是高品质级别的高性能纤维仍然处于跟随仿制阶段。对于我国高性能纤维行业的发展现状，我们必须要有客观清醒的认识，这样才能促进我国高性能纤维领域的持续发展和技术进步，实现我国高性能纤维研究和产业从跟随到领跑的质的跨越。

高性能纤维品种多样，制备过程各异，且制备和应用涉及众多学科交叉和融合。本书秉承传承与发展的态度，系统总结了高性能纤维制备的科学基础，客观阐述了高性能纤维的产业技术发展。本书首先介绍了高性能纤维的基本概念，以及高性能纤维技术发展历程，然后分析了高性能纤维加工成形基本原理、高性能纤维加工成形流变基础，接下来对高性能纤维制品具体成形技术进行了系统研究，最后阐述了高性能纤维的产业特性与发展。

在本书的写作过程中，许多同事为本书的编写提供了资料，在此一并表示衷心的感谢。由于时间紧，工作量大，难免会出现不足之处，恳请广大读者批评指正。

著　者

目
CONTENTS
录

第一章 高性能纤维概述

第一节 高性能纤维简介

一、高性能纤维的发展历程

自 20 世纪普通黏胶纤维问世以来，人造纤维的发展经历了两个阶段。第一阶段的发展包括再生纤维和 20 世纪 60 年代开始发展起来的合成纤维。人们开发人造纤维的初衷是为了解决天然纤维日益短缺的问题，所制造的人造纤维主要用于纺织服装领域。随着 20 世纪工业的飞速发展和技术进步，人造纤维在产业领域逐步得到广泛应用，如地毯、轮胎、土建工程等领域。虽然工业用人造纤维比纺织用的人造纤维在性能方面有较大幅度的提高，但是在结构和性能方面没有质的变化。纺织用和工业用的人造纤维属于第一代人造纤维，其生产和品种通常以需求量为驱动，以价格为导向，大规模生产为主要特点。第二阶段的发展自 20 世纪 50 年代起，随着工业的发展，一些具有特殊性能的人造纤维逐步实现工业化生产。这些纤维具有一般人造纤维所不具备的化学和物理性能，通常称为高性能纤维。高性能纤维实现了人造纤维结构和性能的跨越式发展，属于第二代人造纤维。高性能纤维的生产和品种是以技术需求为发展驱动，以特殊应用为产品导向，生产规模相对较小。第一代和第二代人造纤维的力学性能和主要用途见图 1-1。

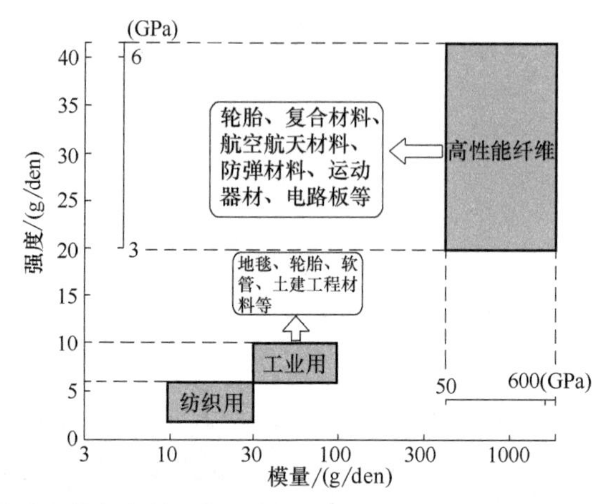

图 1-1　人造纤维的力学性能和主要用途（1den＝0.111112×10^{-6}kg/m）

二、高性能纤维特性

高性能纤维的特性主要表现在高强度高模量的力学性能、耐高温和耐腐蚀等三个方面。

（一）力学性能优异：高强度高模量

高强度高模量纤维一般指强度大于 2.5GPa（17.7cN/dtex①），模量高于 55GPa（441.5cN/dtex）的纤维。强度和模量是反映高性能纤维基本力学性能的两个关键指标。

（二）阻燃耐高温性能好：工作温度在 160℃以上

耐热型高性能纤维是可在 160～300℃温度长期使用的纤维。高温下，其尺寸稳定，软化点、熔点和着火点高，热分解温度高，长期暴露在高温下能维持一定的力学强度、化学稳定性以及加工性能等。极限氧指数、玻璃化转变温度和分解温度等指标是反映其耐热性能的关键参数。

（三）耐化学腐蚀性出色：对绝大多数溶剂表现为惰性

高性能纤维都具有优异的耐化学腐蚀性能。例如，间位芳纶纤维可耐大多数高浓无机酸的腐蚀。高温下，置于不同的有机试剂中一周后，聚苯硫醚纤维

① dtex 是在公定回潮率时，10000m 长的纤维束的质量（g），1dtex＝0.1tex。

仍能保持其原有的拉伸强度；聚酰亚胺纤维不溶于有机溶剂，耐腐蚀、耐水解。

三、高性能纤维的分类与作用

（一）高性能纤维的分类

高性能纤维分为有机和无机两大类，如表 1-1 所示。

表 1-1　高性能纤维分类和品种

<table>
<tr><th colspan="2">分类</th><th>品种</th></tr>
<tr><td rowspan="16">有机高性能纤维</td><td rowspan="14">刚性分子链</td><td>间位芳香族聚酰胺纤维</td></tr>
<tr><td>对位芳香族聚酰胺纤维</td></tr>
<tr><td>芳香族聚酯纤维</td></tr>
<tr><td>聚对亚苯基苯并二噁唑(PBO)纤维</td></tr>
<tr><td>聚苯硫醚(PPS)纤维</td></tr>
<tr><td>聚(2,5-二羟基-1,4-亚苯基吡啶并二咪唑)纤维</td></tr>
<tr><td>聚苯并咪唑纤维</td></tr>
<tr><td>聚苯砜对苯二甲酰胺纤维</td></tr>
<tr><td>聚酰亚胺纤维</td></tr>
<tr><td>聚酰胺酰亚胺纤维</td></tr>
<tr><td>酚醛纤维</td></tr>
<tr><td>三聚氰胺甲醛纤维</td></tr>
<tr><td>聚醚醚酮纤维</td></tr>
<tr><td>聚四氟乙烯纤维</td></tr>
<tr><td rowspan="2">柔性分子链</td><td>超高分子量聚乙烯纤维</td></tr>
<tr><td>聚乙烯醇(PVA)纤维</td></tr>
<tr><td rowspan="5">无机高性能纤维</td><td>碳纤维</td><td>聚丙烯腈基碳纤维、沥青基碳纤维、黏胶基碳纤维、石墨纤维</td></tr>
<tr><td>陶瓷纤维</td><td>氧化铝纤维、碳化硅纤维</td></tr>
<tr><td>玻璃纤维</td><td></td></tr>
<tr><td>玄武岩纤维</td><td></td></tr>
<tr><td>硼纤维</td><td></td></tr>
</table>

从分子维数角度，高性能纤维分为线形聚合物、石墨片和三维网络三种类型。线形聚合物是一维的，通常具有良好的力学性能。根据分子中有无苯环和氨基，分为刚性分子链和柔性分子链两类。有苯环和氨基的是刚性分子链，主要是酰胺类纤维；没有苯环和氨基的是柔性分子链，主要是聚乙烯类和醇类纤

维。石墨片型纤维是二维结构的。乱层排列，既获得了石墨结晶完善取向所产生的最高轴向强度和刚度，又获得了维系纤维横向性能的内聚力。三维网络型纤维中，有机热固性树脂制成的纤维通常不具备足够的强度，主要提供耐热性能；而无机三维网络型纤维则能够同时提供刚度、强度和耐高温性能。

（二）高性能纤维的作用

纤维结构学奠基人之一、英国曼彻斯特理工大学荣誉教授赫尔在其著作《高性能纤维》一书中指出，除了防弹、防火等特殊用途外，不会优先考虑把高性能纤维用在服装和家纺等舒适或时尚性产品上。可见，高性能纤维在其诞生之初就有着完全不同于服装用纤维的应用使命。

后续的应用发展证明，高性能纤维主要有三个方面的重要作用。

1. 发展尖端军民用装备的关键材料

竞争性市场上，由于成本因素，高性能纤维难以大规模应用。例如，在汽车轮胎市场中，尼龙帘子线是最有竞争力的产品，其无以撼动的性价比优势，直接把对位芳纶排挤出普通汽车轮胎市场。至今，对位芳纶增强轮胎只能用于赛车、重载汽车和飞机。赫尔指出："每种高性能纤维只有有限的几个制造商生产，而他们必须找到其出色性能来支撑价格高昂的合理的特定市场。"事实上，赫尔想指出的愿意付出"高昂价格"来证明高性能纤维"出色性能"的那个"合理的特定市场"，就是尖端军民用装备市场。尖端军民用装备市场关乎高性能纤维技术和产品的生存和发展，这一点在相当长的一段历史时期内是难以改变的。

2. 推动绿色发展的重要物质基础

高性能纤维增强复合材料制造的飞机、汽车、高速火车和舰船等的结构体，抗冲击和抗形变能力提高，装备自重减轻，不仅提高了使用安全性，而且显著减少燃油消耗和 CO_2 气体的排放；高性能纤维增强复合材料制造的风力发电机叶片重量轻，可提高风能利用率；耐热型高性能纤维制成的烟气过滤袋，用于火力发电厂、水泥厂和垃圾焚烧厂的烟气除尘等。高性能纤维的广泛应用会为国家的绿色发展和美丽家园建设做出重要贡献。

3. 促进产业转型升级的技术动力

国产高性能纤维产业要想由弱变强，就必须促进化工、化纤和纺织等产业的转型升级、换代，而大力发展高性能纤维技术将为此提供强大的牵引力。2015 年 9 月召开的"第 21 届中国国际化纤会议"上，日本化纤协会董事长上田英志指出，当一个国家的经济发展到一定水平之后，人均纤维消费量呈趋稳状态，增长量极小。同时，消费者对化纤产品的质量要求趋高，导致纤维消费价格提高。此时，化纤产品升级为高附加值的“技术纺织品”。与此吻合的是，20世纪90年代末，西方大型化纤企业就开始了产业升级，出售通用化纤业务，专注发展高性能纤维产业。这说明，世界领先企业在转型升级中都对高性能纤维业务加以倚重和发展，以期为企业带来更长久的效益。

第二节
主要高性能纤维分析

一、高性能玻璃纤维

高性能玻璃纤维与传统玻璃纤维相比，某些使用性能有显著提高，能够在外部力、热、光、电等物理，以及酸、碱、盐等化学作用下具有更好的承受能力。它保留了传统玻璃纤维耐热、不燃、耐氧化等共性，更有着传统玻璃纤维所不具备的优异性质和特殊功能。

GB/T 4202—2007《玻璃纤维产品代号》，对玻璃纤维产品进行了分类，给出了E、A、C、D、S或R、M、AR、E-CR共九种产品代号，每种产品都有其特征描述，最初高强玻璃纤维仅有S和R两种。一些特种高性能玻璃纤维，如石英、高硅氧等，产品代号不在标准中，通常是以制造商的商标或产品牌号表示。结合目前高性能玻璃纤维产品种类及其性能，给出高性能玻璃纤维量化分类，见表1-2。

表1-2 高性能玻璃纤维量化分类

性能分类	标准中的代号	高性能玻璃纤维种类	特征性能	高性能玻璃纤维性能参数	无碱玻璃纤维性能参数
力学性能	S或R	高力学性能玻璃纤维	浸胶束纱拉伸强度；浸胶束纱拉伸模量	≥3300MPa；90～94GPa	2000～2400MPa；78～80GPa
	M	高弹性模量玻璃纤维	浸胶束纱拉伸模量	≥94GPa	
	—	R改性高强度、高模量玻璃纤维	浸胶束纱拉伸强度；浸胶束纱拉伸模量	≥2800MPa；85～90GPa	
化学性能	E-CR	良好的电绝缘性及耐化学腐蚀玻璃纤维	在 H_2SO_4（96℃，10%）中24h的质量损失；浸胶纱拉伸强度；浸胶纱拉伸模量	＜10%；2200～2600MPa；80～85GPa	33%；2000～2400MPa；78～80GPa
	AR	耐碱玻璃纤维	$Ca(OH)_2$（100℃，10%）浸泡4h质量损失	＜10%	约20%

续表

性能分类	标准中的代号	高性能玻璃纤维种类	特征性能	高性能玻璃纤维性能参数	无碱玻璃纤维性能参数
物理性能	—	耐高温玻璃纤维	长期使用温度	≥650℃	约400℃
	—	光导纤维	数值孔径；光吸收系数	0.01～3.00；<0.001cm^{-1}	—
	—	超细纤维	B级纤维直径	≤4μm	—
	—	微纤维	纤维直径	≤4μm	—
	D	良好介电性能玻璃纤维	相对介电常数(10GHz)；相对介电损耗(10GHz)	≤5.2；≤0.0035	约6.5；约0.0039
	—	镀金属玻璃纤维	电阻率	<$1\times10^{-3}\Omega\cdot cm$	$4.02\times10^{14}\Omega\cdot cm$
	—	耐辐照玻璃纤维	积分中子通量1×10^{20}中子/($cm^2\cdot s$)，γ射线吸收剂量3×10^8Gy，最高温度280℃	绝缘电阻率大于$7\times10^9\Omega\cdot m$，纤维无粉化	纤维粉化

（一）高强玻璃纤维

高强玻璃纤维组分有S级的SiO_2-Al_2O_3-MgO系统和R级的SiO_2-Al_2O_3-CaO-MgO系统两类，这些组分玻璃纤维具有高强度、高模量、耐高温、耐腐蚀等特性，与E级玻璃纤维相比拉伸强度提高30%～40%，拉伸模量提高10%～20%。表1-3和表1-4列出了高强玻璃纤维成分与性能。

表1-3 高强玻璃纤维成分 单位：%（质量分数）

牌号	SiO_2	Al_2O_3	MgO	CaO	其他
S-2	65	25	10	—	杂质<1
R	58～60	23.5～25.5	5～7	9～10	杂质<1
T	65	23	11	<0.01	助剂<1
HS系列	55～65	23～25	7～16	—	助剂<9.4

表 1-4　高强玻璃纤维性能

性能	HS6	S-2	R	T	E
新生态单丝强度/MPa	4600～4800	4500～4890	4400	4650	3200～3400
弹性模量/GPa	86～88	84.7～86.9	83.8	84.3	75
断裂伸长率/%	5.3	5.4	4.8	6.1	4.8
密度/(g/cm^3)	2.50	2.49	2.54	2.50	2.54
浸胶束纱拉伸强度/MPa	≥3700	≥3700	≥3400	≥3400	2200
浸胶束纱拉伸模量/GPa	92.5	92	93	92	80

注：浸胶束纱拉伸强度和模量测试方法依据 GB/T 20310—2006。

（二）良好介电性能玻璃纤维

良好的介电性能主要是指介电损耗低。介电损耗是指电介质在外电场的作用下，将一部分电能转化为热能的物理过程。透波材料需要具有低损耗和低介电常数，而高效能电容材料则需要低损耗和高介电常数。具有优良的低介电性能的玻璃纤维有低介电玻璃纤维和石英玻璃纤维，石英玻璃纤维同时具有耐高温性能等。低介电玻璃纤维属氧化硼含量较高的玻璃系统，具有密度低、介电常数及介电损耗低、介电性能受环境温度和频率等外界影响因素小等特点，最早作为飞机雷达罩的增强材料，具有轻质、宽频带、高透波等特性，近年来在印制电路板（PCB）上规模化应用。由于早期的 D 低介电玻璃纤维工艺性能差，规模化生产难度大，电子玻璃纤维布的制造企业都致力于开发新型低介电玻璃纤维，如 NE、LD 等。表 1-5 为国外不同牌号的低介电玻璃纤维与 E 玻璃纤维组分及性能对比。表 1-6 为石英玻璃纤维与其他玻璃纤维性能对比。

表 1-5　国外不同牌号低介电玻璃纤维与 E 玻璃纤维组分及性能对比

牌号	D	NE	LD	E
SiO_2 质量分数/%	72～76	50～60	52～60	54.7
B_2O_3 质量分数/%	20～25	14～20	20～30	6.3
Al_2O_3 质量分数/%	0～1	10～18	10～18	14.3
MgO+CaO 质量分数/%	<1	<9	4～8	23.3
R_2O 质量分数/%	<4	<1	—	<2
TiO_2 质量分数/%	—	0.5～5	—	0.2
F_2 质量分数/%	—	<2	<2	<1
介电常数(10GHz)	4.3	<4.4	5.25	6.5
介电损耗(10GHz)	0.0026	0.002	0.0032	0.0039

表 1-6 石英玻璃纤维与其他玻璃纤维性能对比

性能		石英玻璃纤维	D 玻璃纤维	E 玻璃纤维
介电常数	1MHz	3.7	3.8	6.4
	10GHz	3.74	4	6.13
介电损耗	1MHz	0.0001	0.0008	0.0016
	10GHz	0.0002	0.0026	0.0039
密度/(g/cm^3)		2.2	2.14	2.6
新生态拉丝强度/MPa		6000	2500	3400
弹性模量/GPa		78	55	73
断裂伸长率/%		4.6	4.5	4.5
浸胶纱拉伸强度/MPa		3600	1650	2400
软化点/℃		1700	650	842

(三)耐高温玻璃纤维

传统无碱玻璃纤维长期使用温度低于 400℃，耐高温玻璃纤维具有比无碱玻璃纤维更高的应变点和软化点。耐 900℃以上高温的玻璃纤维主要有高硅氧、石英玻璃纤维。高硅氧玻璃纤维组分中 SiO_2 含量在 96%以上，有织物、纱线、短切纤维等品种。

石英是地质学专业术语，自然界的石英多为晶态结构，如石英石、水晶等。石英玻璃纤维是一种 SiO_2 含量在 99.9%以上的非晶态玻璃纤维，先将天然水晶熔融并制成棒材，然后加热棒材至软化温度，在外力牵伸下形成直径为 1～13μm 的纤维。石英纤维微观结构是由 SiO_2 四面体结构单元组成的网络，Si—O 化学键键能大，结构紧密，使得石英玻璃具有独特的性能，如耐高温、耐烧蚀、耐腐蚀、隔热、低介电及透波性能、良好的化学稳定性等。在玻璃纤维中，石英玻璃纤维是最耐热的，介电常数也是最低的。

耐高温玻璃纤维已广泛应用于航天飞行器防热烧蚀材料、耐高温绝缘材料、防火防护材料、高温气体或液体过滤材料等。石英玻璃纤维除具有优异的耐热性外，其优异的电性能也使其广泛用于雷达、天线窗等增强材料。

(四)耐辐照玻璃纤维

我国有专业耐辐照玻璃纤维产品用于强辐射环境，作为保温或绝缘材料，制品主要有保温棉毡或织物。棉毡是由耐辐照玻璃纤维经短切、开松、梳理和针刺而成的非织造毡，毡外包覆耐辐照玻璃纤维布，并用耐辐照纱线缝合固定。辐照试验表明，耐辐照棉毡在快中子通量为 1.03×10^{19} 中子/($cm^2\cdot s$)、热中子通量为 4.21×10^{19} 中子/($cm^2\cdot s$) 和 γ 射线吸收剂量为 5.47×10^6Gy 的辐射条件下，未见脆裂、粉碎和结团等现象，表现出良好的耐快中子辐射性能。国外没有耐辐照玻璃纤维专属种类，在辐照环境下采用不含硼的玻璃纤维。

（五）光导玻璃纤维

光导玻璃纤维（简称光纤）利用了光的全反射作用，是一种把光能闭合在纤维中而产生导光作用的纤维。它是由两种或两种以上折射率不同的透明材料通过特殊复合技术制成的复合纤维，直径只有 1～100μm。光纤按照应用分为通信光纤和非通信光纤两大类。光导纤维广泛应用于通信领域，即光导纤维通信激光作为光源，其方向性强、频率高，是进行光纤通信的理想光源。光波频带宽，与电波通信相比，能提供更多的通信通路，可满足大容量通信系统的要求。因此，光纤通信与卫星通信一并成为通信领域里最活跃的两种通信方式。光纤通信的另一特点是其保密性好、不受干扰且无法窃听，这一优点使其广泛应用于军事领域。在非通信领域，光纤在传光、传像和传感等方面也有广泛应用。

（六）耐化学腐蚀玻璃纤维

相对钢和铝等金属，玻璃纤维增强复合材料具有优异的耐化学腐蚀特性，但仍有很多特殊腐蚀环境对复合材料提出更高要求。如火力发电厂的排烟脱硫设备、地下水和污水管道，以及包括海水淡化设备、潮汐能发电装置等各种盐水环境下海洋工程、混凝土建筑及补强等，要求使用的复合材料在酸、碱、油脂、盐雾等化学介质环境下有良好的耐久性。玻璃纤维增强复合材料耐腐蚀性的提高可通过选用耐腐蚀树脂基体来实现，但耐腐蚀树脂基体并不能阻止腐蚀介质对纤维增强体的腐蚀而造成的玻璃钢结构性能下降，因而耐腐蚀玻璃纤维的研究与应用仍在不断扩展中。表 1-7 为耐酸 E-CR、耐碱 AR 玻璃纤维与 E 玻璃纤维和 C 玻璃纤维在不同介质环境下质量损失率对比。E 玻璃纤维耐酸性不佳，C 玻璃纤维耐碱性不佳，E-CR 玻璃纤维比无碱玻璃纤维耐酸性提高 4 倍，AR 玻璃纤维比中碱玻璃纤维耐碱性提高 20 倍。

表 1-7　不同玻璃纤维质量损失率对比　　单位：%（质量分数）

试验条件	E-CR	AR	E	C
H_2O,24h	0.6	0.7	0.7	1.1
H_2O,168h	0.7	1.4	0.9	2.9
10%H_2SO_4,24h	6.2	1.3	39.0	2.2
10%H_2SO_4,168h	10.4	5.4	42.0	4.9
10%Na_2CO_3,24h	—	1.3	2.1	24.0
10%Na_2CO_3,168h	1.8	1.5	2.1	31.0

二、碳纤维

碳纤维是一种由90%以上的碳元素组成的纤维，具有高比强度、高比模量、耐高温、耐腐蚀、抗疲劳等特性，作为复合材料的增强体，广泛应用于航空航天、国防军事、体育休闲等领域，是国民经济和国防建设不可或缺的一种材料。制备碳纤维的前驱体有很多，主要包括黏胶纤维（Rayon）、沥青（Pitch）纤维、聚丙烯腈（PAN）纤维和木质素（Lignin）纤维。其中黏胶基碳纤维是最早问世的一种，主要作为耐火和隔热材料，广泛应用于航空航天等领域，其产量不足世界碳纤维总产量的1%。沥青基碳纤维的含碳量高，包括通用级沥青基碳纤维和中间相沥青基碳纤维。通用级沥青基碳纤维的成本较低，但其强度不高，可重复性差，应用领域受到一定限制；中间相沥青基碳纤维的强度有所提高，但工艺复杂，产量较低。PAN基碳纤维综合性能最好，是目前生产规模最大、需求量最大、发展最快的一种碳纤维，其产量已达碳纤维总产量的90%以上。而木质素基碳纤维仍处于研发阶段，其具有原料来源广、价格低廉、含碳量高等优点。

碳纤维具有质轻、高强度、高模量、耐腐蚀、低膨胀、抗疲劳、抗冲刷及自润滑、与生物体相容性好等综合优异性能，同时具有碳材料的固有本征，又兼备纺织纤维的柔软及可加工性。鉴于碳纤维的力学性能特点，一般不单独使用，常被加工成毡、绳、织物、带等，作为增强材料加入树脂、陶瓷、混凝土等材料中构成复合材料。碳纤维及其复合材料形成了一个崭新的材料体系，碳纤维布是其不可缺少的组成部分。然而，碳纤维由于耐曲折性、耐磨性很差，可织性较差。

碳纤维因制造原材料不同，满足纤维制品成形可行性的物理、力学性能有差异，由于这些性能方面的差异，不同品种的碳纤维可适应的纤维制品成形技术有别。

1. PAN的结构与性能

PAN是丙烯腈和共聚单体通过自由基或负离子引发聚合形成的聚合物，其在很大程度上影响着碳纤维的性能。PAN中的氰基（—CN）具有较大的偶极矩，同一大分子链上的氰基团因极性相同而相互排斥，使大分子链成螺旋状扭曲；而不同PAN分子间又由于氰基的极性相反而相互吸引，PAN分子成为局部发生歪扭与曲折但分子链相互牵制的集合体。连续排列的—C≡N结构使PAN大分子不具有熔点，其分解温度低于熔融温度，即在发生熔融之前已开始降解。PAN在快速热解过程中容易形成共轭结构的梯形高分子，使其具有能够承受高温并保持原有纤维状结构的能力，并可在1000℃以上热分解成为收率高达50%～55%的碳纤维。

PAN中高极性氰基基团的存在使得PAN分子链内旋转困难，分子间排列紧密，溶解性和可纺性较差，同时不利于氧气分子进入其凝聚链；此外，PAN在预氧化过程中发生环化反应，其起峰温度高、放热集中，妨碍预氧化过程，不利于预氧化和进一步的碳化。因此需通过添加其他共聚组分来解决上述问题。共聚单体的选择需要满足以下条件：①与丙烯腈有相近的竞聚率；②聚合速率大，聚合后能形成稳定的纺丝原液；③所得PAN需具备较高分子量、较低分子量分布和较低共聚物含量，同时预氧化过程中环化放热峰宽化且起始位置偏于低温区；④纺丝原液可纺性好，所得碳纤维结构致密、缺陷少、碳收率高。目前常用共聚单体包括丙烯酸、丙烯酸甲酯和衣康酸等。

2. PAN纤维的结构与性能

PAN纤维的晶体结构与缺陷和碳纤维的性能密切相关。高的结晶度有利于碳纤维性能的提高，通常高性能PAN基碳纤维中其纤维的结晶度需达到45%以上。此外，小的结晶尺寸有利于碳纤维强度的提高，而大的结晶尺寸则有利于其弹性模量的增加。对PAN纤维晶体结构的认识目前主要分为两类：一部分研究者认为PAN为单相准晶结构，即PAN是无序的，但这种无序又比通常认为的非晶无序要规整；另一部分研究者则认为PAN纤维的晶体结构包含相对有序的“准晶区”和无序的“非晶区”，其中以华纳（Warner）等人的研究最具代表性。高度取向的PAN纤维由伸长的孔隙和原纤组成，原纤由沿纤维轴向长5～10nm的有序区和3～7nm的无序区组成，棒的直径约为0.6nm。其中，聚合物呈扭曲的螺旋形，但在同一棒内则趋向于相互排斥。对于常规PAN纤维，其结晶度和凝固后的拉伸过程没有太大关系。一般通过预热拉伸使氰基获得足够的能量发生横向整列重排，并把氰基基团上的水化层释放出来得到网络结构趋于密实的PAN纤维，进而通过高倍拉伸得到高度有序的结构，提高纤维的断裂强度。但过度牵伸会将PAN分子链强行拉断，导致缺陷、裂纹和断丝等现象，影响最终碳纤维的性能。

PAN纤维表面和内部的孔隙构成了主要的结构缺陷，其形成受溶剂种类、凝固浴浓度、温度、牵伸等影响。PAN纤维经湿法纺丝后表面溶剂扩散导致产生明显的沟槽，同时纤维表面和内部形成明显的皮芯结构，存在较多的孔隙，严重影响碳纤维强度和模量，有效去除PAN纤维的缺陷可显著提高碳纤维的力学性能。较湿法纺丝而言，干湿法纺丝中PAN纺丝液由于在空气层中经历了挤出胀大效应，经牵伸变细后进入凝固浴。因此，所得纤维表面较光滑，不存在沟槽等缺陷，有效降低了纤维表面的缺陷，纤维性能大幅提高。

3. 预氧化纤维的结构与性能

PAN 中大量氰基的存在使得其分子链间存在较强的相互作用力，导致 PAN 的熔点较高。随着碳纤维制备过程中热处理温度的提高，PAN 将在熔融前即发生氧化分解。因此，需在碳化过程前对其进行预氧化处理，使 PAN 的线形分子链转化为耐热的梯形结构，以便在高温碳化时不熔不燃。PAN 的预氧化过程反应较复杂，包括环化反应、氧化反应、脱氢反应及分解反应等。

PAN 纤维在预氧化过程中经脱氢、环化、氧化等环节生成结构较稳定的共轭环结构，提高了 PAN 基碳纤维的耐热性。在整个 PAN 基碳纤维的制备过程中，预氧化过程所消耗的时间最长，也最为关键，其结构转变在很大程度上决定了最终碳纤维的结构和性能。影响 PAN 纤维预氧化过程的因素有很多，其中主要包括预氧化过程中施加在纤维上的张力、热处理温度、预氧化时间、介质及预氧化反应场等。预氧化过程中纤维会产生化学收缩和物理收缩，通过在纤维上施加适当的张力，可减小收缩量，提高纤维的强度。同时为避免 PAN 纤维在预氧化过程中因释放大量热量而破坏其分子量，影响所得碳纤维的强度，通常需采用较低的加热速率。此外，改善预氧化的介质，增加紫外线辐照等反应场也可较好地提高碳纤维前驱体的质量。

4. 碳纤维的结构与性能

碳化一般是在高纯度的惰性气体保护下，将预氧化的 PAN 纤维加热至 1000～1800℃以除去其中的 H、O、N 等非碳元素，生成含碳量约为 95%的碳纤维。在碳化过程中，PAN 预氧化丝中直链分子和预氧化过程中所形成的共轭环结构进一步交联、环化和缩聚，使形成的环化和末端基分解，释放出 NH_3、CO、CO_2、H_2、N_2、HCN 和 H_2O 等。在碳化阶段，所有非碳元素均以适当形式的副产物去除，形成类石墨结构。碳化过程一般包括两段升温：第一阶段为 PAN 分子链的化学反应及挥发性产物的扩散，需在较低温度下进行，一般低于 600℃，并需严格控制升温速率，一般小于 5℃/min，避免纤维表面产生气孔或不规则的形态；第二阶段为 PAN 分子链间的交联以及 N_2、HCN 及 H_2 等气体的挥发，可在较高温度下进行。在该过程中，环化序列的碳原子进入相邻序列已挥发的氮原子留下的空间，促进了横向类石墨结构的生长。在高温碳化阶段，类石墨结构进一步生长，形成二维有序的层面网状石墨结构。这种纤维内部分子结构的交联化和网状化大大提高了纤维的强度和模量。

三、芳香族聚酰胺纤维

聚酰胺，在工业或日常生活中常被称作尼龙（Nylon），英文名字为 Polyamide，一般简称 PA，它是大分子主链上含有许多重复酰氨基团（—CONH）的一大类聚合物的统称。为了与脂肪族聚酰胺的通称进行区别，美国政府通商委员会于 1974 年把芳香族聚酰胺通称定义为 Aramid（聚芳香酰胺类），泛指酰氨基团直接与两个苯环基团连接而成的线形高分子，用它制造的纤维就是芳香族聚酰胺纤维（Aramid 纤维）。目前随着对芳香族聚酰胺研究的不断深入，又将芳香族聚酰胺细分为全芳香族聚酰胺、杂环芳香族聚酰胺。全芳香族聚酰胺泛指至少 85％的酰胺键和两个芳环相连的长链合成聚酰胺，由此类聚合物制得的纤维称为芳香族聚酰胺纤维（Aramid Fiber）。杂环芳香族聚酰胺是主链由芳环和杂环组成的一种高聚物纤维，指含有氮、氧、硫等杂质元素的二胺和二酰氯缩聚而成的芳酰胺纤维。

芳纶可分为两大类：一类是由对氨基酰氯缩聚而成，一类是由芳香族二胺和芳香族二酰氯缩聚而成。其中最重要的是间苯二甲酰间苯二胺（PMIA）纤维和对苯二甲酰对苯二胺（PPTA）纤维，上述两种纤维在我国分别被称为芳纶 1313 和芳纶 1414。

芳纶全称为聚苯二甲酰苯二胺，是一种新型高科技合成纤维，具有高拉伸强度、高拉伸模量、低密度、优良吸能性、减震、耐磨、耐冲击、抗疲劳、尺寸稳定等优异的力学和动态性能，良好的耐化学腐蚀性，高耐热、低膨胀、低导热、不燃、不熔等突出的热性能以及优良的介电性能。其拉伸强度是钢丝的 5～6 倍，模量为钢丝或玻璃纤维的 2～3 倍，韧性是钢丝的 2 倍，而密度仅为钢丝的 1/5 左右，在 560℃的温度下不分解、不熔化，具有很长的生命周期。

（一）对位芳香族聚酰胺纤维的结构与性能

1. PPTA 纤维的结构

PPTA 纤维的结构与性能和普通聚酰胺、聚酯等有机纤维有很大差别。这些纤维大分子链多数以折叠、弯曲和相互缠结的形态呈现。就是经过拉伸取向后，纤维的取向和结晶度也比较低，其结构常用缨状胶束多相模型来描述，但这些理论已经不能解释 PPTA 纤维高强度、高模量的原因。PPTA 大分子的刚性规整结构、伸直链构象和液晶状态下纺丝的流动取向效果，使大分子沿着纤维轴的取向度和结晶度相当高，与纤维轴垂直方向存在分子间酰氨基团的氢键和分子间作用力，但这个凝聚力比较弱，因此大分子容易沿着纤维纵向开裂产生微纤化。

对 PPTA 纤维的结构，用 X-射线衍射、扫描电子显微镜以及化学分析等方法进行解析，提出许多结构模型，比较有代表的如多布（Dobb）等人提出的“辐向排列褶裥层结构模型”，普伦斯达（Prunsda）及李历生等人提出的“皮芯层有序微区结构模型”，这些微细构造的模型基本上反映了 PPTA 纤维的主要结构特征：①纤维中存在伸直链聚集而成的原纤结构；②纤维的横截面上有皮芯结构；③沿着纤维轴向存在 200～250nm 的周期长度，与结晶 c 轴呈 0°～10°夹角相互倾斜的褶裥结构；④氢键结合方向是结晶 b 轴；⑤大分子末端部位，往往形成纤维结构的缺陷区域。

通常纤维的拉伸强度主要取决于聚合物的分子量、大分子的取向度和结晶度、纤维的皮芯结构以及缺陷分布。

2. PPTA 纤维的性能

（1）力学性能

图 1-2 是杜邦公司的 Kevlar PPTA 纤维和其他产业用纺织纤维的应力-应变曲线比较。从图 1-2 中可见，PPTA 纤维的断裂强度是 24.86cN/dtex，是钢丝的 5 倍，尼龙、聚酯纤维和玻璃纤维的 2 倍；同时它的模量也很高，达到 537cN/dtex，是钢丝的 2 倍，高强聚酯的 4 倍，高强尼龙的 9 倍。高模型的 PPTA 纤维的模量高达 1100cN/dtex，断裂伸长率非常低。

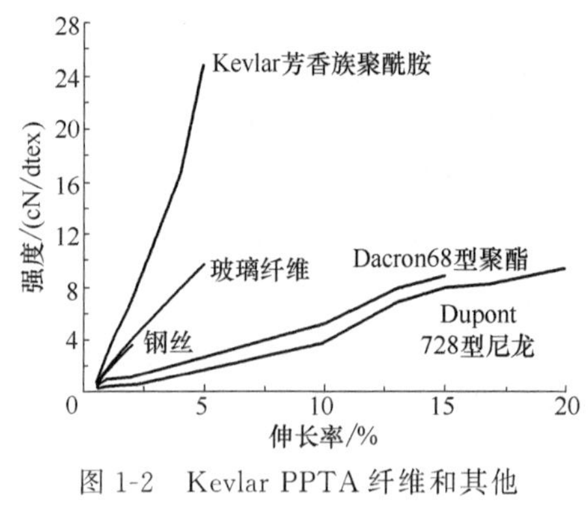

图 1-2 Kevlar PPTA 纤维和其他产业用纤维的应力-应变曲线

（2）耐热性能

PPTA 纤维的玻璃化转变温度为 345℃，分解温度为 560℃，极限氧指数为 28%～30%。PPTA 纤维的强度和初始模量随温度的升高而降低，但它在 300℃下的强度和模量比其他常规纤维（聚酯、尼龙等）在常温下的性能还好。在干热空气下，180℃、48h 的强度保持率为 84%，400℃下为 50%，零强温度为 455℃。

（3）压缩和剪切性能

芳纶纤维为轴向伸展的聚合物，分子链的构象给予纤维高的纵向弹性模量，芳香族环及电子的共轭体系赋予纤维高的力学刚性和化学稳定性；横向以氢键相结合，氢键使酰氨基具有稳定性，但它比纤维轴向的共价键要弱得多。因此，芳纶纤维纵向强度较高，而横向强度较低。

(4) 耐疲劳性能

PPTA 纤维因为压缩性能较差，所以耐疲劳问题较突出。长时间的周期性载荷往往会引起纤维疲劳和强度的下降，这对产业用纺织纤维影响较大。选择纤维/橡胶复合材料为试样，进行弯曲、拉伸、压缩及剪切的疲劳试验，然后测定帘线的强力保持率，结果锦纶帘线强力保持率为 100%，而芳纶帘线为 70%～78%，芳纶/锦纶复合帘线为 85%，显然芳纶帘线的耐疲劳性能较差。

(5) 耐紫外线性能

在吸收光谱中，芳纶在紫外线区间约 250nm 处有一个强的吸收峰，低而宽的吸收峰集中在 330nm 周围，这就造成了芳纶使用上的缺陷。芳纶纤维不仅需防止紫外线照射，而且不可暴露于阳光中。芳纶在空气中吸收来自太阳光的 300～400nm 波长的辐射，导致强力性能严重下降。

（二）间位芳香族聚酰胺纤维的结构与性能

1. PMIA 纤维的结构

Metamax 纤维是由酰氨基团相互连接间位苯基所构成的线形大分子，与 Kevlar PPTA 纤维相比，间位连接共价键没有共轭效应，内旋转位能相对低些，大分子链呈现柔性结构，其弹性模量的数量级和柔性大分子处于相同水平，它们的分子链轴方向的模量见表 1-8。

表 1-8 各种大分子结晶模量比较

纤维类型	纤维模量/GPa	结晶模量/GPa	
		实测值	理论值
PPTA	68.0～132.0	156	183
MPIA	6.7～9.8	88	90
PET	19.5	108	122
PP	9.6	27	34
PAN	9.0	—	86

2. PMIA 纤维的性能

(1) 力学性能

PMIA 纤维常温下的力学性能和通常的服装用纤维相近，因此它的纺织加工性能也和它们相近。Conex（日本帝人公司的 PMIA 纤维品牌）纱线的力学性能见表 1-9。

表 1-9 Conex 纱线的力学性能

纱线支数	20.2	30.2	40.5
回潮率/%	5.2	5.0	5.0
捻数/(捻/m)	15	18	21
单纱强力/g	776	492	315
伸长率/%	22	21	17

(2) 耐热性能

PMIA 纤维的玻璃化转变温度为 270℃，热分解温度为 400～430℃。PMIA 纤维暴露在高温下，仍能保持一定的强度。在 200℃环境温度下，工作时间长达 20000h，仍可以保持 90%的强度，在 260℃的干热空气中连续工作 1000h，强度保持率为 65%～70%，明显好于常规的化学纤维。

(3) 耐腐蚀性能

PMIA 的化学结构相当稳定，赋予纤维优良的耐化学腐蚀性能。其中耐有机溶剂和耐酸性好于尼龙，但比聚酯纤维略差，常温下的耐碱性很好，但在高温下的强碱中容易分解。

(4) 耐紫外线性能

长时间暴露在紫外线下会使 PMIA 纤维从白色或近似白色的原色变成深青铜色，有色 PMIA 纤维也会褪色或变色。这是因为纤维分子链中的酰胺键在紫外线的作用下会发生断链而形成发色基团。

(三) 杂环芳香族聚酰胺纤维的结构与性能

俄罗斯采用含咪唑环或噻唑环的二胺单体和对苯二胺、对苯二甲酰氯三元单体在酰胺系的极性溶剂中，经低温溶液缩聚、聚合溶液直接纺丝制备了 Armos、SVM 等纤维，强度达 5.0～5.5GPa，模量达 130～150GPa，可与高性能碳纤维 T800H 相媲美，杂环基团的引入使 PPTA 纤维的强度和弹性模量提高到了一个新的水平。但由于杂环二胺单体合成技术难度较大，成本较高，杂环芳纶产业至今仍没有形成规模，目前只应用于航天器材和高性能复合材料等领域。

(1) 力学性能

在拉伸强度性能方面，Armos 纤维的拉伸强度比其他对位芳香族聚酰胺高 50%，远远超过了对位芳香族聚酰胺。

(2) 尺寸稳定性

Armos 纤维在 300～350℃时开始收缩，400～450℃时收缩 3%～4%。载

荷作用下的 Armos 纤维的尺寸高稳定性（较小蠕变）指标接近金属纤维和玻璃纤维。

（3）耐热性能

Armos 纤维耐热、难熔，在 400℃下的热失重很小，工作温度为 200℃。Armos 纤维的重要特性是能耐持续升高的高温，在加热的空气中暴露 1000h 后，其强度和弹性模量仍保持在基准值的 80%～90%。Armos 纤维能耐明火，极限氧指数为 38%～43%，除去火源后立即熄灭。

（4）吸湿性

Armos 纤维吸湿性总体较小，标准条件下的吸湿性低于极性结构纤维。对比 Armos 纤维在不同相对湿度情况下的回潮率和含湿率，可以发现滞后现象。Armos 纤维的吸湿性能稍高于 PPTA 纤维。

（5）耐腐蚀性能

Armos 纤维的耐腐蚀性强（原因在于其芳香族结构），尤其可以防止化学制品和石油产品的腐蚀。持续处在湿润状态的纤维实际上不发生变化，不受微生物影响。

四、超高分子量聚乙烯纤维

超高分子量聚乙烯纤维（UHMWPE 纤维）又称高强度、高模量聚乙烯纤维，是目前世界上比强度和比模量最高的纤维，是继碳纤维和芳纶之后的第三大工业化高性能纤维，具有强度高、模量高、比重小、耐光性好、耐低温、耐弯曲疲劳性好、耐化学腐蚀等优点，还具有化学稳定性好、比能量吸收高、电磁波透射率高、摩擦因数低、耐切割以及生物相容性好等特点。

（一）超高分子量聚乙烯纤维的结构

超高分子量聚乙烯纤维由超高分子量聚乙烯（分子量在 100 万以上）通过凝胶纺丝法制得。UHMWPE 纤维的分子结构与其他高性能纤维有着显著的不同。UHMWPE 纤维大分子的基本结构单元为$\left[CH_2—CH_2 \right]_n$，碳原子上连有两个氢原子，氢原子体积很小，空间位阻小，且 C—C 键容易内旋转，大分子链呈现出良好的柔韧性。大分子链间无强的结合键，分子链中不含极性基团，无极性作用力，只有分子间作用力，易结晶，所以当聚乙烯分子相接近时，很容易有规则地排列而形成三维有序结构，产生许多微小的晶体。

20 世纪 30 年代，斯塔迪格教授指出高强度、高模量纤维的理想结构应该是大分子链无限长且以伸直链结晶存在。据此结构模型，按照分子链断裂机理，纤维的断裂强度相当于大分子链的极限强度的加和，分子链的极限强度可由分子链中C—C键的强度（0.61N）和分子链的横截面积通过计算得到：

$$极限强度=\frac{0.61N}{分子截面积}=\frac{60.86}{密度\times分子截面积} \tag{1-1}$$

式中，极限强度单位为cN/dtex；分子截面积单位为nm^2；密度单位为g/cm^3。

按计算，聚乙烯晶体拉伸强度和结晶模量理论值分别为32GPa和362GPa。从分子结构看，UHMWPE纤维是接近理论极限强度的最理想的高聚物。

聚乙烯的分子结构还决定了其优异的柔韧性、耐磨性以及分子间自润滑性。一般通过均方末端距或大分子链段长度来表示大分子链的内旋转受阻程度或柔性。均方末端距或链段长度越小，说明主链内旋转受阻程度越小，大分子链中独立运动的单元越多，柔性越好。表1-10为几种常见高聚物的均方末端距及链段长度。

表1-10 几种常见高聚物的均方末端距及链段长度

高聚物	均方末端距/nm	链段长度/nm
聚乙烯	0.183	2.13
聚丙烯	0.24	2.18
聚丙烯腈	0.26～0.32	3.26
聚氯乙烯	—	2.96
乙基纤维素	—	20.0

由表1-10可见，聚乙烯的均方末端距和链段长度均最小，分别为0.183nm和2.13nm。因此，聚乙烯分子链具有优异的柔韧性。当然，聚乙烯柔韧的分子链决定了它具有较低的玻璃化转变温度和熔点以及较大的蠕变。其蠕变主要为分子间滑移导致的黏流形变，由于纤维具有高取向度和高结晶度结构，纤维蠕变中普弹和高弹形变部分很少。

与其他几种高性能纤维不同，超高分子量聚乙烯纤维中的分子链并非“预先形成”以构筑高强度高模量纤维。在芳香族聚酰胺纤维及其他的刚性高性能纤维中，分子会形成类棒结构，并且它们只需沿一个方向取向便形成高强纤维。聚乙烯分子链长且柔曲，只有采用物理机械方法处理，才能使分子链以伸直链形态沿纤维轴向定向排列。聚乙烯的所有物理和化学性质均完整保存于纤维中，所不同的是聚乙烯分子链在纤维中呈现为高度伸展、高度取向和高结晶性的结构。

（二）超高分子量聚乙烯纤维的性能

1. 力学性能

UHMWPE 纤维的拉伸强度为 2.8～4.2GPa，断裂伸长率在 3%～6%之间，与碳纤维、玻璃纤维和芳纶相比，UHMWPE 纤维的断裂功大。UHMWPE 纤维的密度为 0.97g/cm^3，只有芳纶的 2/3 或碳纤维的 1/2，轴向拉伸性能很高，因此，与其他高性能纤维相比，在保持良好力学性能的同时，自身质量大大减少。其比拉伸强度是现有高性能纤维中最高的，比拉伸模量较碳纤维高，比芳纶高得多。表 1-11 列出了 UHMWPE 纤维与其他常见纤维的比拉伸强度、比拉伸模量和断裂伸长率。可见 UHMWPE 纤维的比拉伸模量接近于号称“纤维之王”的 PBO 纤维，而比拉伸强度甚至超过 PBO 纤维，居所有纤维之首。

表 1-11　常见纤维的比拉伸强度、比拉伸模量和断裂伸长率

纤维类型	密度/(g/cm^3)	拉伸强度/GPa	初始模量/GPa	比拉伸强度	比拉伸模量	断裂伸长率/%
UHMWPE 纤维	0.97	4.00	165	4.12	170	≤5.0
普通聚乙烯(PE)纤维	0.94	0.77	8.64	0.47	9.2	≤20
高强聚酯纤维	1.38	0.86	19.59	0.62	14.2	≤12
高强聚酰胺纤维	1.14	0.85	5.20	0.75	4.6	≤20
聚丙烯纤维	0.90	0.79	9.65	0.88	10.7	≤20
高强 PVA 纤维	1.32	2.10	46.0	1.59	34.9	≤4.9
PPTA 纤维	1.44	2.9	132	1.86	91.7	≤2.5
PBO 纤维	1.59	5.5	280	3.46	176.1	≤2.5
碳纤维	1.78	2.10	230	1.18	129.2	≤1.4
钢丝	7.86	1.70	210	0.22	26.7	≤1.1

UHMWPE 纤维具有密度小、比强度高、比模量高等特点。采用这种纤维制作防弹衣、防弹头盔和防暴盾牌等人体防护制品时，具有优异的防弹性能。材料的防弹性能可以通过该材料对弹丸或碎片能量的吸收程度来衡量。纤维的密度、韧性、模量及断裂伸长率等都将会影响纤维织物的防弹效果。

纤维的强度还可用自由断裂长度表示。自由断裂长度是指纤维、纱线或绳索自由吊挂时，因自身质量而断裂的理论长度。此自由断裂长度是与材料相关的，并对应于材料的强度。自由断裂长度与纤维、纱线或绳索的粗细无关。高强度、高模量聚乙烯纤维的自由断裂长度理论值可达 400km，约为芳纶的

1.4倍。

UHMWPE纤维是玻璃化转变温度很低的热塑性纤维，韧性很好，在塑性形变过程中吸收能量多，因此，只要基体材料或黏结剂选择恰当，用它制成的复合材料在高应变率和低温下仍具有良好的力学性能，特别是抗冲击能力比碳纤维、芳纶及一般玻璃纤维复合材料高。UHMWPE纤维复合材料的比冲击总吸收能量分别是碳纤维、芳纶和一般玻璃纤维的1.8倍、2.6倍和3.0倍，其防弹能力比芳纶装甲结构的防弹能力高2.6倍。

2. 弯曲性能

UHMWPE纤维具有良好的弯曲性能，能在不开裂或断裂的情况下进行任何形式的织造（制成针织线圈或打结），而玻璃纤维、碳纤维和芳纶的弯曲性能较差。UHMWPE纤维的成圈性能和成圈牢度都比芳纶好。

3. 耐化学腐蚀性

UHMWPE纤维由聚乙烯制得，分子结构中不含任何芳香环、酰氨基、羟基或其他易被化学物质侵蚀的化学基团，因此，耐化学腐蚀性能极好。另外，UHMWPE纤维经高倍拉伸具有高取向度和高结晶度的特点，所以，其在一般使用条件下，具有优良的耐溶剂性能，只有在熔点附近或熔点以上才会出现明显的溶胀效应。由于其分子量很高，即使在良溶剂中，溶胀速率也是极其慢的。UHMWPE纤维在多种介质中，如水、油、酸和碱等溶液中浸泡半年，强度不受影响。

4. 耐磨性能

材料的耐磨性一般随模量的增大而减小，但对UHMWPE纤维而言，却恰恰相反，这是因为UHMWPE纤维具有较低的摩擦因数。UHMWPE纤维绳子的破断循环数比Kevlar纤维绳子高8倍，耐磨性和弯曲疲劳也比Kevlar纤维高。

5. 导电性能

UHMWPE纤维是绝缘体，分子中无偶极性基团。UHMWPE纤维表现出高电阻（体积电阻率$>10^{14}\Omega \cdot m$），低介电常数（2.2）和低介电损耗因数（2×10^{-4}）特点。

以UHMWPE纤维作为增强材料的复合材料具有较低的介电常数和介电损耗值，对雷达波的反射很少，远低于玻璃纤维复合材料。

6. 耐光性能

与芳纶相比，UHMWPE纤维连续长时间暴露在日光下，其断裂强度仍有很高的保持率。经过1年的光照之后，UHMWPE纤维的断裂强度保持率仍高达 70%，而芳纶的断裂强度保持率则降至 20%以下。

7. 热性能

普通聚乙烯纤维的熔点约为 134℃，UHMWPE 纤维的熔点一般在 144～155℃之间，所测的熔点值与施加在 UHMWPE 纤维上的张力有关，张力越大熔点越高。

纤维力学性能与使用温度和加工温度有关。在 80℃下，虽然 UHMWPE 纤维的强度和模量的保持率几乎达 100%，但在长期使用下，下降达 30%左右，而在低温下强度和模量随之升高。120℃、4h 后，强度和模量为初始纤维的 50%左右，长期在这种高温下，几乎失去作为高性能纤维必需的力学性能。如果对纤维进行长时间热处理，在负载较小时能保持它在室温时的性能。处理温度一般为 130℃，处理后纤维的尺寸稳定性增强，因此 UHMWPE 纤维增强复合材料的固化及其织物增强复合材料的成形均在此温度下进行。

8. 蠕变性能

蠕变是指在较小的恒定应力作用和一定的温度下，材料的应变随时间的增加而增大的现象。由于聚乙烯分子结构简单，分子间无氢键，分子间主要作用力为色散力，因此，PE 分子间作用力较小，UHMWPE 纤维在高温和张力下使用会发生蠕变。UHMWPE 纤维蠕变行为的大小与冻胶纺丝中使用的溶剂种类密切相关，若使用的溶剂为石蜡油、石蜡，则由于溶剂或增塑剂不易挥发或脱除而残存于纤维内，纤维蠕变倾向显著；当使用挥发性溶剂如十氢萘时，所得纤维的蠕变性能极大地改善。

9. 耐疲劳性能

在绳索的使用过程中，疲劳是一项极其重要的质量指标。与普通的锦纶、涤纶绳索相比，UHMWPE 纤维绳索不仅具有强度高的特性，而且具有高张力和高耐弯曲疲劳性能。与碳纤维和玻璃纤维相比，UHMWPE 纤维不仅具有高模量，而且具有优异的柔韧性和良好的耐挠曲疲劳性能。

五、纳米增强材料

纳米复合材料近年来得到广泛的关注。纳米材料是指至少有一个维度的尺寸小于 100nm 或由小于 100nm 的基本单元组成的材料。纳米材料通常按照维度进行分类，其中零维纳米材料包括原子团簇、纳米微粒，一维纳米材料包括纳米线和纳米管等，纳米薄膜为二维纳米材料，纳米块体为三维纳米材料。

当材料维度进入纳米级，便表现出一般材料不具备的独特效应，具体如下：

① 尺寸效应。当材料处于0.1～100nm的纳米尺寸范围内时，会呈现出异常的物理、化学和生物特性，包括声、光、电、磁、热力学等，呈现出新的小尺寸效应，如光吸收显著增加。材料的磁性也会发生很大变化，如一般铁的矫顽力约为80A/m，而直径小于20nm的铁，其矫顽力却增加了1000倍。若将纳米粒子添加到聚合物中，不但可以改善聚合物的力学性能，甚至还可以赋予其新性能。

② 量子效应。微观粒子贯穿势垒的能力称为隧道效应。纳米粒子的磁化强度等也具有隧道效应，它们可以穿越宏观系统的势垒而产生变化，这称为纳米粒子的宏观量子隧道效应。量子效应对基础研究及实际应用，如导电、导磁高聚物，微波吸收高聚物等，都具有重要意义。

③ 表面效应。纳米材料由于表面原子数增多，晶界上的原子占有相当高的比例，而表面原子配位数不足和高的表面自由能，使这些原子易与其他原子相结合而稳定下来，从而具有很高的化学活性，这对增强复合材料的界面结合非常有帮助。

纳米材料的应用称为纳米技术，其中纳米复合材料技术是重要的一个方面。目前纳米复合材料的主要品种有以下三种。

（一）黏土纳米复合材料

主要有蒙脱土增强的聚合物复合材料。由于层状无机物在一定作用力下能碎裂成纳米尺寸的微型层片，它不仅可让聚合物嵌入层片之间，形成“嵌入纳米复合材料”，还可使层片均匀地分散于聚合物中形成“层离纳米复合材料”。其中黏土具有亲油性，易与有机阳离子发生交换反应，提高与聚合物的黏结性。黏土纳米复合材料制备的技术有插层法和剥离法。插层法是先对黏土层片间进行插层处理后，制成“嵌入纳米复合材料”，而剥离法则是采用一些手段直接对黏土层片进行剥离，形成“层离纳米复合材料”。

（二）刚性纳米粒子复合材料

用刚性纳米粒子对脆性聚合物增韧是改善聚合物力学性能的另一种可行性方法。随着无机粒子微细化技术和粒子表面处理技术的发展，特别是近年来纳米级无机粒子的出现，塑料的增韧彻底突破了以往在塑料中加入橡胶类弹性体的做法。采用纳米刚性粒子填充不仅会使韧性、强度得到提高，而且其性价比也将大幅度提高。

（三）碳纳米管复合材料

碳纳米管于1991年由饭岛博士发现，其直径仅为碳纤维的数千分之一，其主要用途之一是作为聚合物复合材料的增强材料。碳纳米管的力学性能相当突出。现已测出碳纳米管的拉伸强度试验值为30～50GPa。尽管碳纳米管的强度高，脆性却不像碳纤维那样高。碳纤维在约1%形变时就会断裂，而碳纳米管要到约18%形变时才断裂。碳纳米管的层间剪切强度高达500MPa，比传统纤维增强环氧树脂复合材料高一个数量级。在电性能方面，碳纳米管作聚合物的填料具有独特的优势。加入少量碳纳米管即可大幅度提高材料的导电性。同时，由于纳米管本身的长度极短而且柔曲性好，填入聚合物基体时不会断裂，因而能保持其高长径比。

第三节
高性能纤维技术应用

高性能纤维生产技术及其装备水平是体现国家综合实力与技术创新的标志之一。高性能纤维在国内外已作为发展高新技术、掌握尖端科技的重要战略物资，并被广泛应用于航空、航天、国防、军工、能源、交通、运动、环保等产业领域。

一、碳纤维的主要应用及近期技术进展

（一）轨道交通车辆

轻量化是减少列车运行能耗的一项关键技术。金属材质的轨道列车，虽车体强度高，但质量大、能耗高。以C20FICAS不锈钢地铁列车为例，其每千米能耗约为3.6×10^7J，运行1.5×10^5km约消耗能量540000GJ。如果质量减少30%，则可节能27000×30%=8100GJ。

碳纤维增强复合材料（CFRP）是新一代高速轨道列车车体选材的重点，它不仅可使轨道列车车体轻量化，而且可以改进高速运行性能、降低能耗、减轻环境污染、增强安全性。当前，CFRP在轨道车辆领域的应用趋势是：从车厢内饰、车内设备等非承载结构零件向车体、构架等承载构件扩展；从裙板、导流罩等零部件向顶盖、司机室、整车车体等大型结构发展；以金属与复合材料混杂结构为主，CFRP用量将大幅提高。

2011年，韩国铁道科学研究院研制了CFRP地铁转向架构架，质量为635kg，比钢质构架的质量减少约30%。日本铁道综合技术研究所与东日本客运铁道公司联合研制的CFRP高速列车车顶，使每节车厢减轻300～500kg。2014年9月，日本川崎重工研制的CFRP构架边梁，其质量比金属梁减少约40%。

（二）电动汽车

英国材料系统实验室关于材料对汽车轻量化和降低生产成本的研究表明，CFRP 的轻量化效果最好，可减重 30%以上；而质量每减轻 10%，燃油消耗降低 6%；抗冲击能量吸收能力高出钢、铝材料 4～5 倍，具有更高的安全性。以每年 2 万辆的规模计算，CFRP 车身综合成本比金属车身成本每辆减少 800 美元。汽车设计和 CFRP 技术的快速发展，使碳纤维在汽车制造中的应用速度远超人们的预期。

宝马（BMW）公司 BMW i 型车的推出引领了这一潮流。2008 年，BMW 公司在慕尼黑召开会议，主题是研讨如何让城市交通技术发生彻底的变革，其建立了一个名为“i 计划”的智库，唯一的任务就是“忘掉以前所做的一切，重新思考一切”。2009 年，该智库提出了一个全新的节能概念——BMW 有效动力愿景，奠定了 BMW 公司后续研究的思想基础。它要求对车身和驱动系统进行变革性设计，以达到全新的节能性要求，而此前的想法都是将已有的节能技术集成到既有的模板中。2011 年，BMW 公司确立了“天生电动（Born E-lectric）技术”，创立了 BMW i 品牌，让人们在日常驾驶出行中用上了全电动能源。同年，第一款全电动 BMW i3 概念车实现技术演示。2012 年，推出兼具高能效和更优异运动跑车性能的 BMW i8 概念车，其采用 CFRP、铝和钛等轻质材料，实现了突破意义的减重。同年，推出全新 BMW i3 电驱动系统（eDrive Propulsion System）。2013 年，BMW i3 实现量产。2014 年，BMW i8 实现量产。2016 年，BMW 公司在美国拉斯维加斯消费电子展上推出 BMW i 未来互动愿景概念车，同时推出 BMW i3（94Ah）型新车，该车整车质量仅 1245kg，一次充电续航里程可达 200km，且百公里加速时间 7.3s，灵活性独特。

BMW i3 采用“LifeDrive”模块化车身架构设计，由乘员座舱（Life）模块和底盘驱动（Drive）模块两部分组成。乘员座舱模块又称生命模块，是驾乘人员的乘用空间，采用 CFRP 制成，重量轻、安全性非常高，乘用感宽敞、均称。底盘驱动模块又称 eDrive 驱动系统，其结构由铝合金制成，集成了电动机、电池和燃油发动机等动力部件。

通过与 SGL 汽车碳纤维材料（SGL Automotive Carbon Fibers）公司合作，历经 10 多年研发，BMW 公司开始生产自己所需的碳纤维。BMW i3 型车中生命模块的制造工艺是：将碳纤维织成织物后浸润于专用树脂中，制成预浸料；将预浸料热定型成刚性车身零件；采用专门开发的技术，将车身零件全自动地黏合成完整的车身部件。制成的 CFRP 车身具有极高的抗压强度，能承受更快的加速度，整车的敏捷性和路感都非常好。

（三）风电叶片

风能是最具成本优势的可再生能源，近10年来，风能发电取得了飞速发展。为提高风力发电机的风能转换效率，增大单机容量和减轻单位千瓦质量是关键。20世纪90年代初期，风电机组单机容量仅为500kW，而如今，单机容量10MW的海上风力发电机组都已产品化。风电叶片是风电机组中有效捕获风能的关键部件，叶片长度随风电机组单机容量的提高而不断增长。根据顶旋理论，为获得更大的发电能力，风力发电机需安装更大的叶片。

叶轮直径的增加对叶片的重量及拉伸强度提出了更高的要求，CFRP是制造大型叶片的关键材料，其可弥补玻璃纤维复合材料（GFRP）性能的不足。但长期以来，出于成本因素，CFRP在叶片制造中只用于梁帽、叶根、叶尖和蒙皮等关键部位。近年来，随着碳纤维价格稳中有降，加之叶片长度进一步加长，CFRP的应用部位增加，用量也有较大提升。2014年，中材科技风电叶片股份有限公司成功研制了国内最长的6MW风机叶片，该叶片全长77.7m，主梁采用5t国产CFRP制成，质量28t。但如果采用GFRP材料作为主梁，则该叶片质量将达约36t，可见CFRP材料显著的减重效果。

（四）燃料电池

燃料电池是指不经过燃烧，直接将化学能转化为电能的一种装置。在等温条件下工作，利用电化学反应，燃料电池将储存在燃料和氧化剂中的化学能直接转化为电能。燃料电池是一种备受瞩目的清洁能源，其能量转化效率非常高（除了10%的能量以废热形式浪费外，其余的90%都转化成了可利用的热能和电能）且环境友好。相比之下，使用煤、天然气和石油等化石燃料发电，60%的能量以废热的形式浪费掉了，还有7%的电能浪费在传输和分配过程中，只有约33%的电能可以真正用到用电设备上。

各类燃料电池中，质子交换膜燃料电池（PEMFC）的功率密度大、能量转换率高、低温启动性最好，且体积小、便携性好，是理想的汽车用电源。质子交换膜燃料电池由阴极、电解质和阳极三个主要部分组成，其工作原理如下：①阴极将液氢分子电离。液氢流入阴极时，阴极上的催化剂层将液氢分子电离成质子（氢离子）和电子。②氢离子通过电解质。位于中央区域的电解质允许质子通过到达阳极。③电子通过外部电路。由于电子不能通过电解质，只能通过外部电路，故而形成电流。④阳极将液氧电离。液氧通过阳极时，阳极上的催化剂层将液氧分子电离成氧离子和电子，并与氢离子结合生成纯水和热；阳极接受电离所产生的电子。

碳纤维纸是制造燃料电池质子交换膜电极中气体扩散层必不可少的多孔扩散材料。气体扩散层（GDL）构成气体从流动槽扩散到催化剂层的通道，是燃料电池的“心脏”，是膜电极组（MEA）中非常重要的支撑材料，其核心功能是作为连接膜电极组和石墨板的桥梁。气体扩散层可帮助催化剂层外部生成的水尽快流走，避免积水造成溢流。在膜的表面保持一定水分，确保膜的电导率。燃料电池运行过程中，维持热传导。此外，它还提供足够的力学强度，在吸水扩展时保持膜电极组的结构稳定性。

（五）电力电缆

电能是生产生活必需的常备能源，电能从发电厂输送至用电场所的过程中，存在着严重的线损问题。线损是指在输电、变电、配电等电力输送环节中产生的电能耗损。

架空线中传输的电流增大时，会造成电缆发热，如果电缆耐热性差，其承载力就会下降，从而产生弧垂。弧垂是一个重要的线损源，也是限制架空线提高传输容量的主要因素。钢芯铝导线（Aluminum Conductor Steel Reinforced，ACSR）中的增强钢芯受热即产生弧垂。超过 70℃时，弧垂会使电缆严重下垂，可能与邻近物体接触导致短路，甚至落到地面危及人员生命。弧垂引发的短路会使邻近的架空线和变压器瞬间过载，引起灾难性故障。自承式铝绞线（Aluminum Conductor Steel Supported，ACSS）虽然允许短暂的较高运行温度（150℃），但也无法避免弧垂的产生。

复合材料芯材铝导线（Aluminum Conductor Composite Core，ACCC）以复合材料替代金属作为芯材，为解决架空线弧垂问题开辟了更有效的技术途径。2002 年，基于 ACCC 专利技术，全球供配电设备技术的领先企业——美国 CTC 公司（CTC Global）开展了产品研发，以期将其投入使用。当时的开发目标是，在不对现有架空线承载塔架做任何变动且不增加现行导线重量或直径的前提下，开发 CFRP 芯材来承载铝导线，以降低热弧垂、增大塔架距离、承载更大电流、减少线损，提高供电网络的可靠性。2005 年，该公司首次推出了商业化 ACCC 导线产品，其研制生产的 CFRP 芯材 ACCC 导线，强度是同等重量钢芯铝导线的 2 倍，传输的电流容量也是其他芯材铝导线的 2 倍，线损比其他芯材铝导线降低了 25%～40%，高容、高效和低弧垂等性能远远超越了其他材质芯材的导线。可见，相同直径下，CFRP 芯直径明显小于钢质芯直径。同样大的面积中，可多容纳 28%的铝质导线，从而增大了电流的通过能力。

（六）压力容器

高压容器主要用于航空航天器、舰船、车辆等运载工具所需气态或液态燃料的储存，以及消防员、潜水员用正压式空气呼吸器的储气。为在有限空间内尽可能多地存储气体，需要对气体进行加压，为提高容器的承压能力，保证安全，必须对容器进行增强。

复合材料增强压力容器具有破裂前先泄漏（LBB）的疲劳失效模式，提高了安全性。因此，全缠绕复合材料高压容器已在卫星、运载火箭和导弹等中广泛使用。

高性能纤维是全缠绕纤维增强复合压力容器的主要增强体。通过对纤维含量、张力、缠绕轨迹等进行设计和控制，可使纤维性能得以充分发挥，确保复合压力容器性能均一稳定，爆破压力离散差小。车用高压Ⅲ型氢气瓶（金属内胆全缠绕）的材料成本中，近 70% 为增强纤维的成本，其余 30% 为内胆和其他材料的成本。

20 世纪 30 年代，意大利率先将天然气用作汽车燃料。早期车用气瓶均为钢质气瓶，厚重问题始终限制其扩大应用。20 世纪 80 年代初，出现了玻璃纤维环向增强铝或钢内胆的复合气瓶。由于环向增强复合气瓶的轴向强度不佳，故其金属内胆依然较厚。为解决此问题，同时对环向和轴向进行增强的全缠绕纤维增强复合气瓶应运而生，其金属内胆厚度大幅减薄，重量显著减轻。20 世纪 90 年代，出现了以塑料作为内胆的复合气瓶。新能源汽车领域，高压气瓶的应用主要是燃料电池动力汽车用高压储氢气瓶，其压力已到达 70MPa。

（七）公共基础设施

桥梁是重要的交通基础设施。在建设跨江河和跨海峡的大型交通通道中，需要修建许多大跨度的桥梁。

悬索桥是超大跨度桥梁的最终解决方案。跨径增大，会使悬索桥钢质主缆的强度利用率、经济性和抗风稳定性急剧降低。目前，大跨悬索桥中，高强钢丝主缆自重占上部结构恒载的比例已达 30% 以上，主缆应力中活载所占比例减小。跨度 1991m 的日本明石海峡大桥，钢质主缆应力中活载所占比例仅约为 8%。跨径增大，还会降低桥梁的气动稳定性。

改善结构抗风性能，要解决好提高结构整体刚度、控制结构振动特性和改善断面气动特性三个问题。而大跨度悬索桥的结构刚度，取决于主缆的力学性能。CFRP 的力学特性，决定了其是大跨度悬索桥主缆的优选材料。采用悬索桥非线性有限元专用软件 BNLAS，研究主跨 3500m CFRP 主缆悬索桥模型的静力学和动力学性能最优结构体系，结论是：CFRP 主缆自重应力所占比例将大幅降低，活载应力所占比例将提高到13%（钢主缆为7%），结构的竖弯、横弯及扭转基频大幅提高。CFRP主缆安全系数的增加，将提高结构的竖向和扭转刚度；增大CFRP主缆的弹性模量可减小活载竖向挠度，提高竖弯和扭转基频，CFR主缆可以明显提升大跨度悬索桥的整体性能。

此外，建筑与民用工程领域是最早将碳纤维用于结构增强的。在建筑物上铺覆碳纤维织物，可提高水泥结构体的耐用性，增强水泥结构建筑物的抗震性能。

未来，CFRP很可能成为名副其实的建筑材料。世界各国都在研发技术使CFRP能够直接用作建筑结构材料。由于具有导电性，CFRP还可用作建筑的电磁防护材料。此外，CFRP中可嵌入传感器，成为智能建筑材料。通过传感器传送的数据，人们可实时掌握建筑物结构可能受到的损害。

（八）医疗设备

CFRP可传导微电流，可透射X射线，因此，医疗和工业无损检测用多功能高分辨率X射线平板成像仪中，已采用CFRP片板替代铝板作为成像器件。在保证成像品质的前提下，其使用的电压较低，可降低辐射剂量，既减少了对病人的副作用，又可节能。CFRP与人体生物相容，且耐腐蚀，长期接触酒精、药物、血渍不会损伤，易清洁，重量轻、便于移动和调节。因此，影像检查和肿瘤放射治疗设备的床板和一些手术器械都采用CFRP技术制造。为形成高磁场，核磁共振仪使用了在热力学零度以下才能产生超导效应的磁铁，其周围的结构部件就需采用CFRP制造。CFRP制成的假肢和矫形器，强度高、重量轻、功能更完善。

（九）机械零部件

1. CFRP辊

机器设备用辊是CFRP最早的应用之一。当今制膜、造纸和印刷等行业中，机器转速和材料卷筒宽度持续增加，钢或铝质辊已无法满足加工、安装和使用等需求。CFRP辊重量轻、惯性小、偏转低、固有频率高、力学性能优异。超高速下，可稳定旋转、加速和刹车。环境适应性好、不形变。可精密安装，维护成本低，使用寿命长。

CFRP辊的辊径为30～1200mm或更大，最大辊长为13000mm，表面特性和额定负载可定制。其表面可为抛光、螺旋槽、凹焊槽、凸焊槽等结构，并可用复合物、陶瓷、碳化物、不粘物、弹性体等材质作涂层。

CFRP气泡碾压辊能满足食品包装和保鲜膜吹制的严格工艺要求，轻量化和装有性能优异的球轴承，使其具有极好的转动性。带有特定偏转线的CFRP

涂层辊能压实卷绕材料，防止空气进入材料层间，是制造大幅宽双轴向延展膜的关键设备。CFRP 主动低偏转系统（ALDS）涂层辊可自动响应控制参数变化，持续实时地调整压力曲线，实现卷绕周期内所需的不同压力。CFRP 传感器辊可精确地导向、测量和控制卷绕张力，顺畅传送，防止过载。CFRP 柔版印刷辊筒阻尼特性好、偏转和惯性矩小，印刷速度快、质量高。

2. CFRP 汽车配件

CFRP 传动轴重量轻、惯性小，加速快，长度约 140cm。QA1 品牌的钢、铝和 CFRP 传动轴，质量分别约为 6.8kg、3.2kg 和 2.9kg。CFRP 传动轴输出的扭矩是前两者的 2 倍。CFRP 传动轴具有以下优点：①高安全性。CFRP 传动轴一旦损坏就会碎裂，而钢或铝质传动轴则会破坏驾驶室或其他部件，造成人员伤害，加重车辆损坏。②高强、耐用 CFRP 传动轴采用内置式绕线机铺覆、缠绕而成，轴管壁厚均匀，力学性能非常好，极限扭矩下，转速稳定；采用含有球形纳米二氧化硅颗粒的基体树脂，大幅提高了摩擦阻力、抗压强度和扭矩容量，不吸湿，使用寿命长。③轴管叉接合牢固。采用飞机用高强黏合剂和黏接工艺，按最大强力和免维修方式，将铝质轴管叉与轴黏合在一起，可保证高速动平衡。④质量优异。整个加工过程中，成品和原材料都要做扭矩、抗压、剪切、三点抗弯、表面硬度、复合材料纤维体积和分层分析等检测，质量控制极为严格。

使用 CFRP 轮毂，每辆车约可减重 16kg，从而降低车轮的转动惯量，减小车辆的簧下重量，提高动态响应。改装市场上，CFRP 轮毂并不是新产品，但普通汽车几乎不配备 CERP 轮毂。近来，美国通用汽车公司（GE）拟首先从凯迪拉克Ⅴ系列车型开始，为其高端车型选配澳大利亚碳材革命公司（Carbon Revolution）生产的 CFRP 轮毂。碳材革命公司是奥迪、宝马、克莱斯勒、兰博基尼、玛格罗兰、尼桑和保时捷等车型的碳纤维轮毂供应商。

3. CFRP 机器零件

使用碳纤维增强橡胶和金属制成的管、杆等零件，强度高、重量轻，具有优异的抗撕裂性能。使用短切碳纤维与 10%～60%的尼龙或聚碳酸酯模塑成型的 CFRP 零部件，重量轻、厚度薄，抗静电、抗电磁，在电子信息产品中应用广泛，如制造笔记本电脑、液晶投影仪、照相机、光学镜头和大型液晶显示板等产品的机身。

（十）体育休闲产品

体育休闲产品制造是 CFRP 最早进入市场化应用的领域。随着性价比的提高，这一领域已经形成了对 CFRP 的稳定需求。滑雪板、滑雪手杖、冰球杆、网球拍和自行车等是CFRP在体育休闲产品中的典型应用。

（十一）乐器

CFRP提琴具有非凡的声学特性，其音质与木质乐器相同，声音可充满一个大音乐厅，能透过钢琴或合唱队的声音而被清晰地听到。CFRP提琴不怕磕碰，雨雪天气里，照样可以演奏。CFRP乐器的内部结构与传统乐器完全一样，但它无须用飞檐将琴身固定在一起（飞檐是木质乐器上必不可少的支撑结构，但它降低了声音的振动）。乐器由整体式背板、侧板与琴颈、面板与指板三部分组成，都是由手工制作而成的，每个制作步骤都要测量和称重，以严格控制质量，保证乐器的声音听起来总是一样。制作乐器需要使用模具，依据详细说明，两件乐器间允许存在一些小的变化，也可以制作得使它们之间不会有变化。通常，使用木质琴码和音柱来设置乐器，CFRP乐器不会像木质乐器那样随大气变化产生波动，因此，它不需要许多不同高度的琴码，一年四季只需一个高度的琴码。CFRP乐器采用带内齿啮合装置的旋钮进行调音，在天气骤变和长期使用条件下，不会发生热胀冷缩或磨损，可进行精确调音。

（十二）时尚产品

碳纤维本质具有的黑亮色泽，其机织物和缠绕物构成的纹理和质感，为时尚设计师们提供了丰富的想象空间和造型元素。目前，使用碳纤维制成的服装、饰品已有鞋、帽、腰带、首饰、钱包（夹）和眼镜架等诸多品种；制成的旅行用品有行李箱等；制成的居家用具有桌、椅、浴缸等。所有这些制品，都展现了碳纤维坚韧和优雅的时尚特质，它们既是日用品，又是艺术品，给人们的生活增添了艺术享受。

综上可见，碳纤维在众多领域有着广泛应用。应用市场的不断细分，将推动碳纤维技术的差别化发展，制造出更多、更好的碳纤维制品，促进尖端装备的性能提升和经济社会的绿色发展。

二、对位芳纶纤维的主要应用

纤维本质的高性能、工程技术的高门槛、产能建设的高投入、过程管控的高风险、市场盈利的高回报，以及军需民用的广泛性，这“五高一广”，决定了对位芳纶纤维是最重要的有机高性能纤维。

对位芳纶纤维的重量比强度是钢丝的5倍、重量比模量是钢丝的3～4倍，并可在350℃高温下长期使用。这些独特的性质，使得对位芳纶纤维主要应用到了如下领域。

（一）特种防护服装

对位芳纶纤维制成的特种防护服装和手套等产品，具有防火、阻燃、耐热、耐磨、耐切割、耐撕裂和使用舒适等特点，广泛应用于军警人员的作战防护，以及航天、汽车、钢铁、冶金、玻璃和焊接等行业劳动者的作业安全保护。

（二）汽车配件

为了满足更苛刻的燃烧效率和低排放标准，汽车胶管必须具备耐高温、耐渗透和与汽车同寿命等要求。国际知名汽车公司已将对位芳纶纤维增强的耐热胶管和燃油胶管应用到各自生产的汽车上。这样的胶管可耐150℃以上高温，燃油渗透率明显降低，排放可达到欧洲Ⅴ级标准，这是聚酯、尼龙纤维增强胶管不可能达到的。此外，对位芳纶短纤维还可用于制造汽车刹车片。

（三）特种绳缆线带

绳缆是由多股纱或线捻合而成的。两股以上的复捻绳称“索”，直径更粗的称“缆”。绳缆的结构分为编织、拧绞和编绞三类。

编织绳手感柔软，由多组纱线绕芯线以“8”字形轨道编织而成，如降落伞绳、救生索、攀登绳等，直径为0.5～100mm；拧绞绳由多股纱线加捻制成，直径为4～50mm，用于船舶拖带、装卸、起重等相关部件；编绞绳由8根直径为3～120mm的拧绞绳，分4组轨道交叉扭结而成，具有高强、耐磨、低延伸、不易回转扭结、手感好、操作安全等特性，主要用于高吨位船舶系泊。

除了具备一般绳缆的抗拉、抗冲击、耐磨、轻柔等性能外，对位芳纶纤维制成的绳缆线带产品具有更高的强度，且密度小、耐腐蚀、耐霉变、耐虫蛀，广泛应用于体育运动器材、海洋工程装备、渔业器具、电子电器和航天装备制造等领域。典型产品有登山绳索、计算机线缆、火星探测器着陆垫等。

（四）耐压管线

综合考虑使用压力、密度、比强度、比模量、耐热和加工性能等关键因素，20世纪70年代末以来，对位芳纶纤维作为增强体大量应用于纤维增强橡胶或塑料管线的制造。对位芳纶纤维增强管线具有承载能力强、重量轻、单根长度大、柔性好、耐腐蚀、安全性高、性价比合理等特点，已越来越多地应用于石油化工、航空、海洋工程等领域。

根据压力循环特性、流体性质、使用温度、寿命、安全等级以及置信度等参数，选择力学性能适宜的对位芳纶纱线，依照经验公式，可计算得到对位芳纶纤维增强管线的长期静压力强度。据此，可依据不同应用的特殊需求，设计制造不同性能的对位芳纶纤维增强耐压管线。尽管对位芳纶纤维增强耐压管线价格要高出同类型钢丝增强管30%左右，但其使用寿命可较同类型钢丝增强管线提高1倍。

（五）大型工业输送带

大型工业输送带可长达近20km，宽达3m，重达数百吨，要求寿命长、承力大、轻质、节能。其中，耐高温输送带，幅宽最宽2.6m、长度达数百米，广泛应用于高温作业环境，输送烧结矿石、焦炭和水泥等生产中的高温固体物料。由于这些烧结物的瞬间温度可达400～800℃，因此对输送带的耐高温性能要求非常高。

钢丝绳芯输送带具有非常高的强度，承载能力达7500N/mm以上，广泛用于煤矿、冶金、港口等场所的长距离、高速度物料输送。但其自重高，滚动阻力大，输送能耗高。日本、德国研制的以对位芳纶织物为增强体的输送带，可以采用直径较小的传导轮，不仅节省了空间、电能和投资，而且解决了钢丝绳芯输送带抵抗长度方向裂口性差和易腐蚀的缺陷问题。资料显示，德国企业研发生产的对位芳纶纤维增强橡胶工业输送带，重量仅为钢丝绳芯输送带的40%～70%，能耗降低15%，表面磨损降低2/3，耐化学腐蚀，使用寿命显著提高。

（六）飞机轮胎及特种轮胎

低油耗、高安全性和长寿命是轮胎技术的发展方向。研究表明，对位芳纶纤维的模量随温度升高而增加，而损耗模量却随温度的升高而下降，这种优异的高温使用性能非常适合轮胎的动力学特性需求。对位芳纶纤维增强轮胎具有滞后损失小、行驶形变小、动态生热低、滚动阻力低、高速行驶稳定性好等优异性能。

对位芳纶纤维增强飞机轮胎，能更好地满足大型飞机对轮胎高速度、高载荷、耐高温、耐屈挠和耐高着陆冲击性的要求。美国、法国等国际知名轮胎公司制造的大型飞机用对位芳纶纤维增强橡胶轮胎，起落次数提高了20%以上。

（七）光缆

由于具有高模量、高强度、高伸长率、耐热膨胀、抗蠕变、耐高温、耐腐蚀等优异特性，对位芳纶纤维大量用作光缆的光纤保护层材料。对位芳纶纤维作为保护层的光缆，具有重量轻、外径小、跨距大、抗雷击、不受电磁干扰和易于施工等特点。相较于其他纤维保护材料，对位芳纶纤维用量更少，设计冗余更高，线径更细，耐抗弯性更好，可使光缆具有更高的工作可靠性。

全介质自承式光缆（All Dielectric Self-supporting Optical Fiber Cable，

ADSS 光缆），是一种圆形截面结构、以自承方式挂在高压输电线路杆塔上的全介质光缆。作为 ADSS 光缆的增强材料，对位芳纶纱线处于内衬层外，以适宜的节距和张力均匀地绞合在内衬层周围。层与层之间纱线的绞向相反。

（八）运动休闲产品

对位芳纶可用于许多运动休闲产品的制造。登山运动中，除了绳索外，对位芳纶纤维材质鞋帮、鞋底和鞋带制成的登山靴，具有优异的耐撕裂和耐摩擦性能。水上运动中，采用对位芳纶蜂窝材料作结构体，船身或帆板的重量更轻，突出和弯曲部位经对位芳纶纤维增强后，船体或板体更耐冲击。在滑雪及滚轮运动中，对位芳纶纤维增强复合材料制成的滑雪板和滚轮滑板，重量更轻，耐弯折和耐冲击性更好。在赛车运动中，F1 赛车手的防护服由对位芳纶纤维织物制成，保护头盔由对位芳纶纤维增强复合材料制成。在球类运动中，对位芳纶纤维可对碳纤维框架的网球拍、羽毛球拍和壁球拍进行增强，使其更耐撕裂和振动。对位芳纶纤维作网线的各类网状球拍具有更长的使用寿命。在拳击运动中，对位芳纶纤维制成的拳击手套具有极强的抗冲击、抗撕裂性能，以及非常好的使用舒适性。

（九）密封件

对位芳纶纤维制成的密封填料，也称盘根，是由柔软的纱线编织而成，填充在密封腔体内，具有非常好的密封性，可长时间稳定地保持最小泄漏量。对位芳纶纤维盘根采用编织工艺制成，编织结构分为八股编织、穿心编织和套层编织。八股编织和套层编织结构的对位芳纶纤维盘根，多用于阀门压盖或法兰等的静密封部位；穿心编织结构的对位芳纶纤维盘根，多用于动密封部位，如泵等。

（十）浆粕、芳纶纸和蜂窝

对位芳纶浆粕纤维是一种高度分散性的原纤化产品，密度为 1.41～1.42g/cm^3，表面呈毛绒状，微纤丛生、毛羽丰富。纤维轴向尾端原纤化成针尖状，表面积巨大。同时，它还具有抗蠕变、韧性佳、抗冲击、耐疲劳、阻尼振动性好等特性。对位芳纶浆粕纤维的终端产品应用，都是以芳纶纸的形式实现的，如印制电路板和纸蜂窝芯材等。

由于对位芳纶蜂窝材料具有优异的抗压缩、抗剪切、阻燃、轻质、耐高温、低介电损耗等性能，用于飞机、航天器等高端装备的次要结构体，以及风力发电机叶片和直升机螺旋桨叶片的制造，可减轻装备自重，提高零部件加工性能。其中，抗压缩强度、抗剪切强度、抗剪切模量、芯子水迁移、阻燃等，是反映蜂窝材料性能的核心指标。

（十一）电子产品

一些高端手机的外壳采用对位芳纶纤维复合材料制成，具有重量轻、抗冲击、柔韧性好和质感美观等特点；高端耳机的连接线，都采用对位芳纶纤维进行增强，以提高其拉伸强力，保证使用稳定性和可靠性。

芳纶浆粕纤维增强的环氧树脂基印制电路板，其介电常数和介质损耗很低，且尺寸稳定性高、吸水性低、机械加工性好，特别符合多层印制电路板对基板介电性能的更高要求。通过与环氧树脂或聚酰亚胺树脂复合，可将基板的线胀系数降至 $3\times10^{-6}\sim7\times10^{-6}℃^{-1}$，适合高速电路传输，有利于电子设备的小型化和轻量化。表面贴装技术（SMT）用于微电子组装后，多采用短引线或无引线芯片载体及小型片状元器件。用于苛刻环境和高可靠性条件下工作的电子设备，一般采用密封陶瓷载体。陶瓷的线胀系数为 $6.4\times10^{-6}\sim6.7\times10^{-6}℃^{-1}$，而树脂基玻璃纤维布板的线胀系数高达 $12\times10^{-6}\sim16\times10^{-6}℃^{-1}$，当两者焊接后，经若干次热应力冲击会引起开裂。采用芳纶增强树脂制成的覆铜板，因芳纶的线胀系数为 $-4\times10^{-6}\sim-2\times10^{-6}℃^{-1}$（玻璃纤维为 $4\times10^{-6}\sim5\times10^{-6}℃^{-1}$），故可将板的线胀系数调至 $6\times10^{-6}\sim7\times10^{-6}℃^{-1}$，与陶瓷载体相匹配，减少了温度应力对印制电路板的影响。

（十二）建筑补强与家用掩体

由于具有轻质、高强度、高模量、耐腐蚀、不导电和抗冲击等性能，对位芳纶纤维非常适合对易受碰撞、冲击的桥墩和立柱等建筑结构进行维修及补强。杜邦公司研发的 Kevlar 型对位芳纶纤维，可以用于加固飓风多发区内的建筑物。针对美国东南部飓风多、中部龙卷风多的气候特点，杜邦公司还研制了对位芳纶纤维增强复合材料制成的家庭避难掩体。建造新房屋时，将这种掩体作为房屋的一部分设计和安装进去。遭遇风灾房屋倒塌时，该掩体不会受损，家人可在其中避难待救。该掩体具有符合“失效模式与效果分析（FEMA)”要求的被动通风功能，并可储藏所有必要的应急物品。

三、其他高性能纤维的应用

（一）海洋工程系泊索系统

系泊索系统是海洋平台和浮式生产设备锚泊装置的重要组成部分。锚泊装置分为短期和永久性两类。短期装置用于锚泊在某一海域作业几周到几个月的钻井平台和钻井船，永久性装置用于需要锚泊定位 5～30 年的各类型采油平台。锚泊定位时间不同，对系泊索系统的要求也不同。按材质，系泊索分为三类：系泊链、钢丝绳和纤维缆绳。同一系统中，通常三种材质的系泊索都有应用。系泊索长期工作在海水中，极端气象条件、海洋生物和导电介质会使系泊索长时间处于“张紧-松弛”的疲劳状态。因此，高强度、耐腐蚀、耐疲劳是对系泊索的主要性能要求，拉伸性能相同时，高强度、高模量聚乙烯纤维材质的船用绳直径只有丙纶绳的 1/3。通常情况下，丙纶和锦纶制成的船用绳缆，人手是握不住的，其重量也让人无法进行操作。而高强度高模量聚乙烯绳缆的直径和重量都能满足人员使用操作要求。事实证明，高性能纤维系泊索重量轻、延伸性好，将在超深水系泊装置中得到大量应用。

（二）烟气除尘环保装备

粉尘是一类严重的大气污染物。大气中的粉尘来自煤电、水泥、垃圾焚烧、冶炼和面粉加工等行业生产中排放的废气。

燃煤发电排放的废气是重要的大气污染源。长期以来，煤炭一直是廉价的天然能源，对经济发展贡献巨大，是我国重要的能源物质保证。

我国开始工业废气除尘的时间并不太晚，20 世纪 80 年代就开始了旨在进行大气保护的工业废气除尘作业，当时采用的主要是干法静电除尘技术。该技术运营成本较低，维护简便，出口烟尘浓度可达到当时的排放标准限值。

布袋除尘和电袋组合除尘是另外两种比较常用的技术，其所用过滤布袋多由耐热型高性能纤维制成。袋式除尘技术是一种成熟的环保技术，能保证出口排放浓度稳定在 $20mg/m^3$ 以下，最低可低至 $5mg/m^3$，可以满足对粉尘排放的严格要求。其工作原理：①除尘过程，含尘气体经进气口进入除尘器，较大颗粒的粉尘直接落入灰斗，含微粒粉尘的气体通过滤袋，粉尘被滞留在滤袋外表面，而气体则经净化后由引风机排入大气；②清灰过程，随着过滤持续进行，附着在滤袋外表面的灰尘不断增多，除尘器运行阻力增大，某一过滤单元的转换阀关闭，转换单元停止工作，反吹压缩气体逆向进入过滤单元，吹掉滤袋外表面的粉尘，然后转换阀打开，该过滤单元重新工作，清灰转向下一过滤单元，清灰过程中，各个过滤单元轮流交替进行。

PPS 纤维是 1973 年美国菲利浦石油公司采用熔融纺丝技术研制的，商品名为 Ryton。其后，日本帝人、东洋纺和东丽等多家公司也相继研发出了 PPS 纤维。日本东丽公司和东洋纺公司，是全球纤维级聚苯硫醚树脂和纺丝技术的领先企业。PPS 纤维常与其他耐热纤维一起混纺制成除尘袋，用于燃煤发电厂、垃圾焚烧炉、钢铁厂和水泥厂等的烟道除尘。其在湿态酸性环境中，接触温度 190～232℃范围内，使用寿命达 6 年左右。

日本东洋纺公司和奥地利兰精公司最早批量生产这种纤维。奥地利兰精公司生产的名为 P84 的芳香族聚酰亚胺纤维具有不规则的叶状纵深剖横断面，表面积比圆形截面纤维增加了约80%，可大大提高过滤效率。1985年，过滤材料制造商开始采用P84纤维制成针刺毡除尘袋，其工作温度为240～260℃，最高瞬间工作温度可达300℃，玻璃化转变温度315℃，极限氧指数（LOI值）38～40，耐化学腐蚀性优异，尺寸稳定性极佳，250℃下加热10min后热缩率小于1%。芳香族聚酰亚胺纤维是理想的垃圾焚化炉烟气除尘过滤材料。

聚四氟乙烯（PTFE）分子结构中，氟碳键结合力强，对整个C—C主链有非常好的保护作用，故其化学稳定性极好，耐酸、耐碱、耐溶剂、耐霉，可承受各种强氧化物的氧化腐蚀。最初被制成塑料部件和水分散液，用作耐高低温、耐腐蚀材料，绝缘材料和防粘涂层等。1957年，美国杜邦公司研发了PTFE纤维，其强度为17.7～18.5cN/dtex，伸长率为25%～50%，具有良好的耐摩擦、难燃烧、绝缘和隔热等特性，是迄今为止耐化学腐蚀性能最好的纤维。纤维表面有蜡感，摩擦因数小。熔点为327℃，工作温度为－180～260℃，瞬间耐温300℃。吸湿率为0，具有较好的耐候性和抗挠曲性。PTFE纤维制成的滤袋主要用于垃圾焚烧厂和高硫煤发电厂的烟尘过滤。高温下，其表面只黏附少量灰尘，因而具有很高的过滤效率和良好的清灰性能。相同工作条件下，该纤维使用寿命比其他材质的滤材高1～3倍，性价比较好。

（三）高温生产设备

金属加工行业中，高温成型的金属制品需要在冷却台上往复运动进行散热，冷却台需要有很好的隔热散热性能。例如，铝合金挤出成型加工中，铝带被高温挤压成型后，被吐出至冷却台上冷却。早期的冷却台上铺覆木条或石墨，供设备隔热和制品散热。由于木条和石墨的隔热散热效果有限，且石墨有易刮伤制品和后处理留下划痕等弊端，很快就被高性能纤维制成的隔热散热产品所替代。高性能纤维制成的毛毡滚筒、平板式毡条和铝材防擦保护条等产品，耐高温、耐磨、质地柔软、无污染、隔热散热效果好、使用寿命长。

铝型材挤出生产过程中，高温成型后的铝材被吐出到接物台的转动辊上，首先接触高温铝型材的第一组转动辊需要耐受最高的温度，故其采用PBO材料包覆；其后的降温过程中，接物台和冷却台上的转动辊和传送带均采用对位芳纶材料包覆或制造；第二、三级冷却台所用传送带则主要采用间位芳纶或聚酯材料制造。

PTFE织网传送带广泛应用在热传导和热处理工艺场所：纺织行业中，用作烘干染色服装、缩水织物和无纺织物等的高温设备的传送带；印刷行业中，用作松木干燥器、胶版印刷、紫外固化机、紫外干燥器、塑料丝网干燥器等设备的传送带；食品行业中，用作高频干燥、微波干燥、食品冷冻和解冻、烘烤等设备的传送带；包装行业中，用作热收缩包装等设备的传送带。

PTFE织网传送带的特性：使用温度为－70～260℃；250℃下连续使用200天，密度和重量都不降低；不黏附，黏附到它上面的任何东西几乎都很容易被清除掉；可作为金属输送带的替代物；耐化学腐蚀性极佳；高强度，尺寸稳定性非常好（扩展系数小于0.5%）；耐弯曲疲劳，弯曲半径更小；无毒；阻燃；具有良好的渗透性，可降低热消耗，提高干燥效率。

第二章 高性能纤维技术发展历程

第一节 高性能碳纤维技术的发展

一、美国高性能碳纤维技术早期发展

碳纤维诞生在美国，其高性能化的基础科学研究也发端于那里。如今，美国仍是世界高性能碳纤维的生产和应用强国。

（一）碳纤维的诞生

碳纤维是作为白炽灯的发光体诞生的。英国化学家、物理学家约瑟夫·威尔森·斯万爵士发明了以钳丝为发光体的白炽灯。为解决钳丝不耐热的问题，斯万使用碳化的细纸条代替钳丝。由于碳纸条在空气中很容易燃烧，斯万通过把灯泡抽成真空基本解决了这一问题。1860 年，斯万发明了一盏以碳纸条为发光体的半真空电灯，即白炽灯的原型，但当时真空技术不成熟，所以灯的寿命不长。19 世纪 70 年代末，真空技术已逐渐成熟，斯万发明了更实用的白炽灯，并于 1878 年获得了专利权。1879 年，爱迪生发明了以碳纤维为发光体的白炽灯。他将富含天然线形聚合物的椴树内皮、黄麻、马尼拉麻等定型成所需要的尺寸及形状，并对其进行高温烘烤。受热时，这些由连续葡萄糖单元构成的纤维素纤维被碳化成了碳纤维。1892 年，爱迪生发明的“白炽灯泡碳纤维长丝灯丝制造技术”获得了美国专利。可以说，爱迪生发明了最早商业化的碳纤维。

由于原料源于天然纤维，早期的碳纤维几乎没有结构强度，使用中很容易碎裂、折断，即使只是作为白炽灯的发光体，其耐用性也很不理想。1910 年左右，钨丝替代了早期的碳纤维灯丝。尽管如此，很多美国专利证实，爱迪生发明碳纤维后的 30 多年里，改进碳纤维性能的研究从未停止过。然而，这些努力都未能把碳纤维性能提高到令人满意的程度。其间，碳纤维研究停滞不前，处于休眠期。

（二）碳纤维技术的“再发明”时代

人造纤维、化学纤维的出现，把碳纤维技术引入了“再发明”时代。20 世纪早期，黏胶（1905 年）和醋酯（1914 年）等人造纤维的出现，特别是 20 世纪中期，聚氯乙烯（PVC，1931 年）、聚酰胺（1936 年）和聚丙烯腈（1950 年）等化学纤维的商业化，为美国开创高性能碳纤维技术的基础科学研究提供了前提。

20 世纪 50 年代中期，美国人威廉姆·F·阿博特发明了碳化人造纤维提高碳纤维性能的方法。作为卡本乌尔公司的委托人，阿博特于 1956 年 3 月 5 日向美国专利局提交了“碳化纤维方法”的专利申请，但此项申请是否获得专利，不得而知。1959 年 11 月 12 日，阿博特再次提出了同样的专利申请，1962 年 9 月 11 日，该项申请获得了美国专利授权。

阿博特专利的技术要点是：一种生产固有密度高、拉伸强度好的纤维形态碳材料的加工工艺。当时的碳纤维在很小的机械力作用下就会断裂。阿博特的发明称：其可使碳纤维的碳密度和硬度更高，在机械力作用时保持纤维形态不被破坏且直径更细，表面更清洁，柔韧性和弹性更好；纤维直径及性能可设计和控制；原料必须采用黏胶、铜氨和皂化醋酸等再生纤维素纤维及合成纤维，不能采用天然纤维。

阿博特的专利后来被转让给了美国巴尼比-切尼公司。1957 年，巴尼比-切尼公司开始商业化生产棉基或人造丝基碳纤维复丝，但其只能用来生产绳、垫和絮等产品，用于耐高温、耐腐蚀等用途。其可独立用作吸附用活性炭纤维。

自此，高性能碳纤维基础科学研究和工业化技术研发进入了高峰期。

（三）高性能碳纤维与“美国历史上的化学里程碑”

“美国历史上的化学里程碑”，是美国化学会开展的一项发掘整理美国有历史影响的化学家和化学事件的活动。各区域分支机构申报本地区曾出现的人物和发生过的事件，美国化学会组织专家考核和认定。

位于俄亥俄州帕尔马市的葛孚特国际公司向美国化学会申报了“高性能碳纤维”项目。该公司的前身是美国联合碳化物公司。2003 年 9 月 17 日，美国化学会确认，原美国联合碳化物公司帕尔马技术中心曾开展的高性能碳纤维技术研究，是一项“美国历史上的化学里程碑”。罗格·贝肯 1958 年发现了石墨晶须及其具有的超高强特性；伦纳德·辛格 1970 年发明了中间相沥青基碳纤维制备技术。他们奠定了碳纤维增强复合材料的科学技术基础，是该领域的开拓者。

（四）联合碳化物公司的早期发展

19 世纪末，美国城市街道的照明靠的是电弧灯。这种灯由两根连接到一个电源上的碳电极组成。带电粒子在两根电极间闪耀放热，形成电弧，释放出强烈的光亮。1886 年，美国国家碳材料公司创立，标志着美国合成碳产业的起步，其最早的产品就是电弧灯用的碳电极。1917 年，美国国家碳材料公司与联合碳化物公司合并成立了联合碳化物与碳制品集团公司。1957 年，美国联合碳化物与碳制品集团公司更名为联合碳化物公司。20 世纪 70 年代末，联合碳化物公司组建了独立的部门生产碳纤维，后该部门被卖给美国国际石油公司，其后，再被卖给美国氧特工业公司。1995 年，联合碳化物公司成立了 UCAR 碳制品公司，2002 年，更名为葛孚特国际公司。

20 世纪 50 年代末，美国联合碳化物公司建立了帕尔马技术中心从事基础科学研究。该中心是 20 世纪 40～50 年代流行的大学校园式企业实验室，其环境风格简约现代、管理氛围自由宽松，聚集了许多学术背景不同、朝气蓬勃的年轻科学家从事自己喜爱的研究。

（五）聚丙烯腈基碳纤维技术的发展

人造丝、聚丙烯腈和沥青是碳纤维的三大前驱体。其中，聚丙烯腈（PAN）基碳纤维的综合性能特别突出，已在许多领域取代了人造丝基碳纤维。碳纤维性能得以跨越式提升的原因，就是发明了更好的聚丙烯腈前驱体纤维。英国和日本的科学家最先研发出了纯聚丙烯腈聚合物，加工过程中，其分子链中连续的碳原子和氮原子链可形成高度取向的石墨样层，从而降低了对热拉伸的需求。

1941年，美国杜邦公司发明了聚丙烯腈纤维技术，1950年开始商业化生产奥纶品牌的聚丙烯腈纤维。1944—1945年，联合碳化物公司的温特就发现了聚丙烯腈在灰化温度下不熔融的特性，并认为其可制成纤维形态的碳材料。1950年，胡兹发现，在空气中、200℃下热处理聚丙烯腈纤维，制得的产品具有很好的防火性能。后来，类似的产品被称为黑奥纶。原本这些发现应该是研发高性能PAN基碳纤维技术的出发点，但由于过度关注人造丝基碳纤维技术研究，美国科学家们错过了PAN基碳纤维技术的发展机遇。

1970年，日本东丽公司与美国联合碳化物公司签署技术合作协议，后者以碳化技术交换前者的聚丙烯腈前驱体纤维技术，并很快生产出了高性能PAN基碳纤维，从而把美国带回碳纤维技术的前沿。

二、英国高性能碳纤维技术早期发展

尽管英国在当今全球碳纤维技术领域名声并不显赫，但在20世纪60～80年代的世界高性能碳纤维技术研究发展热潮中，英国却扮演了非常重要的角色。英国PAN基碳纤维技术发展史上发生过两件大事，对世界和英国碳纤维技术发展产生了重大影响。一是瓦特研究揭示了聚丙烯腈纤维性能质量与PAN基碳纤维性能的联系，发明了优质聚丙烯腈前驱体纤维，制备出了高模量和高强度中模量PAN基碳纤维。其专利转让给了美国、日本，日本东丽公司在后续发展中胜出，极大地促进了全球PAN基碳纤维技术的快速发展。二是罗·罗公司率先采用碳纤维增强树脂技术研制飞机发动机进气风扇叶片，但遭到惨败，受此影响，英国碳纤维技术和产业发展停滞。

（一）瓦特的贡献

瓦特生于英国苏格兰，就读于爱丁堡赫瑞瓦特大学，此间，他还参加了伦敦大学的外部考试，以一等荣誉获化学学士学位。1936年6月，他加入了位于英格兰范堡罗空军基地内的英国皇家飞机研究中心，从事氧化碳化、热裂解石墨、石墨抗渗核燃料罐和铸造碳粉等研究，1960年被任命为首席科学家。1963年开始从事PAN基碳纤维研究，直至1975年退休。

由于当时已认识到了纤维可以增强树脂，1963年，英国皇家飞机研究中心化学物理金属材料研究部，开始研究用石棉纤维作树脂增强体。但瓦特认为：石棉不能制成长丝，不是好的树脂增强体；而碳纤维可制成长丝，只要提高其强度和模量，就能成为非常好的树脂增强体；石墨晶须的性能，就是碳纤维的技术目标，而人造丝基碳纤维与石墨晶须间性能差距巨大。1963年，瓦特决心寻求新的技术途径去弥补这一差距。

石墨晶须是碳片层沿长度轴卷绕而成的，其高度的结构取向性形成了高模量性质。为使碳纤维的性能尽可能地逼近石墨晶须，瓦特尝试通过碳化有机纤维，使石墨基面沿纤维轴向形成高取向的多晶质结构。他选取了人造纤维素、聚偏二氯乙烯、聚乙烯醇和聚丙烯腈等纤维，测量它们的碳遗留和在惰性环境中热裂解时的不熔性。

瓦特受到了黑奥纶研究的启发。胡兹将美国杜邦公司奥纶品牌聚丙烯腈纤维加热到 200℃，纤维最终变为黑色且不溶于溶剂的黑奥纶。胡兹曾演示，将黑奥纶放在本生灯火焰上，黑奥纶不熔融、不形变，只发出炽热的红光。瓦特觉得，胡兹演示的就是聚丙烯腈纤维热裂解为碳纤维的过程，其间，发生了脱氢反应，形成了杂环稠环物质。

瓦特用当时市售的英国考陶尔斯公司考特乐品牌的 4.5D 聚丙烯腈纤维做试验，得到了比玻璃纤维模量还高的碳纤维。随后，考陶尔斯公司提供了未加卷曲、不含消光剂的 3D 聚丙烯腈纤维，瓦特对其进行氧化和 1000℃碳化，得到了模量为 150GPa 的碳纤维。再经 2500℃碳化，得到模量为 380GPa 的碳纤维。研究显示，所得到的碳纤维与酚醛和聚乙烯树脂的结合性能很好。

瓦特揭示了聚丙烯腈纤维稳定化过程中的氧化扩散控制机理和氧化中对纤维施加张力以提高碳纤维模量的机理。空气中热处理聚丙烯腈纤维，发生氧化作用，去除了氧，使纤维得以稳定；观察氧化纤维的横截面，其外部环圈呈褐色，中央核心区域呈奶油色霜染状；环圈厚度与氧化时间的平方根成正比，这与生成金属表面氧化膜采用的扩散控制工艺类似。聚丙烯腈纤维生产过程中，100～150℃下对其进行拉伸，使聚丙烯腈分子链伸展取向。聚丙烯腈纤维的热处理温度高于其拉伸温度时，聚丙烯腈分子链收缩，熵增大，纤维长度减小。为克服收缩，需要在氧化时施加张力，而在张力状态下氧化，又恰恰对提高碳纤维的模量有重要作用。

瓦特最初将聚丙烯腈纤维缠绕在石墨或玻璃框架上，使纤维保持张力进行氧化，此后，他研制了实验室装置，以研究连续纤维的预氧化工艺。氧化 100 丝束 3D 的考特乐聚丙烯腈纤维时，瓦特测量了其不同拉伸载荷下的长度变化，以及 1000℃和 2500℃碳化得到的碳纤维模量。结果表明，氧化过程中，纤维是稳定的，后续处理中无须限制其长度收缩。2500℃不施加张力碳化，纤维长度方向收缩 13%，直径收缩 35%；220℃施加张力下氧化 3D 的考特乐聚丙烯腈纤维，长度增加 0～40%；1000℃和 2500℃无张力碳化得到的碳纤维，模量分别为 155～190GPa 和 350～420GPa。瓦特发现，氧化中限制或拉伸纤维，对提高碳纤维模量具有重要影响。

瓦特1968年4月24日获得的英国专利中申明了四项技术要点：①氧化温度应低于热逸散温度；②必须使聚丙烯腈纤维得到充分氧化；③氧化中，必须限制纤维长度收缩，或对纤维施加张力；④预氧化后，碳化和后处理时，无需对纤维施加张力。有两项日本专利比瓦特的专利时间早，其中虽然提到了空气中220℃氧化，但未提及模量的形成和施加张力下氧化。另有研究表明，2750℃下热拉伸可改进层面取向，且可将热裂解石墨的模量提高到560GPa。但这样的高温使加热炉寿命大幅缩短，导致制造成本大幅增加。所以，瓦特发明了比较经济的较低热处理温度、较短热处理时间和不施加张力的碳纤维制造技术。

同一时期，英国原子能研究中心也开展了碳纤维研究，并研制了中试装置。英国皇家飞机研究中心和英国原子能研究中心对英国高性能碳纤维技术的研究发展做出了重要贡献，他们的技术转让给了摩根坩埚研发公司、考陶尔斯公司和罗·罗公司等三家英国企业。1966年，摩根坩埚研发公司和考陶尔斯公司分别建立了碳纤维生产线。摩根坩埚研发公司是碳材料和耐火陶瓷生产企业，1967年就开始生产销售Hodmor Ⅰ型碳纤维。考陶尔斯公司是聚丙烯腈前驱体纤维制造商，后引入碳化技术制造碳纤维。罗·罗公司独立研发了碳纤维试制装置，并计划建立生产线。英国皇家飞机研究中心还开展了碳纤维增强树脂制造和评价的相关研究。

瓦特研究了聚丙烯腈纤维的氧化动力学特性。采用1.5D考特乐纤维［以4.6%（摩尔分数，下同）的丙烯酸甲酯和0.4%的亚甲基丁二酸作为共聚单体］和奥纶纤维（只以4.6%的丙烯酸甲酯作为共聚单体）为研究对象，将样本放入230℃真空中热处理6h，纤维变为深铜褐色。由于聚丙烯腈纤维的无规聚合物结构，氧基相对于碳氢分子链随机取向，形成了氧基环绕着平面多环结构的梯形聚合物。未经处理的奥纶纤维初始氧化速度缓慢，后续速度加快，纤维拥有均匀的横截面；未经处理的考特乐纤维初始氧化速度很快，后续速度减慢，纤维截面有独特的皮芯结构。奥纶纤维中梯形聚合物较慢的氧化速度，可能与氰基呈环绕状态且缺乏引发位点有关。而共聚单体中含有羧酸基团的考特乐纤维，反应引发非常快说明预氧化中，首先形成了梯形聚合物，氧化得以快速进行，过程变得扩散可控。聚丙烯腈纤维预氧化形成梯形聚合物的化学特性和结构非常重要，因为热裂解温度提高时，它能增加石墨结构的取向度。

根据上述研究，瓦特提出了基于酮基形成和预氧化后聚丙烯腈纤维中氧含量的纤维结构模型，并认为，这种结构以大量的互变异构体形式存在。

（二）罗·罗公司的贡献

罗·罗公司是世界最早开展高性能碳纤维在航空领域应用研究的企业。1967 年就开始研制 CFRP 进气风扇叶片，准备用于当时正在设计试制的最先进的涡扇飞机发动机。尽管这一探索不幸惨遭失败，但罗·罗公司对高性能碳纤维技术发展的贡献是伟大的。

为降低单座运营成本和实现跨洋飞行，1966 年，美国航空公司和东部航空公司都宣布要购买新型远程客机。为此，美国洛克希德公司和道格拉斯公司分别设计了 L-1011 三星号和 DC-10 两款宽体双通道，载客约 300 人，可跨洋飞行的大型客机。这两款新设计的大型客机都需要新型发动机。

当时，飞机发动机设计刚刚跨入高涵道比技术时代，高涵道比涡扇发动机推力大、噪声低、燃油经济性好。为升级三叉戟客机的动力系统，罗·罗公司已开始研制 200kN 推力的 RB178 高涵道比涡轮风扇发动机，同时，还在研发提高发动机效率的“三转子”技术。RB 系列飞机发动机由多型产品组成，采用罗·罗公司创始人和研究设计工作所在地巴诺茨威克的第一个大写英文字母 R 和 B 命名。

1967 年 6 月，罗·罗公司提出为洛克希德公司 L-1011 客机研发推力 148kN 的 RB211-06 型发动机。技术方案是，在 RB207 与 RB203 两型成熟发动机的基础上，采用大型高功率、高涵道比和三转子等新技术进行设计，同时，还拟采用称为“海菲尔”的 CFRP 风扇叶片，以大幅度减轻风扇重量，提高单位质量功率。1967 年 10 月，道格拉斯公司也请罗·罗公司为 DC-10 客机研制推力 157kN 的发动机。经过一系列复杂的前期准备，1968 年初，新发动机型号确定为 RB211-22，推力升到了 181kN。1968 年 3 月，洛克希德公司向罗·罗公司订购了 150 架 L-1011 客机所需的该型发动机，要求 1971 年完成研制并供货。

然而，罗·罗公司大大低估了该型发动机的研制难度，错误测算了研制周期和研发经费需求，存在合同违约和研制经费严重超支而使公司破产的巨大隐患。由于当时大型高功率、高涵道比、三转子，特别是 CFRP 风扇叶片等都不是成熟技术，既要提升单一技术的成熟度，又要开展多项技术的集成研究，故研制中问题层出不穷。1969 年秋，测试发现，发动机推力不足，重量超重，油耗太高。当时 CFRP 进气风扇叶片研究还是很振奋人心的，大多数的应力和疲劳性能都达到了要求。但最终发现，这种叶片不能抵御鸟撞击，鸡那么大尺寸的鸟，以几百英里的时速撞击到发动机上，就会使叶片破碎。1970 年 5

月，冻鸡撞击试验时，CFRP 风扇叶片被撞成了碎片。幸好，当时备份了钛合金风扇叶片的方案，但成本、重量和加工难度大增。

最终，RB211 系列发动机取得了巨大成功，从此，罗·罗公司一跃成为世界飞机发动机技术的领导者。20 世纪 90 年代起，以该型发动机技术为基础研发的瑞达（Trent）系列飞机发动机，成为我们十分熟悉的波音 747、波音 757、波音 767 和波音 787 等飞机的专属发动机。

罗·罗公司的浴火重生成就了英国的飞机发动机技术和产业，但却使英国的碳纤维技术和产业从此一蹶不振。

第二节 对位芳纶技术的发展

对位芳纶是美国杜邦公司女科学家斯蒂芬妮·露易丝·克沃莱克于 20 世纪 60 年代中期发明的。其后，杜邦公司投入巨资将其实现了产业化，并取得了巨大的商业成功。

一、尼龙与“新尼龙”计划

查尔斯·密尔顿·阿特兰德·斯泰因博士是杜邦公司基础科学研究的奠基者，他钟情于理论研究，在他执意请求下，1927 年开始公司每年拨款 30 万美元用于基础研究，从而发现了氯丁橡胶和尼龙。

尼龙，是第一种真正的合成纤维，源于杜邦公司于 20 世纪初期开始的高聚物研究。1930 年 4 月，朱利安·希尔博士使用酯类化合物进行试验时，首次合成了一种分子量为 12000 的聚酯聚合物，打破了当时的聚合物分子量纪录。他还发现，熔融冷却后，可将聚合物冷拉伸成非常纤细、强度极高且质地柔软很像丝绸的纤维。但其熔点太低，不具有商业应用价值。然而，聚酯冷拉伸技术的发明却具有划时代的意义，它为发现尼龙开辟了道路。4 年后，华莱士·休姆·卡罗瑟斯博士利用希尔的发现，通过调整试验过程，使用由合成氨制得的氨基化合物进行试验，评价了 100 多种不同的聚酰胺性能后，终于在 1935 年发现了一种强度高且耐热和耐溶剂性能均好的聚酰胺，并冷拉伸成纤维，由此获得了尼龙。这是一项伟大的发明。经过大量的后续研发，尼龙快速实现了商业化。1939 年下半年，杜邦公司开始批量生产尼龙纤维。1940 年 5 月，尼龙丝袜一上市就取得了巨大成功，女士们在百货商场门前排起长队购买这种珍稀的物品。第二次世界大战中，尼龙用来制造降落伞和 B-29 轰炸机轮胎。此后，杜邦公司不断推进尼龙的应用，尼龙纤维和树脂在广阔的工业和生活市场上获得了空前成功。尽管当今竞争者众多，但杜邦公司仍是世界领先的尼龙化学中间体、聚合物和纤维制造商。

1948年接任总裁的克劳福德·哈洛克·格林纳瓦尔特是杜邦家族的女婿，他秉持杜邦公司依靠科学技术寻求发展的核心价值观。格林纳瓦尔特深刻意识到，尼龙的巨大经济效益源于基础科学研究，因而推动开展了以产生一批尼龙那样的技术与商业成果为目标的“新尼龙”研发计划，他积极促成公司拨款5000万美元，建设了新研究设施和支持与大学开展合作研究。由此，杜邦公司的基础科学研究又向前大大地迈进了一步。到20世纪60年代初，奥纶、达可纶和莱卡等合成纤维成果陆续涌现了出来。正是在这期间，克沃莱克加入杜邦公司，并发明了对位芳纶。

二、赫伯特·布雷兹的贡献

赫伯特·布雷兹是杜邦公司的一位重量级科学家。他发明了液晶芳香族聚酰胺干喷湿纺工艺，为对位芳纶技术从实验室走向产业化做出了重要贡献。1972年6月30日，布雷兹提交了高模量高强度对位芳纶的专利申请文件。1975年3月4日，美国国家专利与商标局批准了专利号为US Pat. No. 3869430的《高模量高强度聚对苯二甲酰对苯二胺纤维》发明。基于克沃莱克发明的液晶芳香族聚酰胺技术，布雷兹花了整整一年时间研究液晶芳香族聚酰胺纺丝技术，好奇心、知识、韧劲和勇气促使他试验了许多种假设，从而做出了“戏剧性”的技术改进，研发出了密度≥$1.4g/cm^3$、特性黏度≥4.6Pa·s的聚对苯二甲酰对苯二胺的高模量高强度纤维。该纤维内部结构特性表现为：侧向双折射率0.022；结晶区内微晶尺度≥58Å（1Å=0.1nm）；取向角≤13°；纱线初始模量≥900g/D①；长丝强力≥22g/D。上述指标表明，对位芳纶已经全面达到了高性能的水平。布雷兹研发的工艺对聚合过程、纺速和溶剂成本没有限制，非常适于产业化生产。1991年，布雷兹获拉沃斯亚奖章，该奖是杜邦公司设立的，专门颁发给那些对公司发展做出过卓越技术贡献、产生了重大商业效益和体现了持久科学价值的员工。

杜邦公司能够取得对位芳纶从实验室到产业的成功，以下四点值得关注：①对位芳纶是“新尼龙”发展计划牵引的结果。尼龙在军民用领域的成功，激励着杜邦公司更加致力于高风险、无确定目标的基础研究。第二次世界大战

---

① D指在公定回潮率时9000m长的纤维束的质量（g）。

后，杜邦公司就把未来能再挖得一桶金的宝押在了“新尼龙”发展计划上，试图通过基础研究再获得一些尼龙那样的技术和商业成功，并制定了相应的政策和投入了巨量资源加以推进，对位芳纶正是由这一雄心勃勃、风险很高且又极为幸运的发展计划牵引而出的。②对位芳纶的产生是深厚的有机合成化学技术基础支撑使然。杜邦公司 1902 年就建立了研究实验室基地，开启了企业基础科学研究的先河。1917 年又建立了杰克森实验室，开始合成染料化学研究，积淀了重要的有机化学知识，进入了有机合成化学领域。1927 年从哈佛大学引进了华莱士・休姆・卡罗瑟斯博士领导高分子聚合物基础研究，他在杜邦公司开展基础有机化学研究的最初 10 年里，发挥了至关重要的领导作用。③对位芳纶是科学探索精神和车间工匠传统完美结合的产物。到 20 世纪 50 年代，杜邦公司已有 150 多年的技术研发和 50 多年的基础科学研究经验，建立起了基础科学研究与车间技术紧密连接的创新机制。液晶芳香族聚酰胺可纺性的发现，看似克沃莱克在穷尽一切努力之前的最后一次尝试，表面上看显得有些偶然，但实际上这正是科学素养和探索精神的驱动。还有，1958 年初克沃莱克芳纶专利申请文件中对芳纶应用领域的预测，几乎每一点在今天都已经成为现实。克沃莱克在实验室里制得的对位芳纶初始模量仅为 200～400g/D、强度仅为 5g/D，而布雷兹研发成功的产业化技术使其分别提高到了 900g/D、22g/D。这充分说明，车间技术或产业化技术对科学发现和技术发明的放大与提升作用是多么重要。④对位芳纶的商业成功是规模空前的产业化建设投入使然。克劳莱克发现对位芳纶后，产业化纺丝技术研究的复杂和昂贵几乎令人无法接受，但杜邦公司还是提供了良好的技术试验条件，供布雷兹进行产业化技术研发。杜邦公司 1980 年投入 5 亿美元为凯芙拉（Kevlar）对位芳纶生产设施扩能，是其史上最大规模的净现值投资之一，曾被 Fortune 杂志称为“寻找一个市场的奇迹”。

第三节
高性能玻璃纤维的发展

一、高强度玻璃纤维

（一） S 玻璃纤维

1. S-2 玻璃纤维

1968 年，美国欧文斯科宁（OC）公司研制了 S-2 玻璃纤维并注册了商标

(S-2 Glass®)。20世纪末，S-2玻璃纤维转让给AGY公司独家生产和销售。S-2玻璃纤维可制成纱、无捻粗纱、各种织物、模塑料、预浸料、预成形件等，用于一些高要求领域，如直升机叶片、飞机地板和内装件、车辆和船舶装甲、消防和潜水气瓶、高强同步带等。

2. HS系列玻璃纤维

中材科技股份有限公司（南京玻璃纤维研究设计院）于1968年研究高强1号玻璃纤维，20世纪70年代中期将研究成功的高强2号（HS2®）玻璃纤维投入工业化生产，20世纪90年代在高强2号基础上进一步提高强度和模量，研制成功高强4号（HS4®）玻璃纤维，2008年推出了高强6号（HS6®）玻璃纤维。自2000年以来，中材科技股份有限公司先后完成了高强玻璃纤维池窑生产技术、大漏板拉丝技术、大容量高强玻璃熔制技术等重大产业技术开发工作，其中大容量高强玻璃熔制及大漏板拉丝技术已在生产线应用，大幅度提高了高强玻璃纤维生产效率，玻璃熔化能力提高了3倍，使国产高强玻璃纤维生产规模达到了预期要求。

3. S-glass玻璃纤维

2009年，为了应对市场需求，美国OC公司重拾S玻璃纤维的生产，推出了FliteStrand® S、ShieldStrand® S、XStrand® S无捻粗纱和无捻粗纱布，为航空工业提供增强材料，可用于飞机地板、控制面板及其他部件。XStrand® S系列增强材料可在工业、基础设施、船艇、体育和娱乐市场替代很多现用材料，制品实例有压力容器、高性能船艇、网球拍、雪橇和滑雪板、长梯子和格栅。ShieldStrand® S系列增强材料为防弹、防爆炸而设计，可提高人身、装甲车辆和船只、建筑物和避难所的防护能力。

4. T玻璃纤维

T玻璃纤维是由日本日东纺绩株式会社（简称日东纺）研制的高强度玻璃纤维，于1985年上市。此纤维由氧化硅和氧化铝含量高、组成复杂的玻璃制成，因而其力学性能、热性能和电性能均很优良。T玻璃纤维可用来增强各种热固性、热塑性塑料，用于航空航天、军工、汽车、建筑工业和体育器械等领域。

5. BMⅡ玻璃纤维

BMⅡ玻璃纤维是俄罗斯玻璃钢科研生产联合体研制的高强度、高模量玻璃纤维，其与E玻璃纤维的性能对比见表2-1。

表 2-1 BMⅡ玻璃纤维与E玻璃纤维性能对比

性能	BMⅡ玻璃纤维	E玻璃纤维
拉伸强度/GPa	4.2	3.4
拉伸模量/GPa	95	72
密度/(g/cm^3)	2.58	2.54

（二） R玻璃纤维

在美国研发S玻璃纤维的同一时期（20世纪60年代后期），法国圣戈班公司也研制了高强度的玻璃纤维——R玻璃纤维。这是一种钙铝硅酸盐玻璃，具有高强度和高模量，并在潮湿、高温和化学环境中具有良好的耐疲劳和抗老化性能。这种纤维同样用于航空航天以及有特殊要求的工业用途，主要应用制品有飞机内装件、直升机叶片、导弹发射管、副油箱、防弹用品、雷达天线罩、压力容器、光缆、耐高温用品、摩擦材料等。目前，R玻璃纤维由美国OC公司经营，推出了XStrand® R、ShieldStrand® R系列产品，用作工业和防弹复合材料。

二、高模量玻璃纤维

为了提高玻璃纤维的模量，国际上于20世纪60年代开始研制高模量玻璃纤维，即M玻璃纤维（M代表模量，Modulus），与E玻璃纤维相比，M玻璃纤维弹性模量高20%～30%，同时拉伸强度也有提高。1969年，南京玻璃纤维研究设计院开始研制高模量玻璃纤维，它是在SiO_2-Al_2O_3-MgO系统中加入CeO_2、La_2O和ZrO_2等氧化物以进一步提高纤维模量。1977年研究成功M2高模量玻璃纤维，将玻璃纤维弹性模量提高至94GPa。

三、改性高模量高强度玻璃纤维

改性是指对R玻璃纤维组成进行调整，使具有良好的规模化生产工艺性能。这类玻璃纤维是近年来开发的热点，也是E-CR类玻璃纤维产品的升级。这类玻璃纤维产品家族成员较多，国内外专攻连续纤维的大型玻璃纤维企业均在开发这类玻璃纤维，代表性产品如下。

（一） HiPer-tex™ 系列高性能玻璃纤维

2006—2007年，美国OC公司推出一款新的高性能玻璃纤维增强材料，其商品名为HiPer-tex™。这一新款的玻璃纤维比E玻璃纤维产品模量提高17%，具有更好的耐腐蚀性能和耐疲劳性能。欧文斯科宁公司随后开发了H-glass®玻璃纤维，并在其增强玻璃纤维新产品中推出 WindStrand® H、XStrand® H 等系列产品。与设计相同的 E 玻璃纤维风轮叶片相比，WindStrand® H 增强复合材料最多可减轻叶片质量 20%。在同样质量情况下，设计者可增加 6%的叶片质量，从而增加发电量 12%，利于降低发电成本。

（二） S-1 HM 玻璃纤维

高性能玻璃纤维中，高模量常常与高强度伴随。美国 AGY 公司于 2010 年宣布推出 S-1 HM 玻璃纤维（S-1 HM Glass®，HM 意为高模量）。此纤维是为风能复合材料增强材料而设计，除风能市场外，S-1 HM 玻璃纤维已用于高压输电线的复合材料加强铝导线中。

（三） S-3 HDI 玻璃纤维

AGY 公司于 2011 年宣布推出 S-3 HDI 玻璃纤维（HDI 意为高密度互连）。此纤维用于高性能 PCB 的制造，是为满足 PCB 高密度互连技术的高要求而设计的。这种新纤维具有较高的拉伸模量（82GPa），可提高 PCB 的尺寸稳定性，减少翘曲，同时可大大降低热膨胀系数，以承受无铅焊接作业的更高温度。

（四） S-3 UHM 玻璃纤维

AGY 公司于 2012 年推出 S-3 UHM 玻璃纤维（UHM 意为超高模量），玻璃纤维拉伸模量为 99GPa，比 E 玻璃高 40%。

四、低介电玻璃纤维

（一） D 玻璃纤维

D 玻璃纤维于 20 世纪 60 年代末研制成功，由法国圣戈班公司生产，所制复合材料具有高透波、宽频带、质量轻等特性，适合雷达天线罩、电磁窗、高性能 PCB 及其他要求低介电常数和低介电损耗的用途。

（二） NE 玻璃纤维

当今信息技术的高速发展对 PCB 提出了新的要求。例如，为了提高计算机、手机及电信设备的速度和频率，需要低介电常数和低介电损耗的材料来制造 PCB。为此，日东纺在 20 世纪末研发了此用途的 NE 玻璃纤维。用 NE 玻璃纤维纱织成的玻璃布来制造 PCB，获得了良好的效果。

（三） D3 玻璃纤维

南京玻璃纤维研究设计院于 1974 年研究成功 D1 低介电玻璃纤维，相对介电常数为 4.6，介电损耗为 0.004，20 世纪 90 年代研制成功 D2 低介电玻璃纤维，2003 年开发出 D3、Dk 等一系列介电常数可调的低介电玻璃纤维，性能见表 2-2。与此相比，Ds 和 P 低介电玻璃纤维，具有良好的生产工艺性能，可制造无捻粗纱、电子级布等多种制品，用于缠绕复合材料或增强 PCB，能使复合材料的介电常数降低 10%以上。

表 2-2　低介电玻璃纤维性能

性能	D2	D3	Dk
密度/(g/cm^3)	2.14	2.3	2.3
新生态单丝拉伸强度/MPa	≥2060	≥2600	≥2600
弹性模量/GPa	≥48.0	≥55	≥55
介电常数(10GHz)	≤4.0	≤4.5	≤5.0
介电损耗(10GHz)	<0.003	<0.0035	<0.0035
无捻粗纱强度/(N/tex)	≥0.35	≥0.45	≥0.50

（四） L 玻璃纤维

为了应对高速数字电子器件的迅速发展，AGY 公司于 2009 年推出一种新的低介电玻璃纤维 L-glass™，制成的 PCB 具有更高的作业速度和高速下的最佳信号完整性。玻璃纤维的热膨胀系数低，高温下与硅匹配更好。AGY 公司的玻璃纤维与 E 玻璃纤维的性能对比见表 2-3。

表 2-3　L 玻璃纤维与 E 玻璃纤维性能对比

性能	E 玻璃纤维	L 玻璃纤维
介电常数(10GHz)	6.5	5.25
介电损耗因数(10GHz)	0.0039	0.0032

（五） INNOFIBER® LD 玻璃纤维

由美国 PPG 公司研制，这种纤维制成的特种纱线能够提高 PCB 的作业速度，具有优良的电性能。

（六） HL 玻璃纤维

由重庆国际复合材料有限公司研制，与 D 玻璃纤维相比，其制品具有优良的电气特性和加工性能，适用于数字电视、全球定位系统、移动通信基站、高速数据中心、云计算中心、光通信等高频电子电路领域。

五、耐辐照玻璃纤维

南京玻璃纤维研究设计院从 1970 年起开始研究耐辐照玻璃纤维，耐辐照玻璃纤维成分为 SiO_2-Al_2O_3-CaO-MgO 系统，并加入热中子吸收截面较小的

BaO，玻璃纤维成分中不含硼和碱金属，在高能和辐射（γ射线和中子的混合辐射）下十分稳定。这种纤维不仅耐高温，而且在高剂量γ射线和快中子的强辐照条件下能保持高而稳定的绝缘电阻，因此可用作高温强辐照条件下的电绝缘材料。

六、耐酸腐蚀玻璃纤维

（一） E-CR 玻璃纤维

E-CR 玻璃纤维是组成中不含硼和氟的玻璃纤维，1980 年由美国 OC（欧文斯科宁）公司在 E 玻璃纤维基础上研制而成，国际及各国标准中将 E-CR 作为一类耐腐蚀玻璃纤维产品标准代号。

玻璃纤维的耐腐蚀性是由其化学组分和物理结构所决定的。E-CR 玻璃纤维从不含硼的四元体系（SiO_2-Al_2O_3-CaO-MgO）E 玻璃纤维衍生，具有长期耐酸性和短期耐碱性。在此无硼体系中加入 ZnO 和更多的 TiO_2 又进一步提高了 E-CR 玻璃纤维的耐腐蚀性，同时降低了 10^2Pa·s 黏度下的成形温度。因此，E-CR 玻璃纤维具有比 E 玻璃纤维更优的耐酸性、弹性模量和耐高温性。

E-CR 玻璃纤维相对于 E 玻璃纤维的优点：耐酸性（盐酸、硫酸、硝酸等）显著提高；玻璃化转变温度更高，因而耐受温度更高；介电强度更高；漏电更少。

（二） Advantex® 玻璃纤维

在 E-CR 玻璃纤维范畴中，欧文斯科宁公司于 1997 年更进一步，研制出 Advantex® 玻璃纤维。这种玻璃纤维将 E 玻璃纤维的电学性能和 E-CR 玻璃纤维的力学性能、耐酸性能以及耐热性能结合起来，以满足多方面的应用要求。

（三） NCR 玻璃纤维

日东纺的 NCR 耐酸玻璃纤维兼具优良的耐化学性和强度，在化学反应槽、管道、捕集器等耐蚀用途中发挥了优良性能。

（四） ARcotex™ 玻璃纤维

2002 年，法国圣戈班公司推出一种耐腐蚀玻璃纤维 ARcotex™。它具有优良的耐酸性、耐碱性和良好的耐应力腐蚀性，适用于增强热固性树脂，可用于不同腐蚀性环境。

七、耐碱腐蚀玻璃纤维

耐碱腐蚀玻璃纤维亦称 AR 玻璃纤维（AR 代表 Alkali Resistant），是一种能耐水泥等碱性胶凝材料腐蚀的玻璃纤维，用来增强水泥和混凝土制品。

（一） Cem-FIL®玻璃纤维

国际上从20世纪50年代起就开始探索用玻璃纤维增强水泥，但普通玻璃纤维易被水泥的强碱介质腐蚀，强度降低，纤维变脆，失去增强作用。为此，英国皮尔金顿公司于1970年研制成功耐碱玻璃纤维Cem-FIL®，在全球推广，并成立Cem-FIL国际公司，该公司后来被法国圣戈班公司收购。2007年，圣戈班公司的增强材料业务被美国欧文斯科宁公司并购，Cem-FIL®玻璃纤维随之转入欧文斯科宁公司。

（二） ARG玻璃纤维

日本电气硝子株式会社（NEG）制造的ARG耐碱玻璃纤维用作混凝土和代石棉产品的增强材料，使用多种浸润剂，以满足特定用途和加工需求。玻璃纤维的耐碱性主要由二氧化锆的含量来决定，含量越高，耐碱性越好。据称NEC的ARG玻璃纤维的ZrO_2含量高于市场上任何其他玻璃纤维，故其耐碱性很好。

八、耐高温玻璃纤维

一些高端用途需要使用能够承受1000℃左右或更高温度的玻璃纤维，但普通玻璃纤维不能满足要求。增加玻璃纤维中的SiO_2含量，就可使其有更高温度的用途。

（一）高硅氧玻璃纤维

高硅氧玻璃纤维是SiO_2含量为95%～99%的非晶态硅氧玻璃纤维，最早由美国H. I. Thompson公司（HITCO）1966年实行工业化生产。该公司的高硅氧玻璃纤维品牌为Refrasil®，其产品形式有散纤维、非织毡、机织布和带、编织纱、套管、绳、组合件等。

Refrasil®玻璃纤维的SiO_2含量大于96%，它们在高达982℃的环境中仍保持绝热、隔音和防护功能，而且保持其强度和柔度，其短期耐热可达1593℃，只发生很少脆化和收缩。Kefrasil®玻璃纤维有焊接防火毯、防火墙、炉帘、热电偶护套、人造卫星防护罩、飞机绝热材料、导弹大面积耐烧蚀材料等用途。欧美高硅氧玻璃纤维一般是由无碱玻璃纤维经过酸沥滤和热烧结工艺而制得。

俄罗斯玻璃钢科研生产联合体的高硅氧玻璃纤维中SiO_2含量大于95%，长期使用温度达1000℃，主要用途有航空航天、石油化工和冶金工业的液体和气体过滤材料，焊接防护毯和帘，复合材料的耐酸耐水填料，电绝缘材料等。

我国的高硅氧玻璃纤维主要采用 Na_2O-B_2O_3-SiO_2 三元组分原始玻璃成形，再进行处理制备。南京玻璃纤维研究设计院在 20 世纪 60 年代初开展了高硅氧玻璃纤维研究工作，20 世纪 80 年代对原有的玻璃成分、玻璃熔制工艺、制球工艺、拉丝、玻璃纤维布的连续酸处理工艺及装备等进行了研究改进，后与陕西华特玻璃纤维材料集团有限公司合作开展了高硅氧玻璃纤维中间试验研究项目，推广了高硅氧玻璃纤维生产技术。

（二）石英玻璃纤维

石英玻璃纤维是将高纯硅石或天然水晶通过特殊的工艺方法制成的一种无机非金属纤维。

世界上许多国家都能生产石英玻璃纤维，但首先进行连续石英玻璃纤维批量生产的是法国，随后美国、英国、俄罗斯、日本等发达国家都开始了石英玻璃纤维及制品的生产。现在，国外生产规模较大的公司为法国的圣戈班、美国的 JPS，以及英国的 TFP 公司。

我国的石英玻璃纤维是应国防工业的需求而发展起来的。其研究始于 1958 年，1960 年采用氧气-乙炔拉制出了第一根石英玻璃纤维。经过 40 多年的发展，我国已开发出石英玻璃纤维纱、短切原丝、超细石英玻璃纤维丝、空心石英玻璃纤维、石英玻璃纤维棉、石英玻璃纤维布、石英玻璃纤维薄带、石英玻璃纤维缝纫线、石英玻璃纤维编织套管等多个品种的石英玻璃纤维制品。

第三章 高性能纤维加工成形基本原理

第一节 纤维成形过程的基本规律和主要参数

纤维的成形工艺主要包括熔融和溶液成形两种，根据特定的聚合物性质特点，对应的熔融和溶液纺丝工艺流程和方式也有所变化。所制备的纤维的性质既取决于原料聚合的性质，也取决于纺丝成形及后加工条件所决定的纤维结构。高性能纤维加工成形过程与普通民用和工业用纤维有所差别，相应的加工方法和工艺也随之而调整。

化学纤维的成形主要采用熔体纺丝和溶液纺丝方法。溶液纺丝方法又包括干法纺丝和（干）湿法纺丝。所有的纺丝方法基本上都是由四个基本步骤组成：①纺丝流体在喷丝孔中流动；②喷丝孔挤出流体的应力松弛和流动场由剪切流动向拉伸流动转化；③纺丝细流的单轴拉伸流动；④纤维固化。熔融纺丝通常为一元体系，纤维成形过程中只涉及熔体丝条与冷却介质之间的传热。而溶液干法纺丝或（干）湿法纺丝分别为二元体系和三元体系，传质过程非常重要。

在对纺丝过程进行理论推导时，通常认为纺丝过程是一个稳态连续过程。稳态纺丝，是指在纺丝过程中，纺丝线上任何一点都具有恒定的状态参数，不随时间变化。即在纺丝线上各点的运动速度 v、温度 T、浓度 c_i 和应力 σ 等不随时间变化，但沿纺丝线上各点连续变化，形成一个稳定的分布，纺丝线上某一点的一个物理量对时间的偏导数等于零，即

$$\frac{\partial}{\partial t}(v, T, c_i, \sigma, \cdots)\Big|_x = 0 \tag{3-1}$$

在稳态纺丝条件下，纺丝线上各点单位时间所流经的高聚物的质量相等，符合流动连续性方程，即

$$A_x v_x \rho_x = 常数(熔体纺丝)$$
$$A_x v_x c_x = 常数(溶液纺丝) \tag{3-2}$$

式中，A_x、v_x、ρ_x 和 c_x 分别为纺丝线上 χ 点上的丝条横截面积、丝条的运动速度、高聚物的密度和溶液中聚合物浓度。

在液态丝条的横截面上各点有一速度分布，在喷丝孔口处的 v_0 和丝条未固化之前的 v_x 应为平均值。

需要指出的是，纺丝过程是一个如式（3-1）所示的状态函数连续变化的非平衡动力学过程。最终得到纤维的结构和性能强烈依赖于状态变化的途径。研究纤维聚集态结构的形成和演变过程要将纤维成形过程各种因素进行综合考虑。此外，纤维成形是一个流体力学、传热、传质、结构和聚集态等多个单元变化过程同时进行并相互联系的过程。研究纤维成形过程时，需要对单元过程及其之间的相互联系进行综合考虑。

纤维成形过程中的参数可以分为独立参数（初级参数）、次级参数和结果参数三类。①独立参数指对纺丝过程的进行及卷绕三结构和性能起决定作用的参数。包括高聚物种类、挤出温度 T_0、喷丝孔直径 d_0、喷丝孔长度 l_0、喷丝板孔数 n、质量流量 W、纺丝线长度 L、卷绕速度 v_L、冷却（冷却介质温度和流动情况）和凝固（凝固浴温度、浓度和流场情况）条件等。②次级参数指通过连续性方程与初级参数相关联的参数。包括平均挤出速度 v_0、喷丝头拉伸比（$i_a = v_L / v_0$）、单根纤维卷绕时的直径等。③结果参数指独立参数和基本纺丝动力学规律所决定的参数，通常是从流变学、流体力学和热平衡方程推导出来的参数。包括卷绕张力 F_{ext}、张应力 σ_L、卷绕点温度、卷绕丝形貌和聚集态结构等。

另外也有人将纤维成形工艺参数分为以下三类：①聚合物性质参数，包括聚合物分子量及其分布、结晶速率对温度和应力的依赖性、应力和应变关系、应力对温度的依赖性等。这些聚合物的性质参数对纤维成形过程工艺控制具有重要意义。②挤出过程基本参数，包括挤出温度，喷丝孔直径、长径比和入口形状，挤出速度、喷丝孔胀大比等。③固化过程参数，包括熔体的拉伸流动行为，冷却或凝固区长度，卷绕速度，冷却介质的温湿度和流场状况，凝固浴的温度、浓度和流场，丝条的温度分布，纺丝线上直径变化，最大拉伸速度，丝条张力等。

第二节 熔体纺丝基本原理

在高性能纤维制备过程中，熔体纺丝所占比重比较小，主要应用于沥青基碳纤维前驱体的制备。近年来，也有人采用增塑熔融方法制备聚丙烯腈基碳纤维原丝。熔体纺丝主要包括熔体的制备、熔体从喷丝孔中的挤出、熔体冷却固化和卷绕或落筒。熔体纺丝理论是建立在高分子物理、连续介质力学等学科基础上的，所涉及问题包括纺丝过程中的动量和热量传递、流动场中和形变条件下大分子行为、连续单轴拉伸和冷却过程中高分子聚集态结构的形成和演变等问题。

一、熔体纺丝运动学和动力学

在熔体纺丝过程中，纺丝线上各点的运动速度、丝条直径、所受各种力以及温度等都在不断发生变化，并且各种因素相互交错，非常复杂。为了处理问题的方便，通常将纺丝过程近似为如式（3-1）所示的稳态过程，即稳态假设。在稳态假设中，可以认为丝条的运动速度 v、应力 σ 和温度 T 等参量只是空间坐标的函数，而不随时间改变。基于稳态假设，纺程中的各个参数可以用速度场、应力场、温度场等表示出来。在不考虑相关参数在丝条横截面分布时，相应的速度场、应力场和温度场都是唯一的，并且只随着丝条运动方向的坐标轴变化。基于上述原因，通常将从喷丝孔到卷绕点之间的整个纺丝路径称为纺丝线。

（一）熔体纺丝基本方程

对于熔体纺丝的理论解析，通常处理等温纺丝的情况，即认为整个纺丝线上丝条的温度是不变的。对于稳态等温纺丝，可以简化得到基本方程。

连续方程

$$\frac{\partial}{\partial t}(\rho v A)=0 \tag{3-3}$$

运动方程

$$\frac{\partial}{\partial t}(A\sigma)=0 \tag{3-4}$$

本构方程

$$\sigma_{xx}=\eta\frac{\partial v}{\partial x} \tag{3-5}$$

在给出适当的边界条件情况下，通常由式（3-3）～式（3-5）可以求出速度 v 和应力 σ 的分布。而对于纺丝线上的高分子细流，在凝固点附近，呈固体塑性流动状态时，其本构方程可以表示为：

$$\sigma_{xx}=\sigma_y+\eta_e\frac{\partial v}{\partial x} \tag{3-6}$$

式中，η_e 为拉伸黏度；σ_y 为屈服应力。

（二）熔体纺丝过程中的直径和速度分布

在当前的技术条件下，丝条沿纺丝线的直径、温度和运动速度均可以通过试验实测得到较为精确的值。从速度分布可以得到沿纺丝线的拉伸应变速率 $\varepsilon(x)\equiv \mathrm{d}v(x)/\mathrm{d}x$。根据 $\varepsilon(x)$ 的不同，通常将纺丝线分成三个区，即挤出胀大区、拉伸流动区和固化丝条运动区。挤出胀大区通常在纺程 0～1cm 之间区域，在挤出胀大区，$\varepsilon(x)<0$。拉伸流动区通常在纺程 50～150cm 之间的区域，拉伸流动区 $\varepsilon(x)$ 出现极大值，是纤维成形过程最重要的区域。拉伸流动区是纺丝细流向初生纤维转化的重要过渡阶段，高分子链段在此区域内取向，也有可能发生结晶。在固化运动区，丝条基本固化，不会再有明显的流动发生。

（三）熔体纺丝过程受力分析

在稳态纺丝条件下，在纺程从喷丝头到距离喷丝头 x 处的一段纺丝线上的受力平衡可以表示为

$$F_r(x)=F_r(0)+F_s+F_i+F_f-F_g \tag{3-7}$$

式中，$F_r(x)$ 为在纺程 x 点处受到的流体阻力；$F_r(0)$ 为熔体细流在喷丝孔出口处作轴向拉伸流动时所克服的流变阻力；F_s 为纺丝线在纺程中所需克服的表面张力；F_i 为纺丝线作轴向加速运动时所需要克服的惯性力；F_f 为空气对纺丝线的表面产生的摩擦阻力；F_g 为丝条自重对纺丝线产生的重力。

在卷绕处（$x=L$），式（3-7）可以写成：

$$F_{ext}=F_r(L)=F_r(0)+F_s+F_i+F_f-F_g \tag{3-8}$$

式（3-8）中，各项阻力均可以通过理论计算得到，而卷绕张力 F_{ext} 可以通过试验测得，从而可以得到 $F_r(0)$，用于研究纺丝过程中的拉伸流动行为及其拉伸黏度 η_e。

式（3-7）和式（3-8）中，从喷丝头（$x=0$）到纺程 x 处的各项阻力的分析如下。

1. 重力 F_g

$$F_g=\int_0^x \rho g \frac{\pi D^2(x)}{4}\mathrm{d}x \tag{3-9}$$

式中，g 为重力加速度；$D(x)$ 为丝条直径。

2. 表面张力 F_s

在纺丝过程中，纺丝细流直径减小，比表面积增大，而表面张力阻止纺丝细流的增大。

$$F_s=2\pi(R_0-R_x)\alpha n \tag{3-10}$$

式中，R_0 为喷丝孔半径；R_x 为纺程 x 处丝条的半径；α 为纺丝细流与空气之间的界面张力，对于高分子熔体 α 约为 0.03～0.08N/m；n 为单丝根数。

3. 摩擦阻力 F_f

纺丝线在空气介质中运动时，丝条表面与空气介质之间相对运动而产生摩擦阻力。

$$F_f=\int_0^x \sigma_{rx,s}(x)\pi D(x)\mathrm{d}x \tag{3-11}$$

式中，$\sigma_{rx,s}(x)$ 为丝条表面与空气介质之间的剪切应力，可以表示为

$$\sigma_{rx,s}(x)=\frac{1}{2}\rho^0[v(x)]^2 \tag{3-12}$$

式中，ρ_0 为空气介质的密度；C_f 为表面摩擦系数，表示为

$$C_f=K(Re)_f^n \tag{3-13}$$

式中，Re 为丝条沿长轴方向运动的雷诺数，$Re=vL/\nu^0$，其中 v 为纺丝速度，L 为纺程长度，ν^0 为空气介质运动黏度；K 和 n 为经验常数，K 值一般采用 0.37、0.507 和 0.68，n 多采用 -0.61 或 -0.8。

4. 惯性力 F_i

在纺程上，丝条的运动速度从初始 v_0 逐渐增加到 v_x，其惯性力为

$$F_i=W(v_x-v_0)=Q\rho(v_x-v_0) \tag{3-14}$$

式中，W 和 Q 分别为喷丝孔挤出的质量和体积流量。

惯性力通常在形变区存在，丝条固化后，速度不再变化，惯性力也不复存在。

5. 流变阻力 F_r

流变阻力取决于高分子流体离开喷丝孔后的流变行为和形变区的速度梯度，可以表示为

$$F_r(x)=\eta_e(x)\varepsilon(x)Q\pi R^2(x) \tag{3-15}$$

式中，$\eta_e(x)$ 为丝条上不同位置的拉伸黏度，与纺丝线上的速度分布和温度分布相关。

在喷丝孔处，$F_r(0)$ 可以通过下式计算：

$$F_r(0)=\pi R_0^2\sigma_{xx}(0)=\pi R_0^2\eta_e(0)\varepsilon(0) \tag{3-16}$$

式中，$\eta_e(0)$ 为喷丝孔出口处的拉伸黏度；$\varepsilon(0)=\mathrm{d}v/\mathrm{d}x$，为喷丝孔出口处的轴向速度梯度。

在上述各项阻力中，重力 F_g 和表面张力 F_s 通常较小，可以忽略不计。而摩擦阻力 F_f、惯性力 F_i 和流变阻力 $F_r(0)$ 则随着卷绕速度 v_L 而增大。总张力中主要是空气摩擦阻力的贡献。

二、熔体纺丝的传热

（一）纺丝线上的传热和温度分布

熔体细流与环境介质之间的热交换与熔体细流的固化过程相关联。此外，热交换过程影响纺丝线上的速度和应力分布，与初生纤维聚集态结构的形成。在丝条内部，传热过程主要通过热传导实现，丝条表面与环境介质之间的传热主要通过对流传热和小部分热辐射完成。因此，在丝条与环境介质热交换过程中，丝条在纺丝线上逐渐冷却，形成一个纤维轴向的温度场。与此同时，由于丝条热量由中心传导到周围介质中去，同时形成一个四条径向的温度场。在试验过程中，可以通过接触式热电偶温度计或红外辐射温度计直接测量丝条表面温度，但是丝条内部温度无法直接测定。

在对熔体纺丝的传热过程进行理论推导时，通常对问题进行简化，假设以下条件：①沿丝条轴向上无传热；②丝条径向无温差；③丝条冷却过程中无相变放热。基于上述假设，长度为丝条体积单元的热平衡方程可以写成：

$$-2\pi R(x)\Delta x\lambda^*(T-T_s)\Delta t=\pi R^2(x)\Delta x\rho c_p\Delta T \tag{3-17}$$

式（3-17）可以简化为

$$\frac{\Delta T}{\Delta t}=\frac{-2\lambda^{*}(T-T_{s})}{R(x)\rho c_{p}} \tag{3-18}$$

式中，Δt 为时间间隔；ΔT 为温度差；λ^{*} 为传热系数；c_p 为聚合物的等压比热容；T_s 为环境介质温度；$R(x)$ 为丝条的直径；ρ 为聚合物的密度。

$$\lim_{\Delta t\to 0}\frac{\Delta T}{\Delta t}=\frac{\mathrm{d}T}{\mathrm{d}t}=\frac{-2\lambda^{*}(T-T_{s})}{R(x)\rho c_{p}} \tag{3-19}$$

在稳态条件下，$\mathrm{d}T/\mathrm{d}t=v\mathrm{d}T/\mathrm{d}x$，式（3-19）变为

$$\frac{\mathrm{d}T}{\mathrm{d}x}=\frac{-2\lambda^{*}(T-T_{s})}{vR(x)\rho c_{p}}=\frac{-2\pi R(x)\lambda^{*}(T-T_{s})}{Wc_{p}} \tag{3-20}$$

对式（3-20）积分得

$$\ln\frac{T_{0}-T_{s}}{T(x)-T_{s}}=\int_{0}^{x}\frac{2\pi R(x)\lambda^{*}}{Wc_{p}}\mathrm{d}x \tag{3-21}$$

式中，$T(x)$ 为丝条在纺程 x 处的温度。

（二）冷却长度 L_K

在已知聚合物熔体固化温度的情况下，可以通过式（3-21）推导出从喷丝孔到丝条固化点间的距离，即冷却长度 L_K。

$$\ln\frac{T_{0}-T_{s}}{T_{K}-T_{s}}=\int_{0}^{L_{K}}\frac{2\pi R(x)\lambda^{*}}{Wc_{p}}\mathrm{d}x \tag{3-22}$$

假设丝条直径沿纺丝线按指数衰减，可以得到冷却长度为

$$L_{K}=\frac{187.37}{d_{0}}\times\frac{T_{0}-T_{K}}{\frac{1}{\mathrm{e}}(T_{0}+T_{K})-T_{s}}\times\frac{Wc_{p}}{\lambda^{*}} \tag{3-23}$$

喷丝孔到固化点之间的区域是熔体细流向初生纤维转化的过渡阶段，是初生纤维结构形成的主要区域，因此，对 L_K 的计算、测定和控制，对熔体纺丝和初生纤维结构控制非常重要。

（三）熔体纺丝传热系数

上面关于熔体纺丝传热过程、纺丝线上的温度分布和冷却长度等均与传热系数 α^{*} 密切相关。熔体纺丝丝条冷却的传热系数是通过冷却圆柱形金属丝的模拟试验，根据稳态假设推导出来的。当空气以恒定速度 v_a 不同角度吹过金属丝时，模拟空气垂直于丝条运动方向上的分量 v_y，得到冷却管下的努塞尔数 Nu 与雷诺数 Re 的关系式为

$$Nu=\lambda^{*}d/\lambda_{a}=0.42Re^{0.33}(1+K) \tag{3-24}$$

式中，$Re=vd/\nu_a$，d 和 v 分别为丝条的直径和运动速度，v_a 为空气的运

动黏度；λ_a 为空气的热导率；系数（$1+K$）表示空气流动对丝条轴的方向角的影响，K 是空气气流方向与丝条运动方向夹角的函数（空气平行于丝条时，$K=0$，空气垂直于丝条时，$K=1$）。当丝条运动速度为常数时，满足以下试验关系式：

$$1+K=[1+(8v_y/v)^2]^{0.167} \tag{3-25}$$

由此，传热系数的一般表达式可以表示为

$$\lambda^*=0.388(\lambda_a \nu_a^{-0.334})A^{-0.334}v^{0.334}[1+(8v_y/v)^2]^{0.167} \tag{3-26}$$

式中，A 为丝条的横截面积。

在实际温度范围内，空气物性常数 $\lambda_a \nu_a^{-0.334} \approx 1.104$，则：

$$\lambda^*=0.4253A^{-0.334}v^{0.334}[1+(8v_y/v)^2]^{0.167} \tag{3-27}$$

三、丝条径向温度梯度分布

由于聚合物的导热系数较小，实际纺丝过程中，从丝条中心到表面实际上存在温差。在丝条冷却过程中，热量从温度较高的内部向温度较低的丝条表面传导。其热传导经验关系式可以表示为

$$\left(\frac{\partial T}{\partial r}\right)_R=-\frac{(T_R-T_s)\lambda^*}{\lambda} \tag{3-28}$$

式中，T_R 为丝条表面的温度；λ 为丝条的导热系数。

式（3-28）表明，丝条的径向温度梯度随导热系数的增大而增大。将式（3-24）代入式（3-28），丝条的平均径向温度梯度可以表示为

$$\frac{T_0-T_R}{R}=-\frac{(T_R-T_s)\lambda_a Nu}{2\lambda R} \tag{3-29}$$

式中，T_0 为丝条中心的温度（$r=0$）。

通常而言，在纤维表面与中心的温差只有几度时，由于纤维直径较小，其平均径向温度梯度已经相当可观。由于聚合物性质对温度的敏感性，其足以对纤维的径向结构产生很大影响。

四、熔体纺丝过程中纤维结构的形成

熔体纺丝所得到的纤维的结构与纺丝、拉伸和热处理等工艺过程均有关联，熔体纺丝所制备纤维的结构是在整个纺丝线上发展起来的，是纺丝过程中流变学因素（熔体细流的拉伸）、纺丝线上的传热和高聚物结晶动力学之间相互作用的结果。纤维结构的形成和演变主要是指纺丝线上聚合物分子链的取向和结构。

对熔体纺丝成形过程的研究有两类基本理论，即唯象理论和分子理论。唯象理论是基于化学工程基础理论，重点对整个纺丝线上的应力场、温度场和速度场进行分析。分子理论是以高分子物理学为基础，研究纤维在加工过程中的负载应力历史和热历史的情况下，纤维微观结构的变化，特别是聚合物分子链取向和结晶的形成和演变。

（一）熔体纺丝过程中聚合物分子链的取向

取向是指材料在应力场中，结构单元沿应力方向上的优先排列，是材料的结构单元对外力作用的响应。对于聚合材料而言，其取向单元包括基团，链段，分子链，结晶聚合物的片晶、晶带。高分子材料取向导致其力学性质、光学性质、导热性、声波传播速度等性能的变化沿取向方向的各向异性。在这些各向异性的基础上，发展了高分子材料取向结构的定量表征方法，如红外二色性法、偏振荧光法、双折射法、声速法、广角 X 射线衍射法等。高分子材料的取向结构是一维或二维的有序结构，对于纤维而言，则是一维有序。

高分子材料结构单元取向的结果，即材料的取向度通常采用取向因子进行定量表征。取向因子的定义为

$$f=\frac{1}{2}(3\cos^2\theta-1) \tag{3-30}$$

式中，θ 是分子链（或片晶等其他取向单元）主轴与取向方向之间的夹角。对于理想的单轴取向，在取向方向上，平均取向角 $\theta=0$，$\cos^2\theta=1$，$f=1$；在垂直于取向方向上，平均取向角 $\theta=90°$，$\cos^2\theta=0$，$f=-0.5$；完全无规取向时，$f=0$，$\cos^2\theta=1/3$，$\theta=54.7°$。实际样品的平均取向角为

$$\theta=\cos^{-1}\sqrt{(2f+1)/3} \tag{3-31}$$

无论是熔体纺丝还是溶液纺丝，取向结构的形成和发展都是其重要的结构成形过程之一。就纤维的取向度而言，贡献最大的不是纺丝工序而是拉伸工序。但是纺丝过程中所形成的取向度，对拉伸工作的正常进行和成品纤维的取向度有很大影响。

根据聚合物纤维在熔融纺丝过程中的形变特点，纤维取向结构的形成主要有两部分的贡献：一是熔体细流的流动取向，包括聚合物熔体在喷丝孔剪切流变场中的流动取向和熔体细流在未固化之前的拉伸流动取向；二是纤维固化之后纤维拉伸过程中的形变取向。

熔体纺丝的喷丝孔流动取向是由聚合物熔体的径向速度梯度导致的聚合物分子链取向。在稳态条件下，取向度 $f\propto\gamma\tau$，γ 为切变速率，τ 为松弛时间。喷丝孔中流动对取向的贡献很小。这是因为，聚合物熔体在喷丝孔中流动时，

温度较高，松弛时间很短，聚合物分子链取向较小。此外，在喷丝孔胀大区，流动取向也会大部分松弛掉。基于上述原因，喷丝孔流动取向可以忽略不计。

熔体纺丝中拉伸流动取向与在喷丝孔中的流动取向相似，只不过是由拉伸流动导致聚合物分子链取向。拉伸流动取向度 $f \propto \varepsilon\tau$，$\varepsilon$ 为拉伸流场速度梯度，τ 为松弛时间，拉伸流动取向对卷绕丝的取向度具有主要贡献。

形变取向发生在纺丝线上的固化区，是一种类似橡胶网络状的取向拉伸，对取向也有贡献，其大小取决于形变大小。

（二）熔体纺丝过程中结晶结构形成和演变

熔体纺丝得到的结晶结构包括晶格结构、结晶度、结晶形态和结晶取向等。结晶结构的形成和演变是熔体纺丝控制丝条固化的一个重要的动力学过程，对纤维的结构和性能起决定作用。纤维中结晶结构的形成和演变除了决定于聚合物的本质特征之外，还与整个纺丝线上的应力分布和温度分布密切相关。

结晶温度范围在其玻璃化转变温度 T_g 和熔点 T_m 之间，在某一适当温度下，结晶速率出现极大值。聚合物结晶速率与温度的这种关系，是其晶核形成和结晶生长存在不同的温度依赖性的结果。温度较高时，聚合物分子链运动过于剧烈，无法形成稳定的晶核或形成的晶核稳定性太差，成核概率小，结晶速率受成核过程控制。温度较低时，晶核容易形成，但是聚合物分子链扩散和规整堆积速度太小，结晶速率受晶粒生长速度控制。在熔点以下 10～30℃ 范围内，成核速率极小，结晶速率实际上等于零。随着温度降低，聚合物分子链热运动减弱，开始形成稳定的晶核，结晶速率迅速增大，此时结晶速率受成核控制。在适当的温度下，成核速率和晶粒生长速率均较为可观，协同效应下，结晶速率达到最大值 K^*。该温度区间是熔体结晶生长的主要区域。随着温度的降低，该区域中，虽然成核速率较快，但是温度降低导致聚合物分子链扩散速率下降，晶粒生长速率降低，导致结晶速率下降。

结晶速率 $K(t)$ 与温度 T 的这种关系，可以用下列关系式表示

$$K(T)=K_0\exp\left(\frac{-\Delta G_D}{RT}\right)\exp\left(\frac{-\Delta G_N}{RT}\right) \tag{3-32}$$

式中，ΔG_D 为链段扩散进入结晶界面所需要的自由能；ΔG_N 为形成稳定晶核所需的自由能；R 为摩尔气体常数；T 为热力学温度。

因此，式（3-32）中的指数第一项又称为迁移项，第二项为成核项。通常而言，ΔG_D 与结晶温度 T 和玻璃化转变温度 T_g 之差（$T-T_g$）成反比，ΔG_N 与熔点 T_m 和结晶温度之差（T_m-T）的一次方或二次方程成反比。

结晶速率与温度的关系的规律，对于熔体纺丝的过程控制和工艺参数设定至关重要。在熔体纺丝过程中，其纺丝线上的结晶过程是在应力作用下的非等温结晶过程，同时，取向与结晶过程还相互影响。研究熔体纺丝结晶过程的方法可以分为准等温和非等温结晶动力学方法。

第三节 溶液纺丝基本原理

溶液纺丝是高性能纤维制备所经常采用的工艺，碳纤维前驱体（包括聚丙烯腈基碳纤维原丝和黏胶基碳纤维原丝）和芳纶纤维均采用溶液纺丝制备。溶液纺丝又可以分为干法纺丝、干湿法纺丝和湿法纺丝。干法纺丝在高性能纤维制备过程中极少使用，本部分内容不予介绍。

在溶液纺丝中，纺丝溶液的制备可以分为两种方式：①将溶液聚合得到的聚合物溶液直接进行纺丝，又称为一步法；②先制备聚合物，再将聚合物溶解在特定的溶剂中得到纺丝溶液进行纺丝，又称为两步法。在高性能纤维制备过程中，聚丙烯腈基碳纤维原丝制备可以采用一步法，也可以采用两步法，而芳纶 1414 纤维则是通过两步法制备的。黏胶基碳纤维原丝的制备较为复杂，需要先制备纤维素磺酸酯，然后制备黏胶溶液，在纺丝再生过程中将纤维素磺酸酯酸解得到黏胶纤维。

在溶液纺丝中干湿法纺丝和湿法纺丝中，溶液制备和性能、纺丝过程动力学特征、纺丝线上的受力情况、传质过程及其与凝固条件和成形稳定性的相关性、相分离过程及其对初生纤维结构的影响等均是溶液纺丝需要讨论的重点内容。

一、纺丝溶液的制备

在采用两步法溶液纺丝时，需要将聚合物溶解在相应的溶剂中，得到合适的纺丝溶液。聚合物溶解过程中，由于聚合物和溶剂分子大小的差异，两者的扩散速率差别很大。通常而言，溶剂小分子能够较快扩散渗透到聚合物中，而聚合物分子向溶剂分子的扩散速率非常慢。因此聚合物溶解过程主要分为两个阶段：溶剂分子首先渗透到聚合物内部使聚合物溶胀；聚合物分子均匀分散在溶剂中，形成分子分散的均相体系。聚合物的溶解还与聚合物的分子量和聚集状态有关。通常而言，分子量大的聚合物难以溶解，结晶聚合物较非晶态聚合物难于溶解。

（一）聚合物溶解的热力学判据

在聚合物溶解过程中，聚合物分子和溶剂分子空间排列状态与运动自由度均发生变化。分子空间排列状态的变化导致体系焓变 ΔH_m，分子运动自由度的变化导致体系的熵变 ΔS_m。溶解过程中聚合物的自由能变化 ΔG_m 遵循下列热力学关系式

$$\Delta G_m = \Delta H_m - T\Delta S_m \tag{3-33}$$

在高聚物溶解过程中，只有 $\Delta G_m < 0$ 时才能溶解。因为溶解过程是熵增过程，$\Delta S_m > 0$，所以溶解过程自由能的变化取决于体系焓变 ΔH_m。

极性聚合物在极性溶剂中的溶解，如聚丙烯腈（PAN）在二甲基亚砜（DMSO）和 N,N-二甲基甲酰胺（DMF）等极性溶剂中、聚对苯二甲酰对苯二胺（PPTA）在浓硫酸中的溶解过程，极性溶剂与极性聚合物有强烈的相互作用，溶解时放热，$\Delta H_m < 0$，体系自由能 $\Delta G_m < 0$，溶解可以自发进行。这一溶解过程又称为焓变决定的溶解过程。

而一些非极性聚合物在非极性溶剂中的溶解过程，如超高分子量聚乙烯（UHMWPE）在十氢萘等溶剂中的溶解过程，通常不放热或吸热，$\Delta H_m > 0$，溶解过程中的熵变很大，该溶解过程是由熵变决定的溶解过程，通常需要升高温度或减小体系焓变 ΔH_m 才能使聚合物自发溶解。对非极性聚合物与溶剂体系的焓变，可以借用小分子的 Hildebrand 溶度公式计算

$$\Delta H_m = \varphi_s \varphi_p V_m [(\Delta E_s / V_s)^{1/2} - (\Delta E_p / V_p)^{1/2}]^2 \tag{3-34}$$

式中，V_m 为混合物总体积；ΔE_s 和 ΔE_p 为溶剂和聚合物的摩尔蒸发能；V_s 和 V_p 为溶剂和聚合物的摩尔体积；ΔE_s 和 ΔE_p 为溶剂和聚合物的在混合物中的体积分数。其中 $\Delta E/V$ 为内聚密度，并定义溶度参数 $\delta = (\Delta E/V)^{1/2}$，式（3-34）简化为

$$\Delta H_m = \varphi_s \varphi_p V_m (\delta_s - \delta_p)^2 \tag{3-35}$$

由式（3-35）可知，聚合物溶解焓变的大小取决于溶剂和聚合物的溶度参数，当溶度参数相近时，溶解可以自发进行。

另外，根据 Flory-Huggins 溶液理论，可以用聚合物和溶剂相互作用参数 χ 来判断高聚物的溶解情况。χ 也称为 Huggins 参数，是高分子物理中最重要的物理参数之一，它反映高聚物与溶剂混合过程中相互作用能的变化。χ 可以作为溶剂对聚合物溶解能力的判据。通常认为，$\chi > 0.5$ 时，聚合物不能溶解；而 $\chi < 0.5$ 时，聚合物可以溶解，且 χ 越小，溶剂对聚合物的溶解能力越强。

（二）聚合物溶解的动力学过程

聚合物溶解的热力学判据可以确定聚合物溶解与否，然而对于实际生产过

程而言，溶解速率则决定生产效率、工艺流程和工艺参数设计。

聚合物溶解过程依赖于扩散速率。可以采用菲克定律描述聚合物的溶解过程。

$$J_V=-\overline{D}\,\frac{V_s}{\xi}\Delta c \tag{3-36}$$

式中，J_V 为扩散物质的体积通量；$\overline{D}$ 为平均扩散系数；V_s 为扩散物质的比容；ξ 为聚合物溶胀层的厚度；Δc 为扩散物质在聚合物内层和外层的浓度差。

$\overline{D}$ 可以表示为

$$\overline{D}=\frac{1}{\Delta c}\int_{c_1}^{c_2} D(c)\mathrm{d}c \tag{3-37}$$

式中，$D=D_s\varphi_s+D_p\varphi_p$，其中 D_s 和 D_p 分别为溶剂和聚合物的扩散系数；φ_s 和 φ_p 分别为溶剂和聚合物的体积分数。

由式（3-37）可知，聚合物的溶解速率与 $\overline{D}$ 和 Δc 成正比，与聚合物溶胀层的厚度 ξ 成反比。由于聚合物的扩散速率远小于溶剂的扩散速率，聚合物的溶解速率主要决定于聚合物扩散过程。因此在实际生产过程中，通常采用搅拌和提高溶解温度等方式增加聚合物向外扩散的过程，提高溶解速率。

二、溶液纺丝的运动学

在溶液纺丝中，溶液细流经过喷丝孔后经过孔口胀大和溶液细流拉伸。根据成形过程工艺特点，湿法纺丝和干湿法纺丝的主要差别见图 3-1。在干湿法纺丝中，Ⅰ～Ⅳ区分别对应于喷丝孔胀大区、纺丝溶液细流在气隙中轴向拉伸形变区、纺丝溶液细流在凝固浴中的轴向拉伸形变区和纤维固化区。在湿法纺丝中Ⅰ～Ⅲ区分别对应于喷丝孔胀大区、纺丝溶液细流轴向拉伸形变区和丝条固化区。

采用干湿法纺丝，可以使用喷丝孔直径较大的喷丝头，同时可以采用浓度较高、黏度较大的纺丝溶液。湿法纺丝溶液黏度一般在 20～50Pa・s，而干湿法纺丝溶液黏度为 50～150Pa・s，甚至可以达到 200Pa・s 或更高。与湿法纺丝相比，干湿法纺丝由于纺丝溶液在喷丝孔挤出后，先经过一个空气层（气隙），这样可以大大提高喷丝头拉伸比，可以使纺丝速度比一般的湿法纺丝高 5～10 倍。此外，干湿法纺丝的纺丝溶液细流的拉伸分为两个部分，一部分在气隙中完成［图 3-1（a），Ⅱ区］，另一部分在凝固浴中完成［图 3-1（a），Ⅲ区］，在较长的形变区域内，其速度梯度不大，容易通过提高喷丝头拉伸比提高纺丝速度。而湿法纺丝拉伸只在较短的区域内发生［图 3-1（b），Ⅱ区］，在拉伸区内形变速率较大，利用增大喷丝头拉伸提高纺丝速度是有限制的。

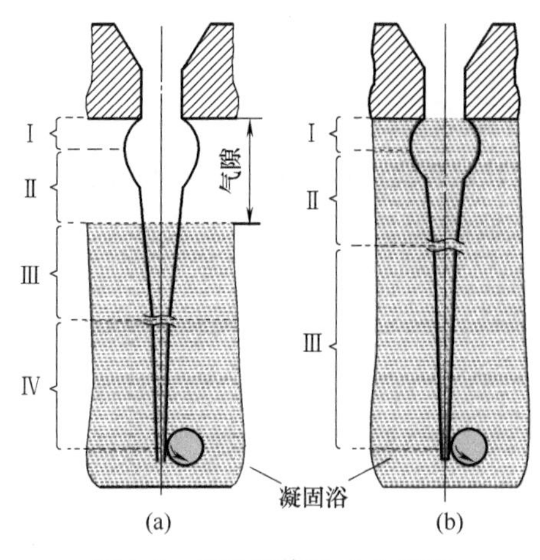

图 3-1　干湿法纺丝（a）和湿法纺丝（b）的差别示意图

干湿法纺丝成形过程中气隙部分可以参照熔体纺丝过程，而凝固浴中的成形过程可以参照湿法纺丝。本部分主要对湿法纺丝的运动学进行简要介绍。需要指出的是，干湿法纺丝成形过程远比熔体和湿法纺丝的组合复杂，在实际运用过程中需要根据实际情况进行考虑。

图 3-2 为湿法纺丝成形过程中溶液细流的细化过程示意图。根据纺丝细流沿纺程所具有的运动学特点，可以把纺程划分为四个区间：孔流区（Ⅰ）、胀大区（Ⅱ）、细化区（Ⅲ）和等速区（Ⅳ）。在稳态纺丝的条件下，单轴拉伸流动应满足：

$$A_x v_x c_x = 常数 \tag{3-38}$$

式中，v_x、A_x 和 c_x 分别为纺程 x 处的线速度、横截面积和丝条中聚合物的含量。

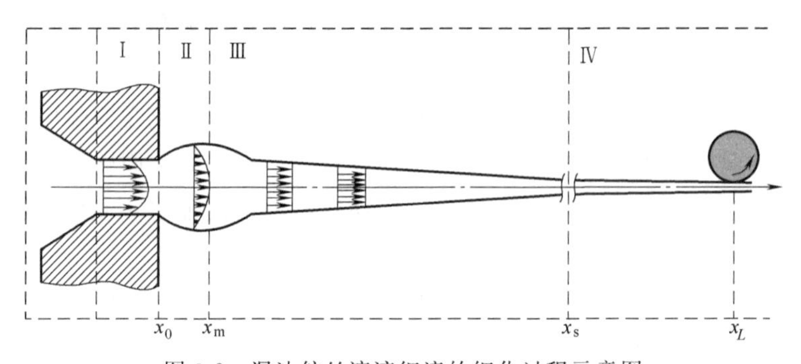

图 3-2　湿法纺丝溶液细流的细化过程示意图

在湿法纺丝过程中，纺丝细流直径的变化是由拉伸形变和传质过程共同引起的。

纺丝溶液细流发展全过程中各个阶段丝条运动速度 v_x 和速度梯度 dv_x/dx 沿纺程 x 的分布见图 3-3，具体特点分析如下。

孔流区（Ⅰ）：纺丝溶液沿喷丝孔轴向恒速流动，$dv_x/dx=0$。纺丝溶液在喷丝孔直径方向存在径向速度梯度，导致聚合物分子链取向并储存弹性能。所储存弹性能的大小将影响孔口胀大比。

胀大区（Ⅱ）：纺丝溶液进入喷丝孔入口和孔道流动所储存的弹性能在孔口处发生回弹，出现孔口胀大现象，因此导致沿纺程方向的速度减小，沿纺程 x 方向速度梯度 $dv_x/dx<0$，在细流最大直径处，$dv_x/dx=0$。胀大区随喷丝头拉伸比（v_L/v_0）的增大而减小，当喷丝头拉伸比增大到一定值时，胀大区可以完全消失。

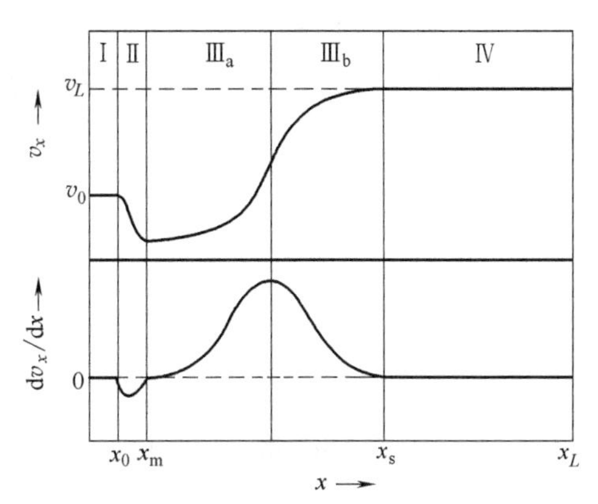

图 3-3　湿法纺丝成形过程中丝条运动速度 v_x 和速度梯度 dv_x/dx 沿纺程 x 变化示意图

细化区（Ⅲ）：纺丝细流在张力的作用下逐渐被拉长变细。丝条的运动速度 v_x 沿纺程不断增大，但是 v_x 沿纺程 x 的变化呈 S 形曲线，其拐点把Ⅲ区分为$Ⅲ_a$ 区和$Ⅲ_b$ 区。在$Ⅲ_a$ 区，$dv_x/dx>0$，$d^2v_x/dx^2>0$；在$Ⅲ_b$ 区，$dv_x/dx>0$，$d^2v_x/dx^2<0$。在细化区中，纺丝溶液细流逐步凝胶化并完成凝固，纺丝溶液细流的凝胶化拉伸形成纤维的最初结构。$Ⅲ_a$ 和$Ⅲ_b$ 区的拐点是初生纤维结构单元取向结构形成的关键点。

等速区（Ⅳ）：纺丝细流已经固化成为初生纤维，丝条直径不再变化，丝条的运动速度也不再变化 $v_x=v_L$。等速区中，初生纤维的结构继续形成。

溶液纺丝断裂机理同样可以分为毛细断裂和内聚脆性断裂。在湿法纺丝中，虽然纺丝溶液的黏度 η 并不大，但是纺丝溶液细流与凝固介质之间的界面张力 α 也很小，毛细断裂的情况基本不会出现。因此内聚脆性断裂是湿法纺丝成形过程中的主要断裂机理。在干法和干湿法纺丝成形过程中，由于纺丝溶液细流与空气界面张力是比较显著的，加之溶液的黏度相对较小，毛细断裂还是经常发生的。

湿法纺丝在成形区的拉伸状态可以用两个参数表征，即喷丝头拉伸比 i_a 和平均轴向速度梯度 $(\overline{q}_x)_a$，定义如下：

$$i_a=\frac{v_L}{v_0} \tag{3-39}$$

$$(\overline{q}_x)_a=\frac{v_L-v_0}{X_s} \tag{3-40}$$

式中，v_0 为纺丝溶液的挤出速度；v_L 为初生纤维在第一导辊上的卷取速度；X_s 为凝固长度，即凝固点与喷丝头表面之间的距离。

在式（3-39）和式（3-40）中 i_a 和 $(\overline{q}_x)_a$ 均是以 v_0 为基准的。然而在实际纺丝过程中，纺丝流体从喷丝板挤出时会出现挤出胀大现象，纺丝细流上出现最大直径 D_{max}。因此，湿法纺丝真实喷丝头拉伸比 i_f 和真实平均轴向速度梯度 $(\overline{q}_x)_f$ 应该以纺丝流体的自由流出速度 v_f 为基准，表示为

$$i_f = \frac{v_L}{v_f} \tag{3-41}$$

$$(\overline{q}_x)_a = \frac{v_L - v_f}{X_s} \tag{3-42}$$

忽略成形过程初期的传质过程，根据式（3-38），可以得出以下关系：

$$R_0^2 v_0 \rho_0 = R_f^2 v_f \rho_f \tag{3-43}$$

当纺丝线的密度沿纺程变化不大时，式（3-43）简化为

$$R_0^2 v_0 = R_r^2 v_f \tag{3-44}$$

将式（3-44）代入式（3-41）和式（3-42），得

$$i_f = \frac{v_L}{v_0}\left(\frac{R_f}{R_0}\right)^2 \tag{3-45}$$

$$(\overline{q}_x)_a = \frac{v_L - v_0 (R_0/R_f)^2}{X_s} \tag{3-46}$$

式（3-46）中，$S \equiv R_f/R_0$，为喷丝头挤出胀大比。聚合物流体本身的性质（分子量及其分布）、喷丝孔的几何形状（导孔几何形状和喷丝孔长径比）和加工条件（温度、聚合物浓度、挤出速度等）等均对 S 产生影响。因此在相同的挤出速度 v_0 和第一导辊卷取速度 v_L 的情况下，虽然表观的喷丝头拉伸比 i_a 相同，实际喷丝头拉伸比 i_f 可能差别很大，甚至将产生正拉伸或负拉伸的差别。实际喷丝头拉伸比 i_f 对湿法纺丝的稳定性和所制备纤维的质量至关重要。在实际生产过程中，要根据纺丝流体的性能调整温度、挤出速度等工艺参数，确保纺丝过程的顺利进行，保证纤维品质。

对于湿法纺丝而言，丝条运动速度 v_x 沿纺程 x 的分布不再是指数关系，而由于过程中的传热和传质，纺丝流体的特性也发生变化。此外，考虑纺丝线上真实的形变，将喷丝孔胀大点处的丝条运动速度作为纺丝细流的流出速度 v_f，那么在湿法纺丝中沿纺程的有效形变梯度 ξ_{eff} 可以表示为

$$\xi_{eff} = \frac{d\ln(v_x/v_f)}{dx} = \frac{\ln(v_L/v_f)}{L_s} \tag{3-47}$$

式中，L_s 为喷丝板到固化点间的距离；v_L 为第一导辊卷取速度。

根据前面熔体纺丝的相关讨论，那么内聚断裂时在固化点（$x^*=L_s$）的临界形变梯度 ξ_{eff}^* 满足下列方程式：

$$L_s\xi_{eff}^* + \ln(v_f\tau\xi_{eff}^*) - \ln(\sigma^*/E) = 0 \tag{3-48}$$

式中，τ 为松弛时间；σ^* 为临界断裂应力；E 为杨氏模量。

式（3-48）表明，ξ_{eff}^* 随着相对拉伸强度 σ^*/E 单调增大，随松弛时间 τ 和自由流出速度 v_f 的增大而减小。根据式（3-47），最大卷绕速度 $v_{L,max}$ 可以表示为

$$v_{L,max} = v_f\exp(L_s\xi_{eff}^*) \tag{3-49}$$

对式（3-49）求解可以得到下式：

$$\ln\left(\frac{v_{L,max}}{v_f}\right) = 0.567 - 0.362\ln\left(\frac{v_f\tau E}{L_s\sigma^*}\right) + 0.074\left[\ln\left(\frac{v_f\tau E}{L_s\sigma^*}\right)\right]^2 + \cdots \tag{3-50}$$

由式（3-50）可以看出，$v_{L,max}$ 随 v_f 的增大而增大，但是略低于线性增大。纺丝溶液中聚合物浓度的增大、纺丝温度的降低等导致松弛时间延长的因素均会导致 $v_{L,max}$ 减小。导致 L_s 减小的凝固因素将使 $v_{L,max}$ 减小。

在湿法纺丝中，凝固浴对纺丝成形过程产生复杂的影响。凝固介质中溶剂与非溶剂的比例对纺丝溶液细流的固化产生复杂的影响。湿法纺丝中各种凝固行为均与传质过程有关，并且传质过程对凝固浴中的溶剂浓度具有依赖性。

三、湿法成形纺丝线上的受力分析

湿法纺丝纺程轴向受力分析与熔体纺丝基本相同，在纺程 x 处，各项力的平衡可以表示为

$$F_r(x) + F_g(x) = F_r(0) + F_s(x) + F_i(x) + F_f(x) + F_c \tag{3-51}$$

式中，$F_r(x)$ 为纺丝线在 x 点上的流变张力；$F_r(0)$ 为纺丝溶液在喷丝孔出口处的流变阻力；$F_g(x)$ 为纺丝线从 $x=0$ 运动到 x 点处纺丝线所受到的重力；$F_s(x)$ 为纺丝线从 $x=0$ 运动到 x 点处纺丝所需克服的表面张力；$F_i(x)$ 为纺丝线从 $x=0$ 运动到 x 点处纺丝线所需克服的惯性力；$F_f(x)$ 为纺丝线从 $x=0$ 运动到 x 点处纺丝线所需克服的凝固浴和纺丝线之间的摩擦阻力。F_c 为导丝罗拉的摩擦阻力。各项力的特点如下：

（1）重力 $F_g(x)$

$$F_g(x) = [\rho(x) - \rho_c]g\cos\theta \tag{3-52}$$

式中，ρ_c 为凝固浴在纺程 x 处的密度；$\rho(x)$ 为丝条在纺程 x 处的密度；g 为重力加速度；θ 为丝条运行方向与重力方向的夹角。

在湿法纺丝中，ρ_c 和 $\rho(x)$ 的差值很小，并且往往采用水平凝固浴成形，因此式（3-51）中的 $F_g(x)$ 项可以忽略不计。

（2）表面张力 $F_s(x)$

在湿法纺丝成形中，丝条和凝固介质之间的表面张力很小，通常可以忽略不计。

（3）惯性力 $F_i(x)$

$$F_i(x)=\rho_0 Q[v(x)-v(0)] \tag{3-53}$$

在丝条未固化时，丝条运动速度在横截面上有一个分布，需要进行校正；此外由于在湿法纺丝成形中存在传质过程，也需要考虑对式（3-53）进行校正。通常情况下，在喷丝头负拉伸或较小的正拉伸时，$F_i(x)$ 项所占比重较小，可以忽略。但是在纺丝速度较高时，需要考虑惯性力。

（4）摩擦阻力 $F_f(x)$

与熔体纺丝相同，湿法纺丝丝条与凝固介质之间的摩擦阻力可以表示为：

$$F_f(x)=\int_0^x \sigma_{rx,s}(x)\pi D(x)\mathrm{d}x \tag{3-54}$$

式中，$\sigma_{rx,s}(x)=0.5C_f\rho_c[v(x)]^2$，为丝条表面与空气介质之间的剪切应力，其中 ρ_c 为凝固介质密度，C_f 为表面摩擦系数，与丝条运动速度、表面几何形状和凝固介质的运动黏度有关。在湿法纺丝成形过程中，丝条与凝固介质之间存在传质过程，边界层厚度沿纺程改变，摩擦系数 C_f 随之改变。凝固介质通常不是静止的，凝固介质的流动方式和流动状态对摩擦阻力产生很大影响，另外湿法纺丝每一束丝条中通常有成千上万根单丝，每一根单丝所处的流场相互影响，极其复杂，无法做出定量计算。基于上述原因，湿法纺丝成形过程中的摩擦阻力是很难正确估算的。

（5）导丝装置的摩擦阻力 F_c

对于直径为 R_c 的圆柱形导丝装置，当丝条半径为 R_f 且 $R_c \geqslant R_f$ 时，F_c 可以用下式计算：

$$F_c=F_2-F_1=F_2\left[1-\frac{1}{\exp(\mu_d\theta')}\right]=F_1[\exp(\mu_d\theta')-1] \tag{3-55}$$

式中，F_1 为丝条位于导丝装置前的张力；F_2 为丝条位于导丝装置后的张力；μ_d 为表面摩擦系数；θ' 为丝条在导丝装置上的包角。

导丝装置通常是固定的，与喷丝头间距离为 x_L，当 $x<x_L$ 时，式（3-51）中的 F_c 项应该略去。

（6）流变阻力 $F_r(x)$

在喷丝孔出口处，流变阻力 $F_r(0)$ 为

$$F_r(0)=\pi R_0^2\sigma_{xx}(0) \tag{3-56}$$

式中，$\sigma_{xx}(0)$ 为喷丝孔出口处细流横截面积上的平均拉伸应力。

在湿法纺丝成形中，有些阻力项可以忽略，当无导丝装置时，流变阻力 $F_r(x)$ 可以简单表示为

$$F_r(x)=F_f(x)+F_r(0) \tag{3-57}$$

由于 $F_r(x)$ 几乎与 x 成正比，可以沿纺程测定流变阻力 $F_r(x)$，外推至 $x=0$，从而得到 $F_r(0)$，进而可以求出表观拉伸黏度。通过对纺程上受力的测定和分析，对于了解成形过程特征，优化纺丝工艺参数和控制成形过程有一定的意义。利用等温纺丝过程中 $F_r(0)$ 的测定，可以对纺丝溶液的表观拉伸黏度进行测定。在喷丝头拉伸比（v_L/v_0）不变时，在较大的流变阻力 $F_r(L)$ 条件下可以提高纺丝过程的稳定性，并有助于提高纤维的质量。此外，根据流变阻力 $F_r(L)$ 和凝固浴浓度和温度等变量的关系，可以优化湿法纺丝凝固条件，提高纺丝成形过程稳定性和产品质量。

四、湿法纺丝过程中的传质和丝条固化

在溶液纺丝成形过程中，纺丝原液细流在凝固浴中固化形成纤维的过程主要涉及两个方面的问题：聚合物、溶剂和凝固剂三元体系的相分离热力学条件；原液细流和凝固浴接触是从丝条表面开始的，而整个丝条的固化是通过溶剂和凝固剂的交换实现的，涉及扩散动力学问题。

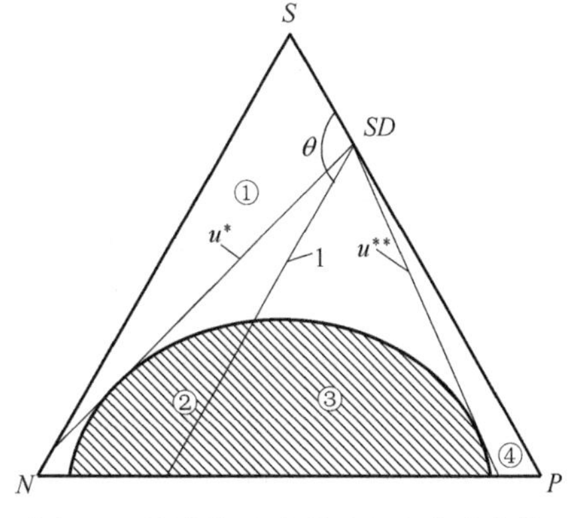

图 3-4　溶液纺丝成形过程中的聚合物（P）-溶剂（S）-凝固剂（N）三元相图

聚合物、溶剂和凝固剂三元体系的相分离对溶液纺丝的凝固动力学产生重要影响。在溶液纤维成形过程中，凝固得到的凝胶纤维的微观结构和形貌不仅与其相平衡时的平均组成相关，也依赖于达到这种平衡所经过的路径。图 3-4 为溶液纺丝成形过程中的聚合物（P）-溶剂（S）-凝固剂（N）三元相图。

图 3-4 中阴影部分为两相区，其余

区域为均相区。在溶液纤维成形过程中，丝条凝固路径是否与相图中的双节线（Binodal Curve，相分界线）相交、相交于什么位置都非常重要。在如图 3-4 所示的三元相图中，由初始态纺丝溶液 SD 开始，其组成变化路径依赖于溶剂向丝条外部扩散的通量 J_S 和凝固剂向丝条内部扩散的通量 J_N。溶剂和凝固剂的传质通量比值 J_S/J_N 与丝条组分变化路径、SP 边的夹角 θ 有关。当 $\theta=0$ 时，丝条组分变化路径为 $SD \rightarrow S$，$J_S/J_N=-\infty$，是一个溶剂将纺丝溶液稀释的过程。当 $\theta=\pi$ 时，$J_S/J_N=+\infty$，对应于纺丝溶液中溶剂蒸发的过程。在图 3-4 中，丝条凝固路径可以分为四个区域。

区域①：$-\infty \leqslant J_S/J_N \leqslant u^*$，上限为第一临界切线 u^*，即溶液中的组分变化流经与双节线的第一条切线。该区域完全位于相图中均相区域。由于 u^* 通常小于平均数，聚合物溶液沿组分变化路径不断被稀释，纺丝细流始终处于均相状态，不会固化。

区域②：$u^* \leqslant J_S/J_N \leqslant 1$，聚合物溶液的组分变化路径与相分离双节线相交。纺丝细流中的聚合物含量沿变化路径不断下降，当体系中的凝固剂含量超过一定值时，纺丝溶液细流由均相体系变为两相体系。由于相分离的产生，丝条可能固化，但是得到不均匀的疏松结构的初生纤维。

区域③：$1 \leqslant J_S/J_N \leqslant u^{**}$，此区域的下限为图 3-4 中的直线 1，即溶剂与凝固剂的扩散速率相等，上限为第二临界切线 u^{**}，即溶液中的组分变化路径与双节线的第二条切线。在此区域中，随着双扩散的进行，丝条中的聚合物浓度不断增大，到达两相区时，发生相分离而固化。显然，此区域的凝固条件得到的初生纤维的结构要比处于区域②所得到初生纤维的结构要均匀。

区域④：$u^{**} \leqslant J_S/J_N \leqslant +\infty$，此区域位于两相区的外沿，形成均匀致密的结构。

综上所述，区域①的传质路径是无法得到纤维的。在区域②、③和④中均可能得到纤维。就纤维的力学性能和均匀性而言，区域④是最好的固化路径。但是对于溶液纺丝而言，很难达到区域④的凝固路径。通常而言，在区域②和区域③中，较大的传质通量比值 J_S/J_N 可以得到性能更好的纤维。

需要指出的是，凝固路径是否与图 3-4 中的双节线相交只能说明相分离的热力学可能性，在实际的溶液纺丝过程中，相分离的动力学过程也起到重要的作用。如在体系中存在过饱和均相态和浓溶液中的相转变形貌等因素均没有考虑在内。实际纺丝过程受热力学和动力学双重因素控制。

聚合物的化学结构、溶剂、凝固剂以及体系的温度均对图 3-4 中所示的相图和传质速率产生影响。对溶液纺丝的凝固相分离过程进行合理的推导需要相图和工业生产中所采用体系的扩散系数等参数。在溶液纺丝凝固成形过程中，通常采用控制凝固介质温度以及溶剂的含量进行有效控制。凝固浴的温度控制是通过改变三元体系相图和凝固剂及溶剂的扩散速率而实现凝固过程控制，需要根据具体工业生产体系而定。而控制凝固浴中的溶剂含量要简单得多。控制凝固浴中溶剂含量不会对体系的相平衡产生影响，但是可以改变双扩散过程的驱动力，进而控制传质过程的动力学。

在溶液纺丝过程中，纺丝溶液细流与凝固浴接触后，纺丝溶液的固化过程是以双扩散为基础的。双扩散过程包括凝固浴中的凝固剂向纺丝溶液细流内部扩散和纺丝溶液细流中的溶剂向凝固浴扩散。溶液纺丝过程中溶剂和凝固剂的扩散可以用菲克第一定律描述，即

$$J_S=-D_S\frac{dc_S}{dx}$$

$$J_N=-D_N\frac{dc_N}{dx} \tag{3-58}$$

式中，D_S 和 D_N 分别为溶剂和凝固剂的扩散系数。

应该指出的是，式（3-58）只是对溶液纺丝凝固过程中传质问题的简单处理，在实际解决双扩散问题时，还需要注意其他一些问题。

首先，实际干法和干湿法纺丝过程中，凝固剂和溶剂的通量通常是不相等的。波尔提出在处理一维扩散方程问题时，凝固剂的扩散通量 J_N 与溶剂的扩散通量 J_S 成正比，即

$$J_N=-kJ_S \tag{3-59}$$

并进一步讨论了不同通量比时的扩散情况，结果与图 3-4 相图中各种凝固路径是一致的。

另外一个需要注意的问题是，随着凝固过程的发展，扩散系数也会随之改变。在溶液成形凝固过程中，表观扩散系数以及传质速率均会随着凝固过程发展而引起的相变、组成和结构变化而改变。

还有一个需要注意的问题是与丝条边界条件问题。当丝条表面的对流速率与丝条中的扩散速率相比非常大时，丝条表面的溶剂的浓度可以认为是一个与凝固浴中溶剂浓度相同的常数，即

$$c_S(r=R,x)=c_{S,\infty} \tag{3-60}$$

在实际情况下，在流体动力学相互作用下，丝束内部的凝固介质随丝束以相似的速度运动，阻碍了凝固浴的扰动。因此单根丝条所接触凝固介质的实际浓度与凝固浴中的平均浓度有很大差别，因此可以给出以丝条内溶剂浓度梯度

相关的边界条件，可以表示为

$$\rho D_{\mathrm{i}}^{*}(\partial c_{\mathrm{S}}/\partial r)_{r=R}=-J_{\mathrm{S}}(r=R) \tag{3-61}$$

在丝束内部，传质速率受扩散控制，式（3-61）边界条件可以简化为

$$D_{\mathrm{f}}^{*}(\partial c_{\mathrm{S}}/\partial r)_{\mathrm{f}}=D_{\mathrm{b}}^{*}(\partial c_{\mathrm{S}}/\partial r)_{\mathrm{b}}(r=R) \tag{3-62}$$

式中，D_{f}^{*} 和 D_{b}^{*} 为溶剂在丝条内部和凝固浴中的扩散系数；$(\partial c_{\mathrm{S}}/\partial r)_{\mathrm{f}}$ 和 $(\partial c_{\mathrm{S}}/\partial r)_{\mathrm{b}}$ 分别为丝条和凝固浴在 $r=R$ 处的溶剂浓度梯度。

在等通量双扩散的情况下，式（3-62）简化为

$$(\partial c_{\mathrm{S}}/\partial r)_{\mathrm{f}}=(\partial c_{\mathrm{S}}/\partial r)_{\mathrm{b}} \quad (r=R)$$

$$c_{\mathrm{S}}=c_{\mathrm{S},\infty} \quad (r=\infty) \tag{3-63}$$

式（3-60）和式（3-63）所描述的情况是湿法纺丝过程中过于简化的情况。在实际情况下，丝条外部的传质过程（纯扩散或对流扩散）毫无疑问要比丝条内部的传质过程快得多。式（3-61）所描述的实际情况处于式（3-60）和式（3-63）所描述的两种极端情况之间。

上述所讨论的扩散通量和扩散系数均是以测定物质的扩散量为基础的。另外一种描述扩散过程的方法是边界移动速率。在湿法纺丝过程中，当相分离速率远远高于扩散速率时，扩散决定纤维的固化过程。在湿法纺丝成形过程中，纺丝溶液细流一旦与凝固介质接触，由于溶剂和凝固剂双扩散的进行，丝条中凝固和未凝固的部分形成明显的边界，并且边界层厚度随着双扩散的进行不断移动。

综上所述，在实际生产过程中，需要对纺丝设备条件和工艺参数进行综合考虑，进而形成适合于生产装备的最佳工艺。

五、湿法纺丝过程中的纤维结构的形成

湿法纺丝的结构同样受纺丝工艺的影响，初生纤维的形态结构对后续的拉伸性能和成品纤维的性能产生影响。在湿法纺丝中，初生纤维的取向度相当低，对纺丝条件不敏感。但是初生纤维的形态结构对纺丝工艺极其敏感。此外，湿法纺丝所制备的纤维结构除了受纺程上的应力场和速度场等因素的影响之外，更取决于丝条和凝固浴之间的传质过程、相分离条件、冻胶化作用和纺丝溶液的聚合物含量等。湿法纺丝过程中纤维结构的形成可以分为两个阶段，即初级结构的形成和次级结构的形成（包括结构重建和规整度的提高）。在湿法纺丝中，纺丝溶液经过喷丝孔流动或丝条拉伸形成的取向很小，但是溶液浓度较高时，则有利于规整的初级结构的形成。

（一）宏观形态结构

湿法纺丝初生纤维的宏观形态包括纤维截面、孔洞或毛细孔以及皮芯结构等。对于高性能纤维而言，上述宏观结构反映其凝固均匀性，对后续拉伸工艺、纤维结构均匀性、性能提升和应用性能均产生较大的影响。

1. 纤维截面

不同的凝固路径，对所得到的初生纤维的横截面形貌也有很大影响。纤维的横截面形貌是溶液纺丝所制备的纤维的重要结构特性，与纤维的光泽、吸附性能、力学性能和其他物理性能相关。

湿法纺丝情况非常复杂。当凝固剂吸收率较高（$J_S/J_N \approx 1$）时，尽管所得到的初生纤维中存在大量的孔洞或毛细孔，但是纤维的截面仍然为圆形。当 J_S/J_N 的比值较大时，所得到纤维的截面为非圆形，并受表面固化层的硬度和渗透压的影响。在纤维拉伸过程中固化层的断裂会导致毛丝出现。在实际生产过程中，较高的凝固浴温度、凝固浴中较大的溶剂含量、较高的纺丝溶液浓度和较高的喷丝头拉伸比（v_L/v_0）均有利于得到圆形截面的纤维。对于伴随化学反应的黏胶纤维的凝固过程则更为复杂，除了与凝固条件有关之外，还与黏胶溶液的熟成度有关。

2. 孔洞或毛细孔

纺丝溶液中聚合物浓度约为10%～30%（质量分数）。在凝固相分离过程中不可避免地会产生孔洞（Voids）或毛细孔（Capillaries）。这些孔洞或毛细孔的大小和数量与凝固条件密切相关。凝固条件比较剧烈时，在湿法纺丝初生纤维中可以产生大量的孔洞或毛细孔。经后续拉伸、干燥致密化和热处理等工序后，这些孔洞或毛细孔的尺寸会有所减小甚至闭合，但是难以根除，最终形成缺陷并影响纤维的性能。因此，在制备高性能纤维或高性能碳纤维原丝时，需要系统考虑凝固条件，控制孔洞的形成和毛细孔尺寸。

虽然溶液纺丝中初生纤维的孔洞或毛细孔是不可避免的，但是可以通过控制一些纺丝工艺参数对孔洞和毛细孔进行控制。通常从以下三个方面进行考虑：①合理提高纺丝溶液中聚合物浓度。纺丝溶液中的聚合物浓度越高，在凝固过程中形成的物理交联点和连续富聚合物相越多，初生纤维中的孔洞或毛细孔就越少越小。②选择温和的凝固条件。通常采用凝固浴能力低的凝固浴介质，或提高凝固浴中的溶剂含量和降低温度等措施，创造温和的凝固条件。在温和的凝固条件下，聚合物溶液的相分离比较缓和，有利于形成更多的物理交联点和均匀的相结构。因此，可以避免或减少纤维中孔洞或毛细孔的产生；③通过共聚物方法增加聚合物的亲水性。如在聚丙烯腈基碳纤维原丝制备过程中，通常引入第二和第三单体，其中引入亲水性的单体可以改善聚合物的亲水性，可以使凝固过程变得温和，有利于减少孔洞或毛细孔的形成。

除了上述影响孔洞和毛细孔形成因素之外，湿法纺丝过程中的动力学变化也会影响孔洞和毛细孔的形成，如喷丝孔直径和喷丝头拉伸等在相同的喷丝孔挤出速度的条件下，初生纤维中的孔洞和毛细孔随着喷丝头拉伸比的增大而增多。另外在同样的聚合物浓度条件下，首先使纺丝溶液凝胶化，有利于防止凝固相分离过程中微孔和毛细孔的形成，提高纤维的均匀性。

3. 皮芯结构

溶液纺丝的初生纤维在纤维径向上有结构上的差异，这种差异将传递到成品纤维中，并影响纤维自身性能和使用性能。皮芯结构的形成原因可以归结为以下三个方面：①纺丝溶液凝固过程的不均匀性，导致纤维表皮和内部结构的差别；②纺丝溶液细流在喷丝孔中的膨化效应，导致纺丝溶液细流的表皮拉伸，对皮芯结构产生一定的影响；③喷丝头拉伸，由于皮层已经凝固，而芯层仍然处于流动状态，因此在喷丝头拉伸过程中，导致皮层应力集中而使分子链取向，而芯层分子链取向处于松弛状态，导致皮芯结构。

皮芯结构的形成与凝固过程密切相关，与控制毛细孔结构相似，可以通过采用温和凝固条件、改善聚合物的亲水性等方法，控制或减小皮芯结构的差异。

（二）微观形态结构

溶液纺丝的凝固过程中，孔洞和毛细孔、皮芯结构等宏观的缺陷结构可以通过调节纺丝过程工艺参数减少或消除。但是在溶液纺丝得到的初生纤维中，还存在尺度范围在 10nm～1.0μm 的密度涨落及其原纤结构（Fibrillar Structure）。在湿法纺丝过程中，纺丝溶液细流在相分离过程中伴随聚合物相的强烈体积收缩，直接导致了冻胶网络的形成，进而形成微纤维孔结构。这种冻胶网络或微纤维孔结构对初生纤维乃至成品纤维的结构和性能将产生一定的影响。

微纤维孔结构的尺寸较大，使初生纤维的拉伸性能受到影响，使其拉伸倍数降低，无法得到高品质的纤维。此外微纤维孔结构的尺寸越大，相应的干燥致密化温度越高，对后续的工艺参数产生的影响越大。

影响冻胶网络或微纤维孔尺寸的因素与影响孔洞或毛细孔形成的因素是一致的，与纺丝溶液中聚合物浓度、凝固条件以及聚合物是否含有亲水性单体等有关。通常而言，降低温度、适当增加凝固浴中溶剂的浓度、在聚合物中引入亲水性基团等有利于形成均匀细密的冻胶网络结构，有利于提高纤维的均匀性，提高成品纤维的性能。在选择凝固条件时，可以利用固化速率常数 Ξ（$\Xi=\xi^2/4t$）选择凝固浴组成和温度等凝固条件。克雷格等人用汞密度法研究了 PAN 湿法成形所得到的初生纤维结构，并用下列公式计算聚合物微纤和微纤维孔的尺寸：

$$R_f=\frac{2}{A\rho_1} \tag{3-64}$$

$$R_v=\frac{2(\rho_1-\rho_2)}{A\rho_1\rho_2} \tag{3-65}$$

式中，R_f 和 R_v 分别为初生纤维中聚合物微纤和微纤维孔的半径；ρ_1 和 ρ_2 分别为 1g 润湿纤维样品的密度和汞的密度；A 为比表面积。

在此基础上，特瑞德研究了扩散系数和固化速率常数 Ξ 与 R_f 和 R_v 的相关性。研究结果发现，湿法纺丝初生纤维的表观密度随着凝固介质中水和 DMSO 扩散系数增大而减小，而 R_f 和 R_v 均随着水和 DMSO 扩散系数的增大而增大。对 PAN 不同溶剂中的溶液和凝固浴介质湿法纺丝体系的研究结果总结发现，凝固介质的固化速率常数 Ξ 增大，所得到的初生纤维的表观密度 ρ_3 减小，R_f 和 R_v 增大。此外，改变凝固条件不仅影响第一凝固浴最大拉伸倍数，也对第二凝固浴最大拉伸倍数产生较大影响。

上述讨论表明，凝固条件对湿法纺丝纤维的宏观和微观结构影响至关重要。通过调节凝固条件，可以对初生纤维宏观和结构，尤其是孔洞、微孔和微纤维孔进行有效控制。对于高性能纤维生产而言，缺陷的控制尤为重要，是制备高性能纤维的关键问题之一。

（三）初生纤维的取向和结晶结构

溶液纺丝初生纤维的超分子结构主要指取向程度、结晶度、结晶区域的大小和在纤维中的分布等。这些结构参数与纤维的物理力学性能密切相关。在溶液纺丝过程中，初生纤维的取向度是非常小的，主要来源于凝固过程中冻胶网络的拉伸形变。与熔融纺丝相比，湿法纺丝初生纤维的取向并不重要，后续的湿热拉伸、干燥致密化、干热拉伸和热定型等工序对湿法纺丝所制备纤维的结晶和取向结构影响更大。保罗采用声速模量研究了 PAN/二甲基乙酰胺（DMAC）溶液体系湿法纺丝初生纤维的取向度。声速取向因子 f_s 通过下述经验公式计算。

$$f_s=1-E_0^*/E^* \tag{3-66}$$

式中，$E_0^*=20g/d$ 为完全无规取向的 PAN 纤维的声速模量，g 为重力加速度，d 为纤维直径；E^* 为完全无规取向 PAN 样品的声速模量。

保罗的研究结果发现，初生纤维的取向因子随着真实的喷丝头拉伸比（v_L/v_f）的增大而增大。由于溶液纺丝初生纤维的结构的形成是通过凝胶化过程而实现的，因此其超分子结构的形成主要通过凝固过程进行调控。一般而言，初生纤维的取向度与喷丝头拉伸比（v_L/v_0）有直接关联，v_L/v_0 越大，初生纤维的取向度越大。双折射的研究结果也表明初生纤维的取向度也随着卷绕速度的提高而增大。

六、干法纺丝基本原理

在超高分子量聚乙烯（UHMWPE）纤维的生产过程中，可以选择十氢萘作为溶剂进行凝胶纺丝，经挤出后通过干法纺丝得到超高性能的 UHMWPE 纤维。

与熔融纺丝和溶液湿法纺丝相同，干法纺丝同样遵循连续方程，即

$$\rho_p \overline{v}_p A = W_P = 常数 \tag{3-67}$$

式中，ρ_p 为纺程 x 处丝条中聚合物平均密度；$\overline{v}_p$ 为丝条的平均运动速度；A 为丝条横截面积；W_P 为单位时间内通过纺丝线上某一点的聚合物质量，为一常数。

干法纺丝时，溶剂从丝条细流中挥发，导致聚合物脱溶剂化，丝条细流的流动性急剧降低，从而使丝条固化。由于干法纺丝成形过程中溶剂挥发消耗大量的热能，因此成形过程由热量和质量交换的动力学所决定。干法纺丝过程中溶剂挥发和丝条细化同时发生，比熔融纺丝更为复杂。溶剂由纺丝细流挥发有三种机理：闪蒸；纺丝线内部的扩散；丝条表面向周围介质的对流传质。根据传质机理和纤维内溶剂含量和温度的变化，可以把干法纺丝整个过程分为三个区域，即起始蒸发区、恒速蒸发区和降速蒸发区。

起始蒸发区：在喷丝头孔口处，由于热的纺丝溶液在喷丝口处减压，发生溶剂闪蒸，使溶剂迅速大量挥发，纺丝溶液细流的组成和温度发生剧烈变化。在高温下从喷丝孔挤出的纺丝溶液细流主要依靠自身的潜热和丝条周围的热介质传热，以闪蒸为主。此区域内，纺丝溶液中的溶剂从纺丝细流表面急剧蒸发，溶剂的蒸发潜热使纺丝细流表面的温度急剧下降到湿球温度（T_M），直至达到平衡为止。此阶段溶剂的蒸发，纺丝细流的变化极为复杂，主要为孔口胀大效应，长度很短。

恒速蒸发区：热风传热与丝条溶剂蒸发达到平衡，丝条温度保持不变，沿纤维横截面的温度基本一致，等于湿球温度。该区域内丝条中的溶剂浓度较

高，溶剂从纤维内部向纤维表面的扩散速率大于其纤维表面溶剂蒸发速率，因此该区域内溶剂蒸发主要取决于外部热交换和传质速率及对应的丝条表面温度。

降速蒸发区：随着溶剂的蒸发，溶剂从内部向纤维表面的扩散速率小于其从纤维表面蒸发速度时，丝条表面的温度开始上升。本区域内，溶剂的蒸发受溶剂从丝条内部向纤维表面的扩散速率控制。

（一）干法纺丝传质机理

溶剂的闪蒸主要发生在喷丝孔出口处，主要是热的聚合物溶液在喷丝口处减压的结果。在热力学平衡时，溶剂体积分数为 c_s 的聚合物溶液上溶剂分压 P_s 可以用 Flory-Huggins 理论表述如下：

$$\ln(P_s/P_s^0)=\ln c_s+(1-c_s)(1-\zeta)+\chi_{12}(1-c_s)^2 \tag{3-68}$$

式中，P_s^0 为纯溶剂的分压；ζ 为溶剂与聚合物分子体积之比；χ_{12} 为聚合物与溶剂相互作用参数，又称为 Huggins 参数。

溶剂的分压 P_s 和 P_s^0 对温度非常敏感。溶剂的分压 $P_s^0(T)$ 通常可以用以下经验方程表示：

$$P_s^0(T)=A\exp[-B/(T+T_a)] \tag{3-69}$$

式中，A、B 和 T_a 均为常数。

在喷丝孔出口处，纺丝溶液的等温减压过程导致 P_s 降低，而对 P_s^0 没有影响，从而导致溶液中溶剂体积分数 φ_s 减小。由于快速蒸发消耗大量的蒸发潜热 κ_s^*，从而导致体系温度降低。闪蒸的过程很快，导致纺丝线的组成和温度与挤出的纺丝原液的组成和温度大不相同。

对于一个聚合物——溶剂双组分体系和一个长的圆柱体纺丝线，溶剂的扩散可以用菲克定律进行描述：

$$\frac{\partial c_s}{\partial t}=r^{-1}\frac{\partial}{\partial t}\left(D^* r\frac{\partial c_s}{\partial r}\right) \tag{3-70}$$

式中，D^* 为扩散系数。对于聚合物浓溶液，D^* 在 $10^{-7}\sim10^{-5}\mathrm{cm}^2/\mathrm{s}$ 数量级，并且对温度非常敏感。

如果最初的浓度分布均匀并且在整个过程中丝条表面浓度恒定，即

$$c_s(t=0,r)=c_0=常数 \tag{3-71a}$$

$$c_s(t,r=R)=c_{s,R}=常数 \tag{3-71b}$$

假设 D^* 为常数并忽略沿纺丝线轴向的溶剂扩散，可以对式（3-70）求解，得到丝条横截面上溶剂的平均浓度为

$$\frac{\bar{c}_s - c_{s,R}}{c_0 - c_{s,R}} = 4\sum_k \mu_k^{-2} \exp\left(-\mu_k^2 D^* t / R^2\right) \tag{3-72}$$

如果式（3-72）收敛得足够快，假设 $\rho_p = \rho(1 - c_s)$，根据式（3-67）所示的连续方程，可以将时间 t 用纺程 x 替代，溶剂在纺程轴向的平均密度梯度可以表示为

$$\frac{d\bar{c}_s}{dx} = -\frac{\pi\rho D^* (1 - \bar{c}_s)(\bar{c}_s - c_{s,R})}{W_p \mu_1^2} \tag{3-73}$$

在远离喷丝板处，式（3-68）的理论计算结果与干法纺丝试验结果非常吻合。在距喷丝板不太远处，气相中溶剂的对流起主要作用，式（3-71b）所示的边界条件为

$$D^* \left(\frac{\partial c_s}{\partial r}\right)_{r=R} = -\frac{\beta^* (P_{s,R} - P_{s,\infty})}{P - P_{s,\infty}} = -J_s / \rho \tag{3-74}$$

式中，β^* 为丝条表面对流传质系数；$P_{s,R}$ 为丝条表面（$r=R$）气体中溶剂分压；$P_{s,\infty}$ 为丝条无限远处（$r=\infty$）气体中溶剂分压；P 为气体总压强。

沿纤维半径积分得

$$\pi R^2 \bar{V} \frac{\partial \bar{c}_s}{\partial x} = 2\pi R D^* \left(\frac{\partial c_s}{\partial r}\right)_{r=R} \tag{3-75}$$

在气相中的溶剂浓度或分压不确定的情况下，式（3-74）和式（3-75）无解。假设气相中溶剂分压 $P_{s,R}$ 为液相中溶剂浓度 $c_{s,R}$ 的唯一函数。当丝条表面传质速度很慢且溶剂浓度分布均匀（$\beta^* \ll D^* / R$），可以假设，

$$\bar{c}_s = c_{s,R} = g(x) \tag{3-76}$$

$$P_s / P_s^0 = \bar{c}_s \tag{3-77}$$

丝条中溶剂沿轴向的速度梯度可以表示为

$$\frac{d\bar{c}_s}{dx} = -\frac{\pi R \beta^* \rho P_s^0 (1 - \bar{c}_s)(\bar{c}_s - P_{s,\infty} / P_s^0)}{W_p (P - P_{s,\infty})} \tag{3-78}$$

式（3-73）和式（3-78）为传质由扩散或者对流控制情况下的渐进形式。

实际情况下，对流和扩散两种传质方式对干法纺丝时溶剂去除均有影响。因此，需要考虑式（3-74）和式（3-75）通用解。在干法纺丝中，需要确定传质系数 β^*。与传热系数 λ^* 相似，β^* 可以用以下经验公式表示：

$$Sh = \beta^* d / D^0 = K Re^m Sc^n \tag{3-79}$$

式中，D^0 为溶剂在气相中的扩散系数；K 为常数；Sh 为舍伍德（Sherwood）数；Re 为雷诺（Reynolds）数；Sc 为施密特（Schmidt）数（$Sc = v_0 / D_0$）。

由于纺丝过程中 β^* 很难测定，因此没有试验数据用于确定式（3-79）中的常数 K。通过纺丝过程中的表面摩擦系数 C_f、传热系数 λ^* 和传质系数 β^* 之间的相似关系，可以得到以下通用关系式：

$$C_f Re = 2Nuf(Pr) = 2Shf(Sc) = g(Re) \tag{3-80}$$

结合边界层理论，在已知 C_f 和 λ^* 时，通过上述关系式可以确定 Sh 和 β^*。假设 $f(Pr)$ 和 $f(Sc)$ 为幂函数，由式（3-80）可得：

$$\frac{\beta^*}{\lambda^*} = \frac{Sh}{Nu} \times \frac{D^0}{\lambda^0} = \frac{D^0}{\lambda^0}\left(\frac{Sc}{Pr}\right)^n = \text{常数} \tag{3-81}$$

$$Sh = \mathrm{K}Re^{1/3}(Sc/Pr)^{1/2} \tag{3-82}$$

因此 β^*/λ^* 与流动条件无关。

（二）干法纺丝基本方程

干法纺丝比较复杂，有关纺丝成形理论研究报道较少，自 20 世纪 70 年代陆陆续续有一些工作成果发表，其中具有代表性的是布拉辛斯基等人和奥德瓦等人的工作。布拉辛斯基等人的总结最为简单有效，基于纤维素二醋酸酯-丙酮二元体系，提出了以下假设：①体系处于稳态；②纺丝线的密度和比热容为常数；③纺丝线横截面为圆形；④纺丝线的轴向速度 v_r，沿径向差别很小；⑤纺丝线圆周方向的纺丝参数没有变化；⑥热扩散可以忽略；⑦与溶剂在纺丝线径向的扩散相比，其沿纺丝线轴向的扩散可以忽略；⑧由浓度差别导致的热传导差异可以忽略；⑨与径向相比，沿纺丝线轴向的热传导可以忽略；⑩黏性耗散可以忽略；⑪由溶剂扩散所导致的焓流可以忽略；⑫所有作用于纺丝线上的力均平行于纤维轴向；⑬从挤出胀大最大直径处开始，纺丝流体呈牛顿流体状态，拉伸黏度是溶液剪切黏度的 3 倍，即 $\eta_e = 3\eta_0$；⑭在喷丝板表面到孔口胀大最大处的区间内，纺丝线上的传热和传质忽略不计；⑮纺丝线轴向的运动为柱塞流动，不随横截面上的位置改变而改变。

根据上述假定，可以得到下列方程。

1. 溶剂扩散物料平衡方程

$$v_z \frac{\partial c}{\partial z} = D\left(\frac{1}{r} \times \frac{\partial c}{\partial r} + \frac{\partial^2 c}{\partial r^2}\right) + \frac{\partial c}{\partial r} \times \frac{\partial D}{\partial r} \tag{3-83}$$

式中，c 为纺丝线中溶剂的浓度；D 为溶剂在纺丝线中的扩散系数；z 为沿纺丝线相对于挤出胀大最大直径处的位置；r 为沿纺丝线半径的位置。

式（3-82）右边最后一项代表纺丝线上扩散的变化。

2. 能量平衡方程

$$\rho c_p v_z \frac{\partial T}{\partial z} = \lambda\left(\frac{1}{r} \times \frac{\partial T}{\partial r} + \frac{\partial^2 T}{\partial r^2}\right) + \frac{\partial T}{\partial r} \times \frac{\partial \lambda}{\partial r} \tag{3-84}$$

式中，T 为纺丝线的温度；λ 为纺丝线的热导率；c_p 为纺丝线的比热容；ρ 为纺丝线密度；最后一项$\frac{\partial T}{\partial r}\times\frac{\partial \lambda}{\partial r}$为纺丝线上传热的变化。

3. 总物料平衡方程

$$\frac{\mathrm{d}Q}{\mathrm{d}z}=2\pi RM_s k_g(c^*-c_a) \tag{3-85}$$

式中，Q 为纺丝线的流量；R 为丝条半径；M_s 为溶剂分子量；k_g 为丝条表面和空气之间的传质系数；c^* 为丝条表面溶剂浓度；c_a 为空气中溶剂浓度，(c^*-c_a) 代表丝条表面溶剂挥发的驱动力。

4. 动量平衡方程

$$\mathrm{d}F=\mathrm{d}(\rho A v_z^2)+F_f\mathrm{d}z-F_g\mathrm{d}z-\mathrm{d}F \tag{3-86}$$

式中，F 为作用于在纺丝线上的张力；F_f 为摩擦阻力；F_g 为重力；F_s 为表面张力；A 为丝条横截面积；$\rho A v_z^2$ 为动量输送率。

5. 本构方程——牛顿流体

$$\sigma=\eta_e\frac{\mathrm{d}v_z}{\mathrm{d}z} \tag{3-87}$$

式中，σ 为张应力；η_e 为拉伸黏度。

根据式（3-86），可以推导作用于纺丝线上的张力，即

$$F=\overline{\eta}_e A\frac{\mathrm{d}v_z}{\mathrm{d}z} \tag{3-88}$$

式中，$\overline{\eta}_e$ 为丝条横截面积上的平均拉伸黏度，表示为

$$\overline{\eta}_e=\frac{2\int_0^R \eta_e r\mathrm{d}r}{R^2} \tag{3-89}$$

所适用的边界条件如下：

① $z=0$ 取挤出胀大最大直径处，此时，r、c、T 和 Q 取纺丝溶液的相应值，A、R 和 $v_{z=0}$ 取挤出胀大最大直径处的值。

② 在 $z=L$ 处，$v_{z=L}$ 等于卷绕速度。

③ 在 $r=0$ 和任意 z 处，$\partial c/\partial r=\partial T/\partial r=0$，纺丝线轴对称性，且单丝截面为圆形。

④ 在 $r=R$ 和任意 z 处，$-\rho D\partial c/\partial r=k_B M_s(c^*-c_a)$，$-k\partial T/\partial r=h(T_s-T_a)+Hk_k M_s(c^*-c_a)$。其中 k 为丝条和周围介质之间的传质系数，H 为溶剂蒸发热。

式（3-83）～式（3-87）及其相应的边界条件不能通过解析方法求解，但可以通过有限微分的数值方法求解。

上述干法纺丝成形原理是基于纤维素二醋酸酯的丙酮溶液或 PAN/DMF 等溶液得出的。对于超高分子量聚乙烯冻胶纺丝而言，上述基本原理可以借鉴，但还需要根据聚合物原料、溶液和溶剂性能等因素进行综合考虑。

第四节 其他纺丝方法

除了上述的干法纺丝、湿法和干湿法纺丝之外，还有一些其他特殊的纺丝方法，如液晶纺丝、冻胶纺丝、相分离纺丝、复合纺丝、乳液或悬浮液纺丝等。在高性能纤维领域，液晶纺丝主要应用于芳纶、PBO 等纤维制备和中间相沥青基碳纤维前驱体的制备，而冻胶纺丝则用于超高分子量聚乙烯纤维的制备。对于上述两种纺丝方法进行简单的介绍。

一、液晶纺丝

液晶纺丝是指用具有液晶状态的流体进行纺丝。在高性能纤维领域，中间相沥青基碳纤维前驱体和对位芳纶纤维、PBO 纤维等制备均是通过液晶纺丝实现的。对位芳纶纤维、PBO 纤维等的制备属于溶液纺丝的范畴，而中间相沥青基碳纤维前驱体的制备则类似于熔体纺丝。

（一）液晶溶液纺丝

溶致性液晶溶液的浓度高于其临界浓度 c^* 时，液晶相开始出现。液晶溶液中的液晶基元在剪切流场或拉伸流场中沿流场方向取向，从而使分子链高度取向。纺丝溶液浓度的选择最好在液晶相最小的溶液黏度处，纺丝温度的选择应接近于各向异性转变温度附近。

对于 PPTA 这样的线形刚性链高分子液晶溶液而言，其孔口胀大效应比各向同性溶液要小得多。PPTA/H_2SO_4 溶液是第一个工业化应用的液晶高分子体系，其溶液的流变性能的研究也较为充分。

液晶溶液纺丝通常采用干湿法纺丝。液晶溶液在喷丝孔道流动时在剪切场作用下产生一定程度的取向。喷丝孔中的取向与喷丝孔导流孔形状、喷丝孔长径比、喷丝孔中的剪切场强度、液晶溶液的本身性质相关。通常而言，喷丝孔剪切取向尚无法使液晶溶液中的液晶基元高度取向，因此通常需要在气隙中进一步通过对纺丝细流的拉伸流动提高液晶基元的取向度。在液晶纺丝过程中，由于分子链的取向与喷丝孔中的剪切流动和气隙中的拉伸流动密切相关，因此，喷丝孔的设计与纺丝工艺参数均非常重要。

为了使高度取向的液晶溶液纺丝细流能够快速固定，通常采用低温凝固，这样在保证液晶溶液取向结构被快速固定的同时，还可以抑制溶剂和凝固介质之间的双扩散，使凝固过程更加缓慢，有利于得到结构均一的初生纤维。通过湿法或干湿法制备的初生纤维中有很多的缺陷结构，这些缺陷结构类似于湿法纺丝成形过程中的微孔和毛细孔，在后续的拉伸和热处理过程中部分消除。

实际情况下，喷丝孔道中流动取向对最终纤维中分子链取向的贡献较小，气隙中的拉伸流动起到决定性的作用。对初生纤维进行附加的热拉伸或热拉伸-热定型过程，可进一步提高纤维的取向度，取向度的大小取决于拉伸比和拉伸温度。

（二）液晶熔体纺丝

中间相（Mesophase）沥青是高模量、高导热、高导电碳纤维的前驱体。中间相沥青分子基本结构为芳香族大 π 共轭结构，因此中间相沥青中液晶基元为盘状结晶体系，在一定温度下可以形成向列相液晶典型织构。

中间相沥青的来源通常为煤基或石油基沥青提取物和化学合成。煤基或石油基沥青提取物中杂质含量较多，因此目前高性能沥青基碳纤维生产过程中所使用的中间相沥青多为化学合成沥青。

大部分中间相沥青是一种类似于两相的乳液体系，其中液晶相和各向同性相中的分子量分布差别不是特别大。但是中间相沥青中液晶相和非液晶相的比例与其分子量有关。

中间相沥青的流变性能与温度、毛细管的尺寸、分子的结构和聚集状态等有关。在不同的温度下，中间相沥青的表观黏度 η_a 与剪切速率 $\dot{\gamma}$ 相关曲线可以分为两个或三个区。在较低的温度时，其流变曲线为典型的液晶熔体的流变曲线。在较高温度时，为典型的非牛顿流体的流变曲线，是中间相典型流动曲线。此外，中间相沥青的流变曲线也与毛细管的尺寸有关。因此在中间相沥青碳纤维前驱体的制备过程中，需要根据中间相沥青的流动性能对喷丝孔的长径比进行设计。

在加工过程中，中间相沥青的黏度随保留时间延长而改变。石油基或煤基沥青在加工温度保留时，其黏度增大较多；而合成中间相沥青在加工温度下保留时，其黏度则变化较小。需要考虑加工过程中的黏度变化设定加工参数。瓦特等人系统总结了石油基、煤基和化学合成中间相沥青的黏度数据，发现在很大黏度范围内，中间相沥青的黏度对温度的依赖性遵循同一规律。石油基和煤基中间相沥青黏度非常大，但是可以采用含部分中间相的沥青以降低黏度。与石油基或煤基中间相沥青对照，化学合成中间相沥青的黏度要小得多，即使完全为中间相状态时黏度也相对较小。根据文献数据，瓦特等人指出用中间相沥青制备碳纤维前驱体时需要满足下列条件：①必须具有足够的流动性，以避免加工过程中的熔体破裂；②必须具有足够的稳定性，以避免在加工过程中的黏度升高和气泡产生；③具有足够高的弱化点，利于氧化稳定化过程的实施。

中间相沥青碳纤维前驱体的制备与普通的熔体纺丝基本相似。需要指出的是，中间相沥青虽然是非牛顿流体，但是其黏度对温度的敏感性要远远高于其他的熔体纺丝材料。在中间相沥青碳纤维前驱体的制备过程中，中间相沥青流体中液晶基元在喷丝孔中剪切流场和固化前的拉伸流场中得到充分的取向，沿纤维长轴方向有序排列。随着丝条温度的降低，丝条中取向的液晶基元被固定下来。

在中间相沥青基碳纤维前驱体的制备过程中，中间相沥青的组成、结构和性能，纺丝条件均会对中间相沥青基碳纤维前驱体的截面形状、液晶相的排列、结构和取向等产生重要的影响，并最终影响碳纤维结构和性能。因此，制备过程中的温度控制和传热过程控制至关重要。

中间相沥青中液晶基元的排列和形貌对碳纤维的形貌、结构和性能产生重要的影响，其取向有序排列的平面分子将在碳化和石墨化过程中转化为规则排列的石墨结构。有学者的研究结果表明，中间相沥青前驱体中的吡啶不溶物的排列将传递到所制备的碳纤维中，而中间相沥青中吡啶可溶部分则在碳化过程中形成碳纤维中的基面。还有学者研究发现，在固态下（玻璃化转变温度和软化点之间）对中间相沥青前驱体进行热处理，可以有效提高其内部液晶基元的排列，最终可提高碳纤维的石墨化程度、热导率和模量，提高制备碳纤维的品质。

二、冻胶纺丝

早在 20 世纪 70 年代，彭宁斯等人就研究了聚合物溶液在不同流动条件下的结晶行为。超高分子量聚乙烯（UHMWPE）纤维制备工艺原理就是在彭宁斯等人对聚乙烯溶液在库埃特（Couette）流动条件下纤维成形机理的研究基础上发展起来的。后来，荷兰帝斯曼（DSM）公司发布了 UHMWPE 纤维的制备工艺并申请了技术专利。

高性能 UHMWPE 纤维通常通过凝胶或冻胶纺丝实现。从本质上而言，冻胶纺丝是典型的溶液纺丝工艺。到目前为止，冻胶纺丝工艺实际上是将高黏度的高分子溶液经过喷丝孔挤出后，在空气中或冷却介质中冷却，形成冻胶丝条。所形成的冻胶丝条具有较好的强度，完全可以用常规的纤维加工设备进行处理。冻胶纺丝工艺在超高分子量聚乙烯醇纤维、超高分子量聚丙烯腈纤维的制备方面也有应用。

UHMWPE冻胶纺丝工艺主要包括三个步骤：①UHMWPE溶液的连续挤出；②UHMWPE溶液纺丝、冻胶化和UHMWPE的结晶，结晶过程可以通过丝条冷却或溶剂蒸发实现；③超倍拉伸并且去除纤维中剩余溶剂，得到高性能UHMWPE纤维。除了上述工艺过程之外，其他的工艺步骤对于得到品质优良的纤维也非常重要。

UHMWPE纤维冻胶纺丝有干法和湿法之分。干法和湿法工艺中纺丝溶液的制备基本相似，均是将UHMWPE粉体（1）和溶剂（2）首先在预混釜中混合溶胀得到悬浮液，通过强力搅拌釜进一步混合溶胀，经双螺杆挤出机溶解和脱泡，得到纺丝溶液。溶液中聚合物质量分数一般＜10％。干法工艺一般用高挥发性的十氢萘作为溶剂，溶液经过计量泵和喷丝挤出，丝条在纺丝甬道中进行冷却，十氢萘进行挥发，此过程中伴随丝条的冻胶化和干燥，得到干态UHMWPE初生纤维。初生纤维经过高倍拉伸，得到高性能UHMWPE纤维。干法工艺中十氢萘的回收对降低生产成本和环境保护非常关键。湿法工艺中通常选用高沸点矿物油或石蜡油等作为溶剂。纺丝溶液经过计量泵和喷丝挤出到气隙冷却，得到冻胶丝，冻胶丝经过冷却浴（水或水和乙二醇等混合介质）凝固，得到含有溶剂的湿态UHMWPE初生纤维。初生纤维用高挥发性溶剂（三氯三氟乙烷、二氯甲烷、二氯乙烷、甲苯、二甲苯等）进行萃取，经干燥得到干态UHMWPE初生纤维。经高倍拉伸得到高性能UHMWPE纤维。溶剂和萃取剂经分离回收可以重复使用。湿法工艺又分为连续和非连续工艺。其中连续工艺中，从冻胶丝制备到成品纤维连续完成，整个工艺流程没有间断。而在非连续工艺中，首先将UHMWPE冻胶丝落筒，平衡一定时间后，再实行萃取、干燥、拉伸、热定型等工艺流程。连续工艺效率高、工艺更加稳定，纤维品质好，但是萃取量大；在非连续工艺中，由于存在平衡，大量的溶剂通过相分离析出，萃取量小，但是同时带来了工艺不确定性。

UHMWPE纤维湿法工艺所选用的十氢萘具有溶解能力强、易挥发、可直接回收利用等优点，因此UHMWPE干法冻胶纺丝具有流程短、纺丝速度快、生产效率高、操作条件温和、产品质量好等优点。目前荷兰DSM公司和我国的仪征化纤均采用干法工艺生产高性能UHMWPE纤维。UHMWPE纤维湿法工艺所采用的溶剂来源广、价格低廉，但是湿法工艺的纺丝速度低、工艺流程长、效率较低，萃取剂也对环境造成影响。

商业化 UHMWPE 纤维产品的拉伸强度为 3～4GPa，模量为 100～140GPa，实验室研究中最高为拉伸强度 6.9GPa，模量 238GPa。目前，UHMWPE 纤维的试验研究结果强度值仍远低于 25～31GPa 的理论值，但模量接近于 240GPa 的理论值。其性能与分子量、溶液浓度和加工条件有关。一般而言，成品纤维中 UHMWPE 的分子量越高，纤维强度越高。高性能 UHMWPE 纤维的性能由其结构决定。

与常规的聚合物相比，UHMWPE 熔体中平均每个分子链的缠结点数很多，导致其熔体黏度非常高，无法进行熔融加工。因此，UHMWPE 的溶解是冻胶纺丝的关键技术。在高分子溶液中，平均每个分子链缠结点的数目可以由下式通过 c^* 估算：

$$c^* \propto M_e/M \tag{3-90}$$

式中，M 为平均分子量；M_e 为两个缠结点间的链段的平均分子量。

由式（3-90）可知，c^* 随着聚合物浓度的增大而减小。根据 c^* 可以确定 UHMWPE 冻胶纺丝的最佳浓度。在 UHMWPE 的稀溶液（$c<c^*$）中，溶液中分子链间没有缠结，纺丝得到的初生纤维中的缠结点也很少，纤维的拉伸性能较差。另外，在浓度远远高于 c^* 的溶液中，UHMWPE 分子链间的缠结过多，也将使冻胶纺丝得到的初生纤维的拉伸性能降低。因此最佳的纺丝溶液的聚合物浓度可能在接近或略高于 c^*，即亚浓溶液浓度范围内。

在普通合成纤维中，微纤是其基本结构单元，其直径在 6.0～20.0nm 之间。微纤中有结晶区和无定型区，微纤间还有一些无定型的分子链。UHMWPE 纤维中基本是伸直链晶体，纤维中分子链的取向接近于完美，结晶度很高，通常在 80%以上。

4

第四章

高性能纤维加工成形流变基础

第一节 纺丝流体的流变性能

高分子熔体和浓溶液的流动态性能对于聚合反应工程、高分子加工工艺和产品性能提升具有重要的意义。高分子熔体和浓溶液是一种黏弹性的流体，在外力作用下其流动具有独特特性。在流动状态下，高分子流体除了具有不可逆的流动之外，还具有部分可逆的弹性形变，即黏弹性。此外，一些特定高分子的熔体或溶液，如高分子液晶熔体或溶液具有独特的性能。高分子流体的性能与温度、压力、剪切速率、溶液浓度等外界因素相关之外，还取决于高聚物的分子结构、分子量、分子量分布等内在因素。

一、剪切流变性能及其影响因素

（一）高分子熔体和溶液的剪切流变性能

在稳态剪切流动条件下，流体剪切速率 γ 和剪切应力 σ_{12} 之间的关系，可以通过幂函数表示如下：

$$\sigma_{12}-\sigma_y=K\gamma^n \tag{4-1}$$

式中，σ_y 为屈服应力；K 和 n 为经验常数。

常见的纺丝熔体或溶液的黏度对剪切速率的依赖关系在不同的剪切速率范围内是不同的，切力变稀现象只在特定的剪切速率范围内出现。在剪切速率较低时，纺丝流体的黏度不变，呈现流动流体的特征，相应的剪切速率区间称为第一牛顿区，此时流体的黏度称为零切黏度 η_0；当 γ 增大到某一极限值以上时，纺丝流体呈现切力变稀现象，黏度随 γ 增大而不断降低，相应的区域为切力变稀区；继续提高 γ，流体又表现为牛顿流体行为，相应区域为第二牛顿区，黏度为极限牛顿黏度 η_∞。

通常而言，在高 γ 条件下，由于高分子黏弹性特征，流体会出现不稳定的流动，η_∞ 是很难达到的。因此零切黏度 η_0 是表征高分子加工性能的一个重要的物理量。对于纤维加工而言，η_0 是影响纤维结构和均匀性的重要因素。在高分子加工中，高分子流体通常处于非牛顿流动区，纤维加工中纺丝流体的剪切速率通常为 $10^2\sim10^5\,s^{-1}$。

根据式（4-1），在非牛顿流动区内，应力 σ_{12} 与剪切速率 γ 之间的关系可以表示为

$$\sigma_{12}=K\gamma^n \tag{4-2}$$

而流体的表观黏度 η_a 则可以定义为

$$\eta_a\equiv\frac{\sigma_{12}}{\gamma}=K\gamma^{n-1} \tag{4-3}$$

式（4-3）中，指数 n 表征高分子流体偏离牛顿流体程度的参数，也叫非牛顿指数。对于高分子流体，$n<1$，并且 n 越小，高分子流体非牛顿流体性越强。n 值对温度、分子量及其分布、填料、剪切速率等具有一定的依赖性。温度降低、分子量增大、填料含量的增加等都会导致高分子流体的非线性增强，从而使 n 减小。对于同一种高分子流体，在不同的剪切速率范围内，n 也不是一个常数。通常而言，剪切速率越大，非牛顿性越明显，n 越减小。聚丙烯腈浓溶液的 $n=0.34\sim0.50$，因此在实际的喷丝孔流动中，纺丝流体表观黏度 η_a 仅为零切黏度 η_0 的 1/10～1/30。

除了可以在稳态剪切条件下测定流体的黏度外，还可以在交变应力场的作用下研究流体的动态力学性质。例如，当向一个高分子流体施加一个角频率为 ω 的正弦交变剪切场 $\gamma(t)=\gamma_0\sin(\omega t)$ 时，那么应力响应信号分解成同步相和异步相，可以表示为

$$\sigma(t)/\gamma_0 = G'(\omega)\sin(\omega t) + G''(\omega)\cos(\omega t) \tag{4-4}$$

式中，$G'(\omega)$ 和 $G''(\omega)$ 为动态储能模量和动态损耗模量，分别对应于固态和液态响应部分。

对于黏弹性流体而言，通过玻耳兹曼叠加原理可以推导出动态模量和损耗模量：

$$G'(\omega) = \omega\int_0^{\infty} G(t)\sin(\omega t)\mathrm{d}t$$

$$G''(\omega) = \omega\int_0^{\infty} G'(t)\sin(\omega t)\mathrm{d}t \tag{4-5}$$

动态试验中的 ω 与稳态流动中 γ 具有相同的量纲（s^{-1}）和相似的意义，所不同的是在动态试验中是小形变，而在稳态流动中是大形变。大量试验结果表明，同一种高分子流体的动态流动曲线与稳态流动曲线几乎重合。通常认为，非牛顿黏弹性流体的表观黏度 η_a 中实际上已经包括弹性的贡献。

$$\eta_0 = \lim_{\omega \to 0} \frac{G''(\omega)}{\omega} \tag{4-6}$$

（二）切力变稀的原因

高分子链段在流动场中的取向是引起高分子流体非牛顿流动性的根本原因。在高分子浓溶液或熔体中，当线形高分子的分子量超过一定的临界值 M_c 时，聚合物分子链之间形成了缠结点。这些缠结点包括几何缠结和分子间相互作用力形成的物理缠结。高分子熔体或浓溶液中的缠结点不断地拆散和重建，并在一定条件下达到动态平衡，形成一个动态的网络体系。在低剪切速率条件下，剪切场或剪切应力不足以引起高分子链的构象变化。即使剪切场导致高分子链构象变化，使得缠结网络破坏，高分子链也有足够的时间进行松弛，使缠结网络结构重建。因此在宏观上高分子链构象几乎没有变化，高分子流体的结构不受影响。随着剪切速率的增加，高分子链在剪切场作用下，聚合物分子链沿流场方向取向，部分缠结点被破坏，高分子链没有足够的时间松弛，体系中缠结点的密度降低，导致表观黏度的下降。

此外，在剪切场中，缠结点间链段中的应力来不及松弛，链段在流动场中发生取向，导致流层间传递动量的能力降低，也表现为表观黏度的下降。链段在流动场中取向还会导致高分子流体中的瞬变网络结构储存内应力而产生弹性形变。因此高分子流体往往在切力变稀的同时呈现弹性现象，因此表观黏度也包括弹性的贡献。

对于高分子浓溶液而言，当剪切应力增大时，高分子链发生脱溶剂化，使高分子链的有效尺寸减小，也会导致溶液的表观黏度 η_a 降低。

（三）影响高分子剪切流变性能的因素

高聚物的分子量对高分子流体的黏度影响很大。分子量大，黏度高，流动性差。高分子流体的零切黏度 η_0 与高聚物的分子量密切相关。对于高分子溶液而言，还需要考虑聚合物浓度 c 对溶液流变性能的影响。相应关系如下：

$$\eta_0 \propto c^{\beta}\overline{M}_w^{\alpha}\begin{cases}\alpha=1.0, \overline{M}_w<\overline{M}_{cr}\\ \alpha=3.4, \overline{M}_w>\overline{M}_{cr}\end{cases} \tag{4-7}$$

式中，$\overline{M}_{cr}$ 为临界分子量。

对于高分子浓溶液或熔体，当高聚物的分子量小于 $\overline{M}_{cr}$ 时，高分子流体中不存在分子链缠结，流体黏度正比于聚合物的分子量。当分子量在 $\overline{M}_{cr}$ 以上时，大分子链之间出现缠结，流动变得困难，高分子流体与聚合物分子量之间呈高幂次方关系。实际上，在式（4-7）中，α 不是一个定值，会因测试条件或聚合物的不同而有所改变。而 $\overline{M}_{cr}$ 的值则与高聚物种类有关。对于高聚物熔体，$\overline{M}_{cr}$ 约为 3000～9000。同时，如果分子量分布变宽，$\overline{M}_{cr}$ 会有所减小。对于高分子浓溶液而言，$\overline{M}_{cr}$ 还与聚合物浓度 c 有关。在式（4-7）中，β 是一个经验值，在 4.0～5.6 之间，随聚合物—溶剂体系的不同而变化。随着溶液中高聚物浓度的降低，$\overline{M}_{cr}$ 则相应增大。大量试验数据表明，在多分散指数 $\overline{M}_w/\overline{M}_n$ 为 1.8～16 时，流体零切黏度 η_0 与聚合物分子量 $\overline{M}_w$ 的关系基本上不受聚合物分散指数的影响。

高分子熔体或浓溶液的流动曲线描述了高分子流体的剪切流动行为，反映高分子流体的内在结构。高分子流体的流动曲线与高分子链结构、分子量及其分布以及分子链之间的结构化程度有关。

在相同或相似的分子量分布条件下，高分子流体的流动曲线随分子量的增大而上移，零切黏度 η_0 增大，相同剪切速率 $\dot{\gamma}$ 时表观黏度 η_a 增大，开始出现切力变稀的临界剪切速率 $\dot{\gamma}_{cr}$ 减小。

大部分高分子流体的剪切速率-黏度关系可以表示为

$$\frac{\eta}{\eta_0}=\nu(\dot{\gamma}\tau_0) \tag{4-8}$$

式中，τ_0 为特征时间，对应于流动曲线上开始出现切力变稀的剪切速率，即 $\dot{\gamma}_{cr}=\dot{\gamma}_0=1/\tau_0$。$\nu$ 是黏度主函数。在高聚物的熔体和浓溶液中，η_0 和 τ_0 与温度、平均分子量、浓度等诸多因素有关，而 V 主要由聚合物的分子量分布控制。

高分子流体黏度对温度的依赖性很大，其黏度随温度的升高而呈指数关系降低，近似符合。高分子流体的流动曲线对温度也有依赖性。

$$\eta = A\exp(E_\eta/RT) \tag{4-9}$$

式中，A 为常数；E_η 为黏流活化能；T 为热力学温度。

E_η 表征高分子流体黏度温度依赖性，反映了高分子流体流动的难易程度。由于高分子流体的流动单元是链段，当 $\overline{M}_w > 10^3$ 时，E_η 基本与聚合物的分子量关系不大。高分子的链结构是对 E_η 起决定作用，一般而言，刚性高分子的 E_η 较大，对流体黏度和温度敏感。在非牛顿区，E_η 对剪切速率有很大的依赖性，剪切速率增大，E_η 减小。对于高分子溶液而言，溶剂和溶液中聚合物浓度均对 E_η 造成影响。对于同一种高分子，采用不同的溶剂时，分子链的溶剂化程度、链的柔性和运动链段大小均会发生变化，E_η 也随之改变。

高分子溶液体系流变性能的影响因素基本与高分子熔体相同，如分子量及其分布、温度和剪切速率等。但是聚合物浓度这一参数的引入使其情况更加复杂。对于高分子浓溶液体系，对 $\lg\eta \sim \lg\overline{M}_w$ 和 $\lg\eta \sim \lg c$ 作图均有一个拐点，分别对应于临界分子量 $\overline{M}_{cr}$ 和临界浓度 c_{cr}。通常而言，$c_{cr}^p\,\overline{M}_{cr}$ = 常数（$p \approx 1.5$）。实际情况下，很难通过试验数据得到 $\overline{M}_{cr}$ 和 c_{cr} 的精确值。

流动曲线可以作为衡量纺丝流体质量和波动程度的一个重要依据，比零切黏度 η_0 提供了更多的信息。在纺丝过程中，纺丝流体在不同设备中流动时的剪切速率有很大差别，可以参考高分子流体的流动曲线，对相关设备的工艺参数和工程设计进行调整。此外，根据高分子流体的流动曲线，可以参考已有的高分子流体的流变性能和对应优化的纺丝工艺条件，对新的聚合物流体的工艺条件进行优化。

结构黏度指数 $\Delta\eta$，可以表征纺丝流体的结构化程度，并且与纺丝流体的可纺性有关。结构黏度指数的定义为

$$\Delta\eta = -\left(\frac{\mathrm{d}\lg\eta_a}{\mathrm{d}\dot{\gamma}^{1/2}}\right) \times 10^2 \tag{4-10}$$

在非牛顿区，切力变稀流体的 $\Delta\eta > 0$。其值越大，纺丝流体的结构化程度越大。纺丝流体的最大细流长度 L_{max} 随 $\Delta\eta$ 增大而减小。另外，纤维断裂强度与断裂伸长率的乘积 $\sigma^* \varepsilon^* \propto \frac{1}{\Delta\eta}$，说明原液的结构化程度越小，可纺性越好，有利于纤维质量提高。

二、高分子流体的拉伸黏度

在拉伸应力作用下，高分子流体也会沿拉伸应力方向流动，这就是拉伸流动。拉伸流动是纤维成形过程中的重要流动形式，高分子流体的拉伸流动与可纺性有一定的关系。拉伸黏度可以表示为

$$\eta_e = \frac{s_{11}}{\dot{\varepsilon}} \tag{4-11}$$

式中，s_{11} 为高分子流体拉伸方向横截面上的拉伸应力；$\dot{\varepsilon}$ 为拉伸应变速率。

对于支化高分子如低密度聚乙烯，或含有少量高分子量的聚苯乙烯和辐射交联与支化的聚丙烯等会出现拉伸硬化现象。

拉伸黏度 η_e 是纺丝成形过程的一个重要参数。拉伸黏度 η_e 与聚合物的分子量及其分布相关。通常而言，分子量越大，拉伸黏度 η_e 越大。在相同的平均分子量条件下，分子量分布越宽，拉伸黏度 η_e 越大。高聚物浓溶液的拉伸黏度 η_e 还与溶液中高聚物浓度和溶剂性质有关。对于纤维加工成形而言，拉伸黏度 η_e 可以用来评价纺丝流体的可纺性。通常而言，η_e 越小，纤维成形时最大喷丝头拉伸比越大，纺丝流体可纺性越好。此外，η_e 还与成形稳定性有关。如果纺丝流体存在拉伸硬化现象，则有利于纺丝流体中的缺陷均匀化，有助于提高成形稳定性。如果拉伸流变随着拉伸应变速率减小，那么当体系中存在缺陷时，溶液发生毛细断裂。

需要指出的是，拉伸流动的试验方法和试验结果分析均还存在诸多问题，相关研究结果和数据积累仍然比较缺乏。

第二节
高分子流体的弹性

前面已经指出高分子流体是典型的黏弹性流体。高分子流体在剪切或拉伸流场的作用下，除了产生流动以外，高分子链也被拉伸取向，储存能量，表现出弹性。高分子流体产生弹性的根本原因是分子链取向。在应力作用下，聚合物分子链的构象熵减小，外力解除后，分子链会自动恢复到最大的平衡构象熵，表现出弹性回复，因此高分子流体的弹性也叫熵弹性。在聚合物加工过程中，高分子流体的黏性行为和弹性行为交织在一起，形成复杂的流变行为。研究高分子流体的弹性规律对于聚合物的加工非常重要。高分子流体的弹性

与高聚物制品的外观、尺寸稳定性、内应力等密切相关。对于不同弹性高分子流体，其加工工艺要进行相应的改变，加工装备的设计也需要进行相应的调整。

一、高分子流体弹性的表现

高分子流体的弹性在很多情况下可以观察到。常见的弹性现象包括以下几种。

1. 弹性回缩

将高分子流体细流突然切断，细流会发生弹性回缩。

2. 蠕变松弛

对高分子流体施加一定的形变之后令其松弛，部分形变可以回缩，即为弹性形变 ε_E。

3. 挤出胀大效应

挤出胀大效应又称孔口胀大效应或 Burus 效应，是指高分子流体从模口挤出时，高分子流体的直径大于模口直径的现象。高分子流体的挤出胀大效应产生的根本原因是高分子链被拉伸取向，在被挤出模口后弹性回缩。弹性的大小可以用挤出胀大比 $S=D/D_0$ 进行判定，其中 D 为样品的最大直径，D_0 为孔口直径。至少有两种原因可以影响挤出胀大比：①模口入口处的流线收敛，在流动方向上产生速度梯度，导致聚合物分子链在流动方向上产生弹性形变，如果入口效应产生的弹性形变不能够在孔道流动过程中松弛，将会在模口出口处回缩，导致高分子流体胀大；②高分子流体在孔道中流动时，流动场中的法向应力差产生剪切应力，导致聚合物分子链取向，在模口出口处聚合物分子链弹性回缩，导致孔口胀大。

通常而言，当孔道长径比（L/D）较小时，入口效应对挤出胀大比影响较大，而当孔道长径比较大（$L/D>16$）时，孔道中的剪切流动取向对挤出胀大比的影响占主导地位。影响挤出胀大的因素包括剪切速率、分子量及其分布、温度、孔道的长径比等因素。剪切速率增大，使高分子流体弹性储能增加，挤出胀大比增大；温度升高，聚合物分子链的运动能力增强，松弛时间减小，挤出胀大比减小；孔道的长径比 L/D 增大，挤出胀大比先减小，随后逐渐趋近于恒定值；聚合物分子量增大、分布变宽、长支链含量增加，均导致挤出胀大比的增大。高分子流体中凝胶或微凝胶含量增加，挤出胀大比增大。对于聚合物浓溶液而言，聚合物的浓度对挤出胀大比也有影响，聚合物浓度增大，挤出胀大比增大。

4. Weissenberg效应

Weissenberg效应又称为爬杆效应，即高分子流体在搅拌过程中，搅拌轴周围的液面为凸面。

5. 剩余压力效应和孔道的虚拟长度

高分子流体沿孔道流动时，测定沿流动方向各点的压力，用外推法可求得出口处的压力，发现出口处的压力不等于零，有剩余压力。这种出口剩余压力相当于孔道增加了一段虚拟长度。

6. 反循环效应

高分子流体在搅拌时，由于弹性作用高分子流体整体向搅拌中心方向流动，与相同搅拌条件下牛顿流体的流动方向相反，称为反循环效应。

7. 无管虹吸效应

对于牛顿流体，当虹吸管提高到离开液面时，虹吸现象立即终止。而对于高分子流体，虹吸管升高到离液面一定距离，高分子流体仍能继续从虹吸管中流出，这一现象称为无管虹吸效应。

二、高分流体弹性的测量

从热力学角度分析，高分子物质的弹性大形变与小形变的胡克弹性是不同的。胡克弹性是基于组成材料的分子或原子之间平衡位置的偏离，其形变与内聚能变化相联系。对于高分子材料的大形变而言，除了内聚能的贡献以外，更重要的是熵的贡献。

高分子流体的弹性可以采用第一法向应力差函数 $\psi_1(\gamma)$ 来表征，此外，也常采用松弛时间 $\tau(\tau=\eta/G)$ 来更好地综合表征高分子流体的黏弹性。高分子流体的弹性可以通过静态和动态方法进行测定。

稳态流动中的弹性模量 G 可以采用毛细管末端修正法和挤出胀大比法测定。

将高分子流体按照橡胶弹性理论进行近似处理，可得下式：

$$\sigma_{12}=G\left(a^2-\frac{1}{a}\right)=M_1kT\left(a^2-\frac{1}{a}\right) \tag{4-12}$$

$$a=\left(\frac{d_{\max}}{d_0}\right)^2 \tag{4-13}$$

式中，$d_{\max}$ 为高分子流体离开毛细管后胀大的最大直径；d_0 为毛细管直径；σ_{12} 为毛细管壁处的剪切应力；M_1 为交联点间链段平均分子量。

当测得胀大比 $d_{\max}/d_0$ 后，可以根据式（4-12）求出弹性模量 G。

在交变应力的作用下，高分子流体的弹性表现尤为明显。因此，通过动态试验，不仅能表征高分流体的动态黏度，还能表征其弹性。

通过动态流变方法，可以测定高分子流体的第一法向应力差（$\sigma_{11}-\sigma_{12}$）对剪切速率 γ 的依赖性，进而由下式得到第一法向应力差函数 $\psi_1(\gamma)$，即

$$\psi_1(\gamma)=\frac{\sigma_{11}-\sigma_{22}}{\gamma^2}=\left\{\frac{2G'(\omega)}{\omega^2}\left[1+\left(\frac{G'(\omega)}{G''(\omega)}\right)^2\right]^{0.7}\right\}_{\omega=\gamma} \tag{4-14}$$

研究结果表明，式（4-14）对多种具有不同分子量分布和长支链含量的商业化聚合物均非常适用，如高密度聚乙烯、低密度聚乙烯、聚丙烯和聚苯乙烯等。

三、影响高分子流体弹性的因素

弹性对高分子加工稳定性影响较大。在纤维成形过程中，弹性对可纺性有重要影响。弹性过大时，有可能引起不稳定流动，影响纺丝成形的稳定性和纤维性能。影响高分子流体弹性的因素可以分为两类：一是聚合物本身的分子参数；二是加工条件。高聚物的分子参数包括分子量和分子量分布、分子链支化和支化链长度、分子链刚性等。加工条件包括热力学参数（温度、溶液组成等）、动力学参数（剪切速率等）和流动的几何条件（如纺丝过程中的喷丝孔、导流孔形状，喷丝孔内壁光滑程度）等。

（一）聚合物本身参数的影响

从高分子缠结理论，可以预示出高分子流体的第一法向应力差可以表示为

$$\sigma_{11}-\sigma_{22}=\psi_1(M, MWD, T, \eta_0, \gamma)\gamma^2 \tag{4-15}$$

式（4-15）表明，除了剪切速率 γ 外，第一法向应力差还与聚合物的分子量 M 及其分布（MWD）、温度 T 和零切黏度 η_0 等有关。

高分子流体的弹性随着聚合物分子量的增大而增大，分子量分布宽度增大，弹性增大。长支链也会使高分子流体的弹性增加。

加工条件对聚合物加工过程稳定性和制品性能至关重要。虽然高分子流体的弹性由聚合物本身性质所决定，但是，与弹性相关的不稳定流动现象与流动条件有关，合理地改变高分子流体的流动条件可以有效地解决高分子流体在加工过程中的不稳定流动，提高加工过程稳定性和制品品质。

（二）加工条件的影响

1. 温度

升高温度可以提高聚合物分子运动能力，减小松弛时间，因此可以降低高

分子流体的弹性。

2. 浓度

聚合物浓度越高，高分子溶液的弹性越大，弹性表现越明显。

3. 切变速率

切变速率越高，高分子流体内的聚合物分子链拉伸越充分，弹性储能越多，弹性越明显。切变速率超出某临界值时，将出现熔体破裂现象。

4. 流动的几何条件

高分子流体在进入毛细管时，毛细管入口区的形状与毛细管长径比等因素决定高分子流体的切变历史。

在毛细管流动的高分子流体的出口处的第一法向应力 σ_1 可以表示为

$$\sigma_1 = N_0 \exp\left[\frac{-(1/n+3)(L/R_0)(1/\gamma)}{\tau}\right] + \psi_1(\gamma)\gamma^2 \tag{4-16}$$

式中，R_0 为毛细管的半径；L 为毛细管的长度；N_0 为高分子流体系数。

对于纺丝过程而言，高分子流体从喷丝孔挤出过程是典型的毛细管挤出过程。第一法向应力 σ_1 与挤出胀大比 d_{max}/d_0 有直接关系，见式（4-12）。式（4-16）表明，纺丝流体在喷丝孔出口处的第一法向应力 σ_1 的大小与纺丝流体的性质、流动状态和喷丝孔的几何形状均有关系。因此，针对不同的纺丝流体，为了确保纺丝过程的顺利进行，需要根据纺丝流体流变性质，对喷丝孔的直径、长径比及其在喷丝板中的排布进行特殊设计和优化。

第三节 纺丝流体在喷丝孔道中的流动

在高性能纤维生产过程中，基本上存在两种基本流场。在喷丝孔之前的各种设备和管道中的流动基本上属于剪切流动，在喷丝孔之后纺丝线上，基本上属于单轴拉伸流动。喷丝孔是长度有限、截面有变化的孔道，几何形状与纤维成形密切相关。

一、剪切应力

图 4-1 为毛细管及高分子流体在其中的流动示意图。图 4-1（b）为毛细管横截面图。在图 4-1 中，距轴线 r 处的剪切应力 $(\sigma_{12})_r$ 可以写成：

$$(\sigma_{12})_r = \frac{r\Delta P}{2L_c} \tag{4-17}$$

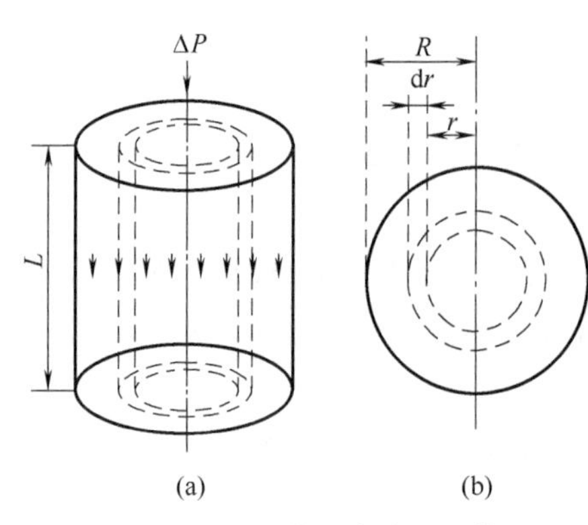

图 4-1 毛细管及高分子流体在其中的流动示意图

孔壁处的剪切应力为

$$(\sigma_{12})_w = \frac{R\Delta P}{2L_c} \tag{4-18}$$

式中，L_c 为毛细管的长度；R 为毛细管的直径；ΔP 为毛细管两端的压力差。

在实际情况下，由于入口效应和毛细管中剪切流动过程中的弹性储能，实际测量得到的压力差要大于计算值。因此，在计算管壁处的剪切应力时需要进行末端校正。

二、巴格利（Bagley）末端校正

高分子流体在毛细管中流动时的末端校正是由巴格利最早提出的，因此相应的毛细管末端校正又称为巴格利（Bagley）校正。图 4-2 为高分子流体流经毛细管时压力变化的巴格利校正示意图。高分子流体流经毛细管时的压力降包括三部分，可以写成：

$$\begin{aligned}\Delta P &= \Delta P_{En} + \Delta P_{Cap} + \Delta P_{Ex} \\ &= \Delta P_{End} + \Delta P_{Cap}\end{aligned} \tag{4-19}$$

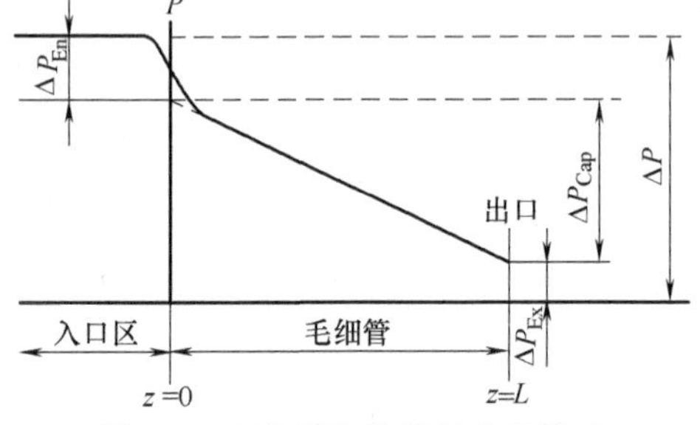

图 4-2 高分子流体流经毛细管时压力变化巴格利校正示意图

式中，ΔP 为高分子流体流经毛细管时从入口到出口的总压力降；ΔP_{En} 为入口压力降；ΔP_{Cap} 为高分子流体流经毛细管的压力降；ΔP_{Ex} 为毛细管出口剩余压力，总末端压力降 $\Delta P_{End} = \Delta P_{En} + \Delta P_{Ex}$。

Bagley 校正因子 n_B 定义为

$$n_B = \frac{\Delta P_{End}}{2\sigma_w} \tag{4-20}$$

其中，σ_w 为充分发展流动的高分子流体在毛细管壁处的剪切应力。根据 Bagley 公式，σ_w 与 Bagley 校正因子 n_B、总压力降 ΔP 和沿毛细管流动方向的压力变化率 dP/dz 关联性为

$$\sigma_w = \frac{R}{2} \times \frac{dP}{dz} = \frac{1}{2} \times \frac{\Delta P}{n_B + L/R} \tag{4-21}$$

在固定的表观剪切速率 γ_a 条件下，通过总压力降 ΔP 对毛细管长径比 L/R 作图，又称为 Bagley 作图法。

需要指出的是，Bagley 作图法得到的 $\Delta P \sim L/R$ 曲线有时呈直线关系，无法通过外推得到相应的末端校正因子。对于高分子熔体而言，当高分子流体的黏度受压力或温度影响较大时，或者在高剪切速率情况下，高分子流体沿毛细管壁滑移时，通过 Bagley 作图法往往会得到弯曲的曲线，通常采用二次或多次多项式对数据进行拟合外推。

三、高分子流体在孔道中的流动线速度

由式（4-2）可得：

$$\dot{\gamma} = -\frac{\mathrm{d}v}{\mathrm{d}r} = \left(\frac{\sigma_{12}}{K}\right)^{1/n} \tag{4-22}$$

那么，将式（4-17）代入式（4-22）得：

$$-\mathrm{d}v = \left(\frac{\Delta P}{2L_c K}\right)^{1/n} r^{1/n}\,\mathrm{d}r \tag{4-23}$$

对式（4-23）进行积分：

$$\int_{v_r}^{v_R} -\mathrm{d}v = \int_r^R \left(\frac{\Delta P}{2L_c K}\right)^{1/n} r^{1/n}\,\mathrm{d}r \tag{4-24}$$

可以得到高分子流体在毛细管中流动的线速度 v_r：

$$v_r = v(r) = \left(\frac{\Delta P}{2L_c K}\right)^{1/n} \frac{n}{1+n}\left[R^{n/(1+n)} - r^{n/(1+n)}\right] \tag{4-25}$$

对于高分子流体而言，$n<1$，式（4-25）所表达的 v_r 与 r 之间的关系表明高分子流体在毛细管中的流动接近柱塞流动，切边速率集中于毛细管壁。因此对于高分子流体纺丝过程而言，喷丝孔壁的性质对高分子流体的稳定性有重要的影响，喷丝孔的加工精度对纺丝的稳定性有很大的影响，对最终纤维的结构形成、纤维的稳定性、均匀性等产生影响。

第四节
纺丝流体的可纺性

可纺性是指高分子流体（纺丝流体）在单轴拉伸应力的作用下发生不可逆伸长形变并形成连续细长丝条的能力。可纺性是成纤聚合物的必要但不充分条件。作为纺丝流体，仅具有可纺性是不够的。可以制成纤维的纺丝流体还需要在纺丝条件下具有足够的热稳定性和化学稳定性，在形成丝条后容易固化，固

化后的丝条经过适当的后处理后具有必要的力学性能。从本质上而言，可纺性是高分子流体单轴拉伸流动的流变学问题。可纺性的评价是纤维成形过程中的基本问题之一。

一、纺丝流体的挤出

纺丝流体从喷丝孔道中挤出形成正常的细流是纺丝过程顺利进行的先决条件。由于纺丝流体的黏弹性和挤出条件的不同，纺丝流体的基础细流可以简单分为液滴型、漫流型、胀大型和破裂型四种。

液滴型没有形成连续细流，也无法形成纤维。漫流型可以形成连续细流，但是细流不稳定，基本上无法得到连续纤维。胀大型是连续稳定的细流，是正常的纺丝细流类型，但是要控制喷丝孔胀大比，或根据流体孔口胀大比，对喷丝板上喷丝孔的排布和间距、喷丝孔的长径比 L/D 进行设计和调整。破裂型流体最初是在高分子熔体挤出时发现的，所以称为熔体破裂。后来一些高浓度高分子溶液在高剪切速率下挤出时，也发现相同的现象。纺丝流体呈现破裂型挤出时，纺丝流体是不稳定的，出现波浪形、鲨鱼皮形、竹节形或螺旋形畸变。对于纺丝成形过程而言，破裂型细流限制纺丝速度提高，导致毛丝和断头出现，使纺丝过程无法稳定进行。

液滴型出现的条件与纺丝流体的性质和基础条件有关。纺丝流体的表面张力 α 和黏度 η 是决定液滴形成的内在因素。表面张力 α 越大，黏度 η 越小，细流形成液滴的可能性越大。α/η 是可以衡量液滴型细流出现的可能性判据。通常而言，当 $\alpha/\eta > 10^{-2}$ cm/s，形成液滴型细流的可能性随 α/η 的增大而增大。对于纺丝流体而言，喷丝板温度过高或降解使纺丝流体的黏度下降过大时，在纺丝过程也会产生液滴现象。湿法纺丝所采用的纺丝流体的黏度不大，约在 5～50Pa·s之间，但是由于纺丝流体与凝固浴之间的界面张力很小，一般在 10^{-3}～10^{-2}N/m 范围内，因此 α/η 比值一般很小，通常也不容易发生液滴现象。液滴形成还与挤出条件有关。喷丝孔直径 R_0 和挤出速度 v_0 减小时，液滴现象也可能发生。

随着纺丝流体黏度 η、喷丝孔直径 R_0 和挤出速度 v_0 的增大以及界面张力 α 的减小，挤出细流由液滴型向漫流型过渡。继续增大 η、R_0 和 v_0，细流转化为胀大型。在纺丝过程中，需要通过改变纺丝流体的温度、浓度、挤出速度等因素，保证挤出细流为胀大型，确保纤维成形的顺利进行。

日本学者在早期研究高分子溶液最大拉丝长度 x^* 时，发现随着流体黏度 η 的增大，拉伸速度 v 先增大后减小。于是，他们采用 x^* 与 V 和 η 乘积之间的关系来描述相应试验结果。

如果将纺丝流体表面张力 α 和黏度 η 考虑在内，发现收缩时间 τ_s，即将高分子溶液用一个半径为 R 的棒以速度 v 拉伸时高分子流体的断裂时间，可以表示为

$$\tau_s = \eta R/\alpha \tag{4-26}$$

高分子溶液的最大拉丝长度 x^* 定义为

$$x^* = v\tau_s = v\eta R/\alpha \tag{4-27}$$

在胀大型细流的基础上继续增加剪切速率，由于纺丝流体的弹性储能增加，挤出细流转化成为破裂型。通常而言，降低高分子流体弹性的因素均可以减小挤出细流形成破裂型细流的可能性，如升高挤出温度、降低聚合物平均分子量、减小挤出速度等。可以根据高分子流体的零切黏度 η_0 判定发生熔体破裂的临界黏度 η_{MF}，η_0 与 η_{MF} 之间的经验关系如下：

$$\eta_0 = 0.025\eta_{MF} \tag{4-28}$$

式（4-28）中 η_{MF} 在高分子流体的 $\eta \sim \dot{\gamma}$ 流动曲线上对应的剪切速率即为临界熔体破裂剪切速率 $\dot{\gamma}_{MF}$。

由于熔体破裂主要来源于高分子流体的弹性，因此有人提出采用弹性雷诺数 Re_{el} 作为熔体破裂的判据。Re_{el} 定义为

$$Re_{el} = \frac{\sigma_{12}}{G} \tag{4-29}$$

在当今的文献中，研究者在高分子流体的非稳定流动行为领域开展了大量的研究工作，并且将早期命名的弹性雷诺数称为 Weissenberg 准数（Wi），以便与牛顿流体的非稳定流动中所使用的雷诺数 Re 区分开来。Weissenberg 准数 Wi 可以写成：

$$Wi = \frac{\sigma_{12}}{G} = \frac{\eta\dot{\gamma}}{G} = \tau\dot{\gamma} \tag{4-30}$$

式中，τ 为松弛时间。

将式（4-12）挤出胀大比代入式（4-30）：

$$Wi = a^2 - \frac{1}{a} \tag{4-31}$$

式中，$a = (d_{max}/d_0)^2$，其中 d_{max} 为高分子流体离开毛细管后胀大的最大直径；d_0 为毛细管直径。

因此在高分子流体纺丝过程中，可以根据喷丝孔胀大比来确定高分子流体在纺丝条件下的 Weissenberg 准数 Wi。

通常认为，当 $Wi>5\sim8$ 时，即发生熔体破裂。熔体破裂现象对纺丝过程的影响是不言而喻的。熔体破裂现象的出现，将限制喷丝头拉伸比增大，使纺丝细流容易在喷丝孔口处发生断裂，造成毛丝，使纺丝过程不稳定。

发生熔体破裂与高分子流体的黏弹性本质（τ）及其在喷丝孔中的流动状态（γ）有关。因此可以从调节高分子流体的弹性和剪切速率两个方面控制熔体破裂。调整高分子流体黏弹性本质的主要方法包括控制纺丝温度、分子量及其分布、溶液中的聚合物浓度，控制溶液中支化链甚至是微凝胶的形成等。调整剪切速率方面，需要根据高分子流体的物理特性和生产工艺等因素，对喷丝板几何条件进行优化设计。需要指出的是，上述研究结果没有就可纺性和纺丝流体拉伸断裂机理进行探讨。

二、高分子流体可纺性

20 世纪 60 年代，波兰学者安德烈·齐亚比奇在探讨流体丝条断裂机理的基础上，提出的内聚脆性断裂（Cohesive Brittle Fracture）和毛细破坏两种纺丝细流拉伸断裂机理被大家广为接受。

（一）内聚脆性断裂机理

在内聚脆性断裂机理中，弹性起到主要作用。在黏弹性的流体中，形变能的一部分储存在拉伸细流当中，当储能达到一定的临界值时，将导致纺丝细流的内聚脆性断裂。

对于线形黏弹流体（麦克斯韦流体），其临界断裂应力 σ^* 为

$$\sigma^*=(2KE)^{1/2} \tag{4-32}$$

式中，K 为内聚能密度；E 为杨氏模量。

只有当拉伸速率 $\dot{\varepsilon}_{xx}$ 达到或超过一定的临界值时，拉伸细流才可能断裂，即

$$\dot{\varepsilon}_{xx}\geqslant(2K/E\tau^2)^{1/2} \tag{4-33}$$

式中，τ 为松弛时间。

在对一个纺丝细流进行连续拉伸时，纺丝细流在 x 处所受的应力 $\sigma_{11}(x)$ 与纺丝细流的断裂拉伸应力 $\sigma^*(x)$ 均不断增大。当形变达到 x^* 时，下列条件成立：

$$\sigma^*(x)\big|_{x=x^*}=\sigma_{11}(x)\big|_{x=x^*} \tag{4-34}$$

式（4-34）决定由断裂拉伸应力 $\sigma^*(x)$ 和方程应力分布 $\sigma_{11}(x)$ 所控制的最大丝条断裂长度。$\sigma_{11}(x)$ 和 $\sigma^*(x)$ 均与纺丝流体本身的性质和纺丝条

件（纺丝速度、拉伸比、固化速度等）相关。

对于一个稳态等温拉伸的麦克斯韦流体，其纺丝细流在拉伸过程中的速度 $v(x)$ 和应力分布 $\sigma_{11}(x)$ 可以简单地写成：

$$v(x)=v_0\exp(\xi x) \tag{4-35}$$

$$\sigma_{11}(x)=\sigma_{11,0}\exp(\xi x) \tag{4-36}$$

式中，$\xi=\mathrm{d}\ln v(x)/\mathrm{d}x$ 为拉伸形变速率。考虑式（4-32）中的临界断裂应力和式（4-34）所示的纺丝细流断裂条件，可以求解得到纺丝细流内聚脆性断裂时的最大拉丝长度 x^*_{coh}。

$$x^*_{\mathrm{coh}}=0.5\left[\ln\left(\frac{2K}{E}\right)-2\ln(v_0\tau\xi)\right]/\xi \tag{4-37}$$

由式（4-37）可见，最大拉丝长度 x^*_{coh} 随内聚能密度 K 的增加而增大，随拉伸形变梯度 ξ、挤出速度 v_0 和松弛时间 τ 或黏度 η 的增大而减小。一些高黏度的纺丝细流断裂试验结果与内聚脆性断裂机理完全符合。

（二）毛细破坏断裂机理

毛细破坏断裂机理与表面张力及其在纺丝细流自由表面形成的毛细波动（Capillary Wave）相关联。当发生毛细破坏时，纺丝流体表面任何一种微小的轴对称振幅为 δ_0 的扰动都将自发发展，见下式：

$$\delta(t)=\delta_0\exp(\mu t)\cos(2\pi x/\lambda),\ \lambda>2\pi R \tag{4-38}$$

式中，λ 为毛细波波长；R 为无扰纺丝细流半径；μ 为扰动生长因子。

最初的扰动 δ_0 可能来自挤出模口中的压力或密度涨落。考虑到纺丝细流受到单轴拉伸，当毛细波动振幅 $\delta(x)$ 发展到与纺丝无扰动直径 $R(x)$ 相等时，纺丝细流收缩成液滴断裂。毛细断裂的条件可以表示为

$$\delta(x)\big|_{x=x^*}=R(x)\big|_{x=x^*} \tag{4-39}$$

式（4-39）给出了毛细断裂长度 x^*_{cap} 的定义。韦伯推导出的最可能的生长因子 μ 公式如下：

$$\mu=\frac{\alpha/R_0}{6\eta+(8\rho\alpha R_0)^{1/2}} \tag{4-40}$$

式中，α 为表面张力；η 和 ρ 为流体黏度和密度；R_0 为细流半径。

齐亚比基对式（4-40）所示的韦伯理论进行了修正，将生长因子 μ 对时间依赖性或 x 轴依赖性考虑了进去。为了简化讨论，这里仅对稳态等温牛顿流体进行讨论。对于指数速度分布，纺丝细流相应的变化可以表示为

$$R(x)=R_0\exp(-\xi x/2) \tag{4-41}$$

式中，$\xi=\mathrm{d}\ln v(x)/\mathrm{d}x$ 为拉伸形变速率。

即使采用上述简化模型，所得到的毛细断裂决定的毛细断裂长度 x_{cap}^{*} 的表达式也是非常复杂的。在低黏度大表面张力的情况下，x_{cap}^{*} 的近似表达式可以表示为

$$x_{cap}^{*} \approx \frac{2\ln(R_0/\delta_0)}{\xi+(8\alpha/\rho v_0^2 R_0^3)^{1/2}} \tag{4-42}$$

此时，x_{cap}^{*} 取决于表面张力、密度以及运动学参数 v_0 和 ξ。

在高黏度小表面张力情况下：

$$x_{cap}^{*} \approx \frac{2\ln(R_0/\delta_0)-(2\alpha/3\eta v_0 R_0 \xi)}{\xi} \tag{4-43}$$

此时，x_{cap}^{*} 是（$2\alpha/3\eta v_0 R_0 \xi$）的方程。在黏度 $\alpha \to 0$ 或 $\eta \to \infty$ 的极限情况下：

$$x_{cap}^{*} = \frac{2\ln(R_0/\delta_0)}{\xi} \tag{4-44}$$

此时，x_{cap}^{*} 取决于毛细波的初始振幅 δ_0 和纺丝细流半径 R。此时，毛细波扰动生长因子 $\mu=0$。

通常情况下，纺丝流体的黏度是比较大的，此时，最大毛细断裂长度 x_{cap}^{*} 随黏度和喷丝速度的增大而单调增大，x_{cap}^{*} 可以用一个参数（ηv_0）进行描述。

原则上来说，上面所讨论的内聚断裂和毛细破坏在实际纺丝过程中可能独立发生并决定纺丝流体的最大断裂长度。在一定条件下，哪一种破坏纺丝所决定的最大断裂长度小，则决定纺丝流体的最大断裂长度。从严格意义上来说，在毛细断裂中，由于纺丝流体受到一定的张力，纺丝细流的断裂也有内聚断裂的贡献。

需要指出的是，上述的理论分析均是基于简单的流体模型得到的，只能用于纤维成形的定性分析。在实际生产中，纺丝流体大多是黏弹性流体，相应的临界条件更为复杂。通常而言，低分子量的纺丝流体主要是毛细破坏，而高分子量的纺丝流体主要是内聚断裂。此外，上述理论分析是基于稳态等温条件下进行的分析。而实际纤维成形通常是非等温过程，也不一定是稳态过程。

有限的可纺性是纤维成形过程中众多不稳定现象的根源之一。上述讨论虽然只能定性地对可纺性进行描述，但是对可纺性一般原理的了解有助于确定合理的纺丝工艺条件，避免不稳定流动现象的发生。在纺丝过程中，与毛细或内聚断裂相关的各种不稳定现象通常发生在纺程开始处，即喷丝板附近。因此在确定纺丝工艺参数时，首先应考虑到纺丝流体刚离开喷丝头时的特性。在纺丝过程中，纺丝流体的最初速度（挤出速度）v_0 和最初的半径 R_0 是可控技术

参数，此时，式（4-35）和式（4-41）中的形变梯度应该用有效形变梯度 ξ_{eff} 替代。ξ_{eff} 可以取纺丝细流固化前的平均值，如下式：

$$\xi_{eff}=\mathrm{d}\ln\ (v/v_0)/\mathrm{d}x=\ln(v/v_0)/L_s \tag{4-45}$$

式中，v/v_0 为喷丝头拉伸比；L_s 为纺丝细流的固化长度，即纺丝细流从喷丝头到固化点间的距离。

在纺程 L_s 点之后，纺丝细流半径 R_L 和速度 v_L 均不再沿纺程变化。L_s 是纺丝过程中的一个重要变量，依赖于纺丝细流的固化动力学。

前面提到 α/η 的大小可以作为毛细断裂的判据，$\alpha/\eta<10^{-2}$cm/s 的纺丝流体均不会发生毛细断裂。对于高分子流体而言，一般不会发生毛细断裂。在纺丝过程中，内聚断裂适用的纺丝条件范围比毛细断裂要宽。在实际纺丝过程中，内聚断裂决定卷绕速度和喷丝头拉伸比。此外，纺丝流体的松弛时间在毫秒（湿法纺丝中的溶液）到几秒（高分子熔体）的范围内，因此，v_0、v_L 和 ξ_{eff} 等纺丝运动学参数变量以及固化条件也是影响可纺性的重要因素。

第五节 高分子液晶流变学特性

液晶聚合物是指主链或侧链上含有液晶基元的聚合物。在高性能纤维或其前驱体中，聚对苯二甲酰对苯二胺（PPTA）纤维（芳纶 1414）、聚对苯酰胺（PBA）纤维（芳纶 14）和聚对亚苯基苯并二噁唑（PBO）纤维等均是通过液晶溶液纺丝得到的。而重要的高模量和高导热碳纤维，则是通过中间相沥青基纺丝得到的。前者是典型的向列相溶致液晶，而后者则是典型的盘状液晶结构。由此可见，含液晶相的流体在高性能纤维制备中占据重要地位。下面对液晶流体的一些基本知识进行简要介绍。

一、基本概念

液晶态是一种介于固体完全三维有序和液体短程有序之间的一种局部有序的中间状态，多数液晶体系可以像普通液体那样流动，但显示出双折射和固态的其他性质。液晶态又分为热致（Thermotropic）液晶和溶致（Lyotropic）液晶。前者是由温度变化引起的，后者是当超过某一临界浓度时溶液显示的液晶行为。由于液晶基元形状不同，又分为棒状（Calamitic）液晶和盘状（Discotic）液晶。棒状液晶基元可以形成向列相（Nematic）液晶、近晶相（Smectic）液晶和胆甾相（Cholesteric）液晶。

二、高分子液晶流体的基本特点

液晶聚合物体系的流变行为是非常复杂的。在剪切场中，其黏度 $\eta(\gamma)$、第一法向应力 $\psi_1(\gamma)$ 和第二法向应力 $\psi_2(\gamma)$ 均强烈依赖于剪切速率 γ。与普通的高分子流体相比，高分子液晶流体还有如下一些特性：①对小振幅振动有大弹性响应，但是没有明显的弹性效应，如挤出胀大效应；②流动曲线（黏度-剪切速率曲线）明显的分为几个区间，通常为三个区间，分别对应于应力屈服区、假牛顿区和切力变稀区；③流变性能强烈依赖于体系的热机械历史；④较小的或非常小的热膨胀系数。

针对液晶体系的上述特点，科格斯韦尔曾经指出，对于液晶聚合物，建立材料基本性质与最终产品性能之间的联系，使工程技术人员不得不学习新的科学知识。因此需要对液晶聚合物的流变性能进行研究和了解。

各向同性和各向异性流体的流动行为有很大的区别。对于向列相热致液晶体系，其黏度先随温度升高而降低，但是当接近于清亮点 T_{n-i} 时，液晶聚合物分子量的布朗运动加快破坏了液晶相沿剪切方向的有序排列，导致体系黏度升高。在清亮点 T_{n-i} 之后，其黏度又随温度升高而下降。对于溶致液晶，其黏度首先随着浓度的升高而增大，达到临界浓度后，由于体系中液晶基元的有序排列，容易沿剪切方向取向排列，体系黏度随着浓度的增大而下降，在达到一个最小值后，又随着浓度的增大而增大。

三、液晶高分子熔体流变特性

液晶聚合物具有潜在的低黏度特性，但是其低黏度特性只有在体系流动过程中才能体现，并且其低黏度流动特性存在一个屈服应力。

在液晶聚合物熔体的 $\lg\eta\sim\lg\gamma$ 流变曲线上，可以分为四个区，即第一牛顿流动区（Ⅰ）、屈服流动区（Ⅱ）、第二牛顿流动区（Ⅲ）和剪切变稀区（Ⅳ）。在Ⅰ区中，液晶体系的初始相结构不会被破坏，所对应的流动行为只有在时间足够长或切变速率非常小的情况下，与相错松弛时间相近时才能观察到。在Ⅱ区，随着剪切速率的增大，液晶相的相错点对应于体系中的交联点，但是液晶体系中的分子取向增大，相错点数目减少，因此导致黏度下降。在Ⅲ区，体系形成无数个不相互重叠的多相区结构，在剪切场作用下，相区的层与层之间滑移，黏度不变。在Ⅳ区，相区在剪切场的作用下减小，黏度下降。

四、液晶高分子溶液流变特性

对于主链型液晶高分子溶液而言，研究其溶致型液晶行为常用的体系只有

PBA、PPTA、PBO、聚谷氨酸苄酯（PBG）和羟丙基纤维素（HPC）等有限的几种聚合物。由于这些聚合物在合适的溶剂体系中呈刚性链结构，可以形成溶致型液晶溶液。此外，为了得到聚合物液晶溶液，必须满足以下条件：①聚合物浓度必须大于临界浓度：$c_{LC}>c_{crit}$；②聚合物分子量必须大于一个临界分子量：$M_{LC}>M_{crit}$；③体系的温度低于一个临界值：$T_{LC}<T_{crit}$。

高分子溶液体系的黏度 η 与浓度 c 可以用简单的标度关系表示：

$$\eta \sim c^{\beta} \tag{4-46}$$

对于 $PPTA/H_2SO_4$ 溶液而言，在低浓度下，溶液的黏度随着聚合物浓度的升高而增大，$\beta=1$。此时溶液中的聚合物分子链相互不接触，属于稀溶液范围。随着溶液中聚合物含量的增大，溶液黏度在浓度 0.2%～0.7%附近出现一个拐点，式（4-46）中的指数 $\beta\approx4.2$。此时，溶液中聚合物分子链相互接触，形成涨落网络结构，为亚浓溶液。当聚合物浓度为 $6.5\%<c<c^{*}$ 时，溶液黏度与浓度标度关系中的指数 $\beta\approx6$。这是溶液中开始出现液晶相，或形成球粒状的结构，从而导致溶液黏度进一步升高。当聚合物浓度达到临界值 c^{*} 时，溶液中聚合物分子链取向，形成液晶相结构，并且液晶相的含量随聚合物浓度的升高而增多，导致溶液黏度随聚合物浓度的升高而降低。当溶液中全部为液晶相时，对应浓度为 c^{**}，继续增加聚合物浓度，溶液中开始出溶剂化物结晶相（Crystal Solvates，CS），溶液黏度又随聚合物浓度增加而升高。

对于特定聚合物，形成液晶相的临界浓度和温度与溶剂有关。在溶致型液晶研究领域，与高性能纤维有关的研究集中于 $PPTA/H_2SO_4$、PBA/DMAc/LiCl 和 PBO/多聚磷酸体系。在高分子溶致型液晶体系中，需要考虑溶剂和液晶聚合物之间的强相互作用，这种强相互作用可以导致在体系中形成溶剂化物结晶相。在对位芳香族聚酰胺和无机酸体系中，这种固态的溶剂化物结晶相在一定的摩尔比时一定会出现。

第五章 高性能纤维制品成形技术

第一节 玻璃纤维制品成形技术

一、高性能玻璃纤维的技术关键

高性能玻璃纤维是指与传统玻璃纤维相比，某些使用性能有显著提高，能够在外部力、热、光、电等物理，以及酸、碱、盐等化学作用下具有更好的承受能力的特殊材料。它保留了传统玻璃纤维耐热、不燃、耐氧化等共性，更有着传统玻璃纤维所不具备的优异性质和特殊功能。就生产规模而言，高性能玻璃纤维又可分为规模化高性能玻璃纤维和特种玻璃纤维。规模化高性能玻璃纤维是指在传统玻璃纤维基础上，对玻璃成分、浸润剂等进行优化，采用与传统玻璃纤维相近的制造技术和规模进行工产，如无硼无氟类玻璃纤维等；特种玻璃纤维是指玻璃纤维的力学性能、电性能、耐热性等某项指标是目前玻璃纤维中最高的，但其制造难度大，难以采用传统制造工艺和规模进行生产，如石英、高硅氧等玻璃纤维。商业化生产的高性能玻璃纤维是由多种玻璃纤维组成，其开发途径有以下三个：

① 新型玻璃纤维成分设计与优化　通过设计新型玻璃纤维成分与优化来获得更高的性质与功能，包括：在高力学性能方面，有高强度、高模量或成分改性的高强高模玻璃纤维；在电性能方面，有低介电低损耗、高介电低损耗、导电等玻璃纤维；在耐高温方面，有石英、高硅氧、玄武岩等玻璃纤维；在耐酸碱等腐蚀方面，有无硼无氟无碱、耐碱玻璃纤维；在光学性能方面，有石英、多组分光纤等玻璃纤维。

② 改变玻璃纤维结构尺寸　当玻璃纤维直径在 4μm 以下形成超细纤维或微纤维时，纤维的柔软性大幅度提升，定长玻璃纤维的隔热和隔音性能更佳，如微纤维棉、毡、包覆垫等；或通过改变玻璃纤维形状来获得特殊性能，如将玻璃纤维拉制成空心结构，以降低玻璃纤维密度、热导率；或制成异形截面的玻璃纤维，以改善纤维填充效果和制品结构稳定性等。

③ 表面处理　玻璃纤维表面处理是获得玻璃纤维高性能的另一个有效途径。一方面是通过浸润剂技术以显著提升复合材料界面性能；另一方面通过纺织制品的表面处理赋予纤维特殊功能，如玻璃纤维涂覆聚四氟乙烯膜制成覆膜滤料，涂覆有机硅树脂作为防火材料等。

GB/T 4202—2007《玻璃纤维产品代号》对玻璃纤维产品进行了分类，给出了 E、A、C、D、S 或 R、M、AR、E-CR 共九种产品代号，每种产品都有其特征描述，最初高强玻璃纤维仅有 S 和 R 两种。近年来，对 R 玻璃纤维组分进行调整，使其具有良好的工艺性能，形成一系列高强度高模量玻璃纤维，如 HiPer-tex、H-glass 等，在产品代号上也归入 R 玻璃纤维范围，但这类玻璃纤维的强度较 R 玻璃纤维低。为区别已有的 R 玻璃纤维，这里将其称为 R 改性高强度高模量玻璃纤维。值得注意的是，标准中 C 和 A 玻璃纤维耐腐蚀性能不仅仅是依据玻璃中碱金属氧化物含量来确定的，而且是由玻璃纤维在特定化学介质环境下结构稳定性所决定的。

高性能玻璃纤维的关键技术也是这一行业共性技术的发展方向。以连续玻璃纤维制造工艺流程为例（见图 5-1），根据玻璃成分计算玻璃配合料料方，按照料方称量并混合均匀配合料，配合料加入玻璃熔窑内进行熔制，熔制均质的玻璃液再流到拉丝漏板上方，经漏板底部的漏嘴流出形成丝根，丝根在拉丝机牵引下形成连续玻璃纤维原丝或直接纱产品，原丝或直接纱经过后道纺织加工形成玻璃纤维制品。对应工艺流程，高性能玻璃纤维关键技术主要有纤维玻璃成分设计技术、大容量玻璃熔制技术、大漏板纤维成形技术、玻璃纤维生产装备自动控制技术、玻璃纤维浸润剂及表面处理技术、玻璃纤维制品制造技术、玻璃纤维及制品评价技术。

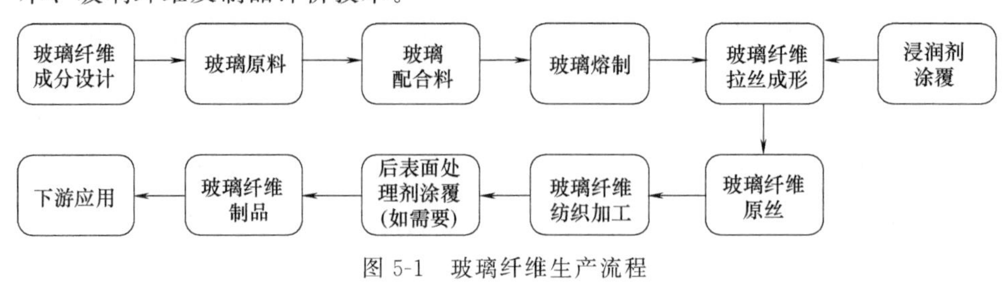

图 5-1　玻璃纤维生产流程

高性能玻璃纤维首先是通过玻璃成分的创新设计与优化来获得的，而玻璃成分设计不仅仅要实现预期的性能指标，同时要具有工艺可行性，以及近年来人们越来越关注的能源及环境友好性。玻璃成分决定玻璃结构和性能，而玻璃纤维的制造工艺也需要根据成分来调整和控制，在达到性能设计要求的同时，能够采用低能耗、低排放的原料和制造工艺技术进行规模化生产。因此，玻璃成分设计技术是高性能玻璃纤维关键技术之首。

玻璃成分包括两个方面：一方面是玻璃纤维的化学成分；另一方面是引入这些化学成分的原料组成。高性能玻璃纤维大多由氧化物组成，且以二氧化硅含量占主导，即含量50%以上为二氧化硅，这类玻璃称为硅酸盐玻璃，是目前世界上种类最多、应用最广的玻璃制品。高性能玻璃纤维包括多种硅酸盐玻璃成分体系，如钠硼硅酸盐玻璃、碱硅酸盐玻璃、钠钙硅酸盐玻璃、铝镁硅酸盐玻璃、硼铝硅酸盐玻璃、碱土铝硅酸盐（无碱）玻璃等。

在玻璃氧化物中：引入二氧化硅原料主要有石英砂、粉石英以及含有 SiO_2 的其他矿物原料，如叶蜡石、高岭土、滑石、钠长石；引入氧化铝原料有钠长石、叶蜡石、氧化铝粉等；引入氧化硼原料有硼酸、硼砂、硼镁石、硼钙石等；引入氯化镁的原料有白云石、硼镁石、叶蜡石、氧化镁粉；引入氧化钙原料有方解石、石灰石和工业碳酸钙；引入氧化钠的原料有纯碱、氢氧化钠。上述原料为玻璃原料的主要组成，玻璃原料中各氧化物组分都应给出特定的控制范围，包括水分和烧失量；同时根据生产的产品需要，给出杂质控制范围。除原料成分含量外，还应控制原料的颗粒度，将不同原料进行混合制备玻璃配合料，各种原料颗粒度范围应根据其用量和特性进行确定。

（一）高性能纤维玻璃熔制技术

玻璃熔制是高性能玻璃纤维制造的重要工序之一，是一个将玻璃配合料进行高温加热，使之成为均匀、无气泡、满足玻璃纤维成形要求的玻璃液的过程。玻璃熔制过程对玻璃纤维的产量、质量、合格率、能耗、排放及窑炉寿命等都有密切关系，是能够制造优质高性能玻璃纤维的主要保障。玻璃熔制过程包括熔化、澄清、均化、冷却四个阶段，即多成分的配合料被加热到熔融温度进行熔融反应以形成硅酸盐熔体，石英颗粒的熔解和硅酸盐玻璃熔体的形成，熔体中气泡的排出和溶解，黏性熔体的化学反应及热均化等。

（二）高性能玻璃纤维成形技术

玻璃纤维采用单元窑熔制玻璃，熔制的玻璃液直接流入拉丝通路的漏板上，在拉丝机拉伸下形成连续玻璃纤维原丝或直接纱，这种名为池窑法的直接拉丝技术已成为规模化高性能玻璃纤维生产的主导技术。玻璃纤维成形稳定性与连续性前提是获得化学和物理性能均匀的玻璃液，玻璃液温度的均匀性与料道的结构设计及温度调节方式密切相关，将均化的玻璃液均匀地降低到所需的纤维成形工艺温度，上部空间采用纯氧燃烧火焰加热，使玻璃液温度均匀性达到最佳状态，通路结构根据池窑的规模又分“H”形、“T”形和“I”字形结构。

（三）玻璃纤维表面处理技术

玻璃纤维表面处理分拉丝浸润剂涂覆和纤维制品表面涂覆两大类，后者纳入纤维制品后处理加工范畴。浸润剂在拉丝过程中涂覆到纤维表面，以改善纤维加工工艺性能，如作为复合材料的增强基材，可改善复合材料界面性能。纤维制品表面涂覆可赋予纤维特定的功能，如过滤、防火等。表面处理技术包括处理剂配方和涂覆工艺技术。

浸润剂分增强型和纺织型。增强型浸润剂由成膜剂、润滑剂和偶联剂三大组分构成，成膜剂提供纤维的集束性及与树脂的相容性，润滑剂提升纤维耐工艺磨损性，偶联剂提高纤维与树脂间结合力。浸润剂中成膜剂占比大，对纤维工艺及复合材料相容性起关键作用。配方设计首先确定主成膜剂，在此基础上进行辅助成膜剂、润滑剂的复配，偶联剂选择与树脂基体相容且活性持久的硅烷系统。成膜剂有水溶液型和乳液型，水溶液型以树脂水溶性改性为主，乳液型是对树脂进行乳化，形成水分散型乳液，相比之下乳液型成膜剂涂覆均匀性较水溶液型好。增强型浸润剂配方设计需兼顾纤维加工与复合材料制造工艺，同时与树脂相容性及浸透速率的可控性。

根据界面浸润理论，浸润是形成复合材料界面的基本条件之一，完全浸润能够增加界面结合强度，纤维的表面浸润性主要通过接触角和表面能来表征。掌握浸润剂各组分对各高性能玻璃纤维表面性能的影响，基于对纤维、基体树脂、浸润剂相关组分的表界面性能的测试和表征来设计浸润剂配方。依据浸润剂各组分特性及影响结果，进行浸润剂组分组合及比例的调整，测试分析高性能玻璃纤维表面性能与工艺性及复合材料界面性能的对应关系。根据玻璃纤维表面分析数据，初步确定浸润剂的性能要求，以保证浸润剂在拉丝过程中有良好的铺展性、黏结性，涂覆均匀，在纤维表面形成均匀的保护膜，减少因涂覆缺陷产生的纤维毛丝与断纱。

纺织型浸润剂主要功能是保护纤维在拉丝和纺织过程中产生尽可能少的毛丝，提高纺织工艺性能和织物外观质量，其组分有淀粉油型和石蜡混合乳液型。浸润剂涂覆应满足纤维拉丝工艺要求：黏度过大，造成拉丝飞丝；成膜温度过低及过高，在拉丝作业线上黏附浸润剂造成拉丝磨损和断裂；浸润剂对纤维黏附力过小，在绕丝筒高速离心作用下，浸润剂在丝饼内外层严重迁移，降低浸润剂涂覆的均匀性。因而浸润剂配方设计后，其浸润剂水溶液的黏度、黏度随温度的变化幅度、浸润剂剪切稳定性、浸润剂与纤维表面的润湿性等，对拉丝工艺及纤维表面浸润剂分布有重要影响，在拉丝过程中应严格控制。

（四）玻璃纤维制品制造技术

高性能玻璃纤维制品属于产业用纺织品，纺织制品制造技术开发离不开纺织装备技术的发展。层板复合材料用细纱薄布的织造重点解决布面质量问题和加工工艺性能问题，如布面平整度、纤维开纤等。近年来，非织造类纤维织物，如玻璃纤维缝编织物织造关键技术得到突破，成为规模化高性能玻璃纤维重要制品种类。随着高性能纤维种类的不断扩充，材料的可设计越来越强，采用玻璃纤维与其他高性能无机或有机纤维混杂织造的复合加工技术也在开发中。

为充分发挥高性能纤维结构与功能一体化性能，采用高性能纤维制造三维织物的织造技术不断发展，以三维织物为基材的增强复合材料在航天、军事、建筑等领域得到了深入的研究和广泛的应用。三维织物由三组或者更多组纱线在立体面上排列，并且三个方向纱线在空间上相互交织连接，从而形成了一个稳定的三维整体结构状态。高性能的纺织复合材料可以通过运用三维织造技术对高性能纤维直接进行三维织造而获得。目前主要采用三维针织、编织和机织技术来制备三维织物复合材料。其中：三维针织技术主要用于织造经编织物；三维编织技术则可生产各种形式的预制件；三维机织技术由于可在专用设备或稍加改造的普通设备上使用，且生产效率较高，成为应用最广泛的技术之一。三维织物预制体增强复合材料制造技术同样具有多样性，因此采用三维织造技术不仅使直接织造不同形状的异型整体件成为可能，还可以使三维织物复合材料的纱线种类和结构具有可设计性，从而达到对三维织物复合材料力学性能和其他性能进行调节的目的。并且完全可以实现对碳纤维、碳化硅纤维、石英玻璃纤维、芳纶等高性能纤维的织造，再加上三维织物在结构上的特点，使得三维织物复合材料在性能上获得大大提高。

玻璃纤维制品涂覆是一类功能性后整理技术，将纱线和织物表面涂覆溶液或薄膜，涂覆后经过烘干定型处理。涂覆溶液或薄膜的配方设计首先满足涂覆后纤维性能改进要求，例如在有捻纱表面涂覆四氟乙烯乳液，提高纤维润滑性，作为耐高温缝纫线；在织物表面涂覆有机硅树脂，提高纤维耐高温及防火性能；在织物表面附着膨化聚四氟乙烯膜，制成覆膜滤料，用于过滤烟气。

二、高性能玻璃纤维织物

（一）玻璃纤维毡

玻璃纤维毡是指由玻璃纤维/单丝交织成网状，用树脂黏结剂固化而成的无纺织物，具有表面平整、尺寸稳定性好、均匀性好、热强度好、防霉等特点。玻璃纤维毡可分为短切毡（粉末毡或湿法毡）和无纬布等。

玻璃纤维短切毡是把连续玻璃纤维原丝短切成约 50mm，无定向均匀沉降在成形带上，并配以粉末聚酯黏结剂或乳液黏结剂之类特种黏结剂，所形成的一种玻璃纤维无纺毡制品。短切毡具有各向同性特点，与树脂结合亲和性良好（浸透性好、易脱泡、易成型、树脂耗用量少），易施工（均匀性好、易于敷层、与模具贴附性好），湿强保留率高，被广泛应用于手糊玻璃钢（FRP）及玻璃纤维层压板材基材。

玻璃纤维湿法毡（玻璃纤维纸），是以短切玻璃纤维为主要原料，采用造纸湿法成形技术生产的薄毡或纸的统称，其主要成分为质量分数 70%～96%的短切玻璃纤维和 4%～30%的黏结剂，短切后长度从 6mm 到 40mm 不等。

1. 特点

湿法薄毡的单位面积质量范围在 20～280g/m^2，宽度通常为 2.1m，最大宽度可达 5.2m。为了提高薄毡的纵向拉伸强度，在生产过程中，在纵向按一定间隔（15mm 或 30mm）平行加入连续玻璃纤维纱丝制成加筋毡。

常规纤维的长径比在 500～1000 范围内。湿法薄毡可采用各种成分（无碱、中碱或高碱）的玻璃纤维制造，纤维直径一般为 7～13μm，长度为 3～25mm。短切纤维长度与其直径薄毡的成形条件及其用途有关，一般长度为 18mm，为了提高薄毡的密度和均匀性，可以添加 12mm 长度的短切丝，有时为了提高薄毡的强度需要添加 10%左右长度为 24～36mm 的短切丝。用量最多的是直径为 9～13μm，长度为 6～25mm 的短切纤维。

玻璃纤维湿法毡的性能特点除与所用玻璃纤维丝成分有关外，还与所用添加的黏结剂、分散剂等助剂类型有关。黏结剂与分散剂在湿法毡生产过程中的作用可理解为：分散剂的使用为了提高纤维分散效率，黏结剂为了提高纤维之间黏结作用，二者互有相反作用。一般是脲醛树脂、酚醛树脂、聚醋酸乙烯酯、聚乙烯醇、丙烯酸酯黏结剂。特殊用途可添加憎水剂、阻燃剂和颜料等。湿法薄毡生产中使用的其他化学助剂包括偶联剂、白水增稠剂、消泡剂。偶联剂用于提高 FRP 中玻璃纤维和树脂界面的连接强度，甲基三甲氧基硅烷是常用偶联剂。白水增稠剂的使用目的是增加水的黏度，防止纤维因重力过早下沉，破坏玻璃纤维在水中的“悬浮”状态，但增稠剂的用量比较小，应控制在0.1%～0.2%左右，可选用的增稠剂有羧乙基纤维素、聚丙烯酰胺类。消泡剂的作用是除去纤维分散过程产生的泡沫，造纸工业的消泡剂多元醇长链脂肪酸酯也适用于薄毡生产。

2. 工艺流程

玻璃纤维湿法薄毡的制造工艺类似于造纸的生产方法：玻璃纤维→玻璃纤维短切→称量配料→制浆（分散、储浆）→上浆→脱水→成形→施胶→烘干固化→纵切→卷取→包装。连续玻璃纤维毡生产工艺：将连续玻璃纤维短切成长的短切丝，由喂料提升机加入纤维料仓，经喂料辊和皮带输送机送到皮带称上，连续称量后，短切纤维投入含有各种必要化学助剂水溶液的疏解机中分散成单根纤维，用泵将浆料送入配浆罐配制成分散均匀的特定浓度浆料悬浮液，再送入储浆罐待用。浆料通过计量泵连续送入上浆循环系统，浆料被进一步稀释并由网前箱泵送到流浆箱。纤维浆料在斜长网成形机上成形为薄毡，浆料中大部分白水经脱水箱自然脱水回到白水池，薄毡中多余水分由抽吸风机强制脱水，脱除的水回到白水池中，薄毡被送到浸渍机。白水池中白水经回水泵回到搅拌罐，与新加入的分散剂、增稠剂和消泡剂一起混合并分散新加入的玻璃纤维丝，白水被循环使用。成形好的薄毡被引入浸渍机，在浸渍机上被黏结剂饱和浸透，多余的黏结剂经抽吸箱除去，经分离罐分离后，重新回到黏结剂循环系统中。浸渍后的薄毡被引入烘干固化炉的输送网带上，在热风循环的烘干固化炉内，薄毡中的水分被蒸发，黏结剂被固化，玻璃纤维毡具有特定性能。经烘干固化后的薄毡在卷取之前，检测薄毡的单位面积质量和黏结剂含量，并通过控制系统自动调整。经过检测的薄毡经纵向切除毛边后，由双工位卷绕机卷成筒状。

（1）改善玻璃纤维的分散情况

① 调节 pH　浆料 pH 与纤维分散性关系如图 5-2 所示，降低浆料悬浮液中的 pH 可加强纤维分散，当浆料中 pH 降低到 3.0 左右时，浆料的分散效果达到最佳，继续降低 pH，浆料分散效果的改善不甚明显。其影响机理：酸对

浆料中玻璃纤维的分散部分是由于 H^+ 对玻璃纤维表面粗糙度的改善，水滑膜的形成减少了其摩擦因数；另外可能是 H^+ 改善了玻璃纤维表面的动电电荷，赋予玻璃纤维以相同的电荷，同种电荷间的相互排斥力使得纤维彼此分散。

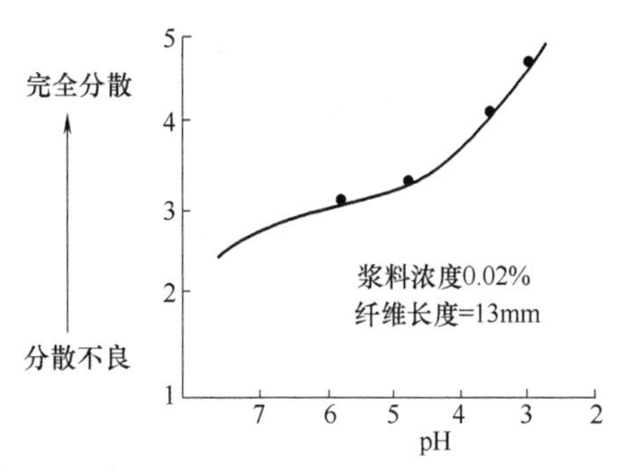

图 5-2　浆料 pH 与纤维分散性关系

② 硬水软化处理　白水系统中普遍存在的 Ca^{2+} 和 Na^+ 对玻璃纤维的分散产生一定的影响，随着其含量的增大，浆料悬浮液中玻璃纤维的分散效果变差，其中 Ca^{2+} 的影响最大。原因可能是这些离子含量的增大，降低了浆料悬浮液的黏度，增加了玻璃纤维相互碰撞聚集的机会。因此，在生产过程中需对硬水进行适当的软化处理。

③ 改善玻璃纤维表面的润湿状况　玻璃纤维疏水性较强，导致其极易絮聚。改善玻璃纤维表面的润湿状况，增加其亲水性，可大大改善玻璃纤维的分散状况。往玻璃纤维悬浮液中添加润湿、渗透、乳化、分散性能良好的阴离子、表面活性剂，就是一种有效改善玻璃纤维分散状况的方法。

④ 增加悬浮液黏度　将分散介质的黏度控制在 $5\times10^{-3}\sim20\times10^{-3}$ Pa·s 之间，以控制其流变性能，会大大改善玻璃纤维的分散状况。随着悬浮液黏度的增加，纤维拥有了足够的松弛时间，沉降时间得到延长。

⑤ 添加多聚电解质　通过在悬浮液中添加分散助剂如六聚偏磷酸盐等，使纤维上的动电电荷增加，增强纤维间的静电排斥力，也可以构成稳定的带静电电荷的悬浮液。

（2）打浆

玻璃纤维本身易碎，且相对植物纤维密度较大，这使得玻璃纤维成浆应以分散为主，储浆应以相对较高的浓度为好。短切纤维在浆料中浓度越稀越有利于玻璃纤维的分散，为了制得高质量的玻璃纤维薄毡，工业生产过程中都采用很稀的料浆浓度。玻璃纤维料浆浓度、纤维长度与分散性关系如图 5-3 所示，由图可见，玻璃纤维在低浓度下分散性好。较高的储浆浓度可减少储浆时不同直径纤维的分层现象，对玻璃纤维浆的搅拌强度不能太大，稀浆储存，其浆

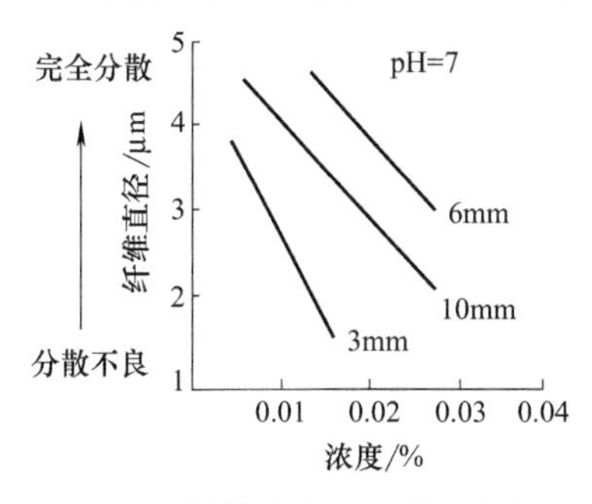

图 5-3　料浆浓度、纤维长度与分散性关系

池体积大，搅拌强度大破坏纤维，搅拌强度小分层现象较严重。以分散为主的打浆方式便于控制浆料的打浆度，使之有比较大的调整范围，以适应设备及产品性能的要求。为保证纤维毡厚度均一性，首先要尽可能保持浆料打浆度的均一性，这就需要选择合适的分散设备。

（3）斜网成形

湿法毡的成形可采用真空圆筒成形机和斜网成形机两种。斜网成形机由网前箱、聚酯成形网、真空箱和脱水箱组成。当浓度为0.03%的玻璃纤维浆液经布浆管流到斜网成形机上，经真空抽吸，纤维沉积于网带上形成毡坯。成形网被展开成为一段倾斜的工作面和一段回程网段，倾斜的工作面用来承担毡片成形、脱水，有时还有层间结合的任务，斜网流浆箱与成形器结为一体，毡片在流浆箱中完成成形与脱水。毡片经过二次真空脱水后，送到施胶机。

斜网倾斜的角度是个比较关键的问题，它直接影响着毡片的成形质量。角度小，过滤面积大，运行方向各部脱水量的差比较小，容易使纤维比较均匀地分布，同时运行时流浆箱的液位相对较低，网与流浆箱间的密封比较容易。缺点是易出现浮浆，浮浆的出现改变了流浆箱内浆料的浓度，毡片的定量和厚度出现波动。因浮浆的量很难控制，所以定量、厚度的波动也很难控制，从而影响了毡片的质量和成品率。角度大，相对过滤面积小，在总脱水量一定时，单位面积的脱水量加大，沿运行方向各部脱水量差加大，易使纤维出现不均匀分布，表面状态不佳，同时因流浆箱液位比较高，给流浆箱挡板与网间的密封带来困难，密封挡板对网的压力加大，加速了网的磨损。

目前，大部分用于玻璃纤维薄毡生产的斜网有着不同的角度。确定合适的角度，既可消除浮浆，又利于均匀脱水及流浆箱的密封，一般采用可调流浆箱与网部，角度范围10°～35°。斜网的主要优点之一是长纤维成形。众所周知，长纤维易互相缠绕，减少缠绕的有效方法是降低浆料的浓度，且纤维越长浓度应越低。因此，提高网部的脱水能力，也可提高纤维的长度。采用两段脱水、复合成形技术，前段用低真空成形箱，采用自然脱水；后段采用高真空脱水箱，进行强制脱水，毡片出网部分干度为30%～40%。

（4）干燥

玻璃纤维薄毡具有高孔隙率、高含水性的特点。施加黏结剂的毡片，其含水率在50%左右，在180～260℃温度下烘干固化，干燥后薄毡中黏结剂含量为20%左右。这使得玻璃纤维薄毡的干燥相对比较困难，能耗大，同时增加了干燥不均匀的机会。成品薄毡烘干后其含水率小于1%。成品薄毡含水率越高，黏结剂和短切玻璃纤维潮解分化越严重，强度下降越严重。需严格控制烘干温度，进行防潮包装。

目前大部分生产线使用的热风干燥箱多为单面热风加热，一般情况下热风的温度高于箱体内的温度，即热风直接吹到毡片干燥温度高于另一面的干燥温度。这使得毡片两面的干燥强度不一致，温度高的一面的干燥强度大，并且随着毡片厚度的增大这种差别会加大。生产显示，玻璃纤维薄毡的吸液性能随干燥温度的升高而降低，干燥温度的不同造成玻璃纤维薄毡两面的吸液性能不同，严重者在干燥温度超过3000℃后，会出现直接受热面表面硬化，其弹性下降较多，影响产品再加工后成品的使用性能。因此，对毡片的正反两面同时进行干燥的双面热风气浮穿透干燥箱是较好的选择，热风循环加热方式效率高、加热均匀、质量稳定。

(5) 卷取

由于玻璃纤维薄毡非常松软，强度差，高质量卷取是一难题。过去一般都采用力矩电机来实现，但调节不够灵敏，现在逐渐发展为采用带控制的压力传感器，使张力可在一定范围内精确控制，保证卷取质量。主电动机传动采用比较先进的矢量变频调速电动机，配置气动控制系统，实现恒车速、恒张力自动控制及调偏机构等。

（二）玻璃纤维绳索

玻璃纤维线绳制品有着特殊的用途，例如缝制玻璃纤维空气过滤布袋的无碱玻璃纤维缝纫线，玻璃棉、矿棉的中碱玻璃纤维缝毡线以及用于橡胶同步带的玻璃纤维增强橡胶帘子线等。这些制品的生产过程往往是将几十根纱线从纱架上引出，通过化学浸渍处理后送入烘炉进行烘干固化，最后由卷绕装置按照使用要求分别卷绕成形，供布袋和毡或后道工序使用。生产工艺流程为：玻璃纤维线绳→浸渍处理→烘干固化→卷绕成形。

最后一道工序的卷绕装置有多种形式，对应的卷绕控制方法亦有多种，如电磁调速、直流调速、力矩电机调速以及使用昂贵的可编程控制与变频器相结合的精确控制。

1. 纱线及绳的卷绕特点与要求

玻璃纤维纱可分无捻纱及有捻纱两种。无捻纱一般用增强型浸润剂，由原纱直接并股、络纱制成；有捻纱则多用纺织型浸润剂，原纱经过退绕、加捻、并股、络纱而制成。由于生产玻璃纤维纱的纤维直径、支数及股数不同，无捻纱和有捻纱的规格有许多种。纱线经处理后的卷绕特点是：①纱线根数多，一般大于20根；②卷绕速度低，一般在10～30m/min；③卷绕形状一般为直筒形和宝塔形两种。

以无碱玻璃纤维缝纫线处理为例，每根纱的卷绕线速度 $v=i\pi dn$，其中 i 为传速比，d 为卷绕直径，n 为卷绕电机转速。如果电机转速 n 恒定，则当卷径 d 随着时间的增长而增大时，卷绕的线速度 v 也增加。假设初始纱筒直径 $d_0=40$mm，终止纱筒直径 $d_1=80$mm，那么终止前纱线的线速度将是初始线速度的 2 倍。这种简单的卷绕方式对纱线处理将有如下几方面的影响：①因每卷纱的处理线速度一直在变（由慢到快），每根纱线化学浸润处理的时间也随之由长到短，这将导致纱线被覆物的含量不均匀。②纱线在炉中的固化成膜时间由长到短，影响纱线表面成膜的质量。③一般纱筒内外层强力相差 10%～30%。④对纱筒外观质量有影响，成品使用过程中常会出现塌边、脱圈、退绕困难等。

针对上述分析，为获得高质量的纱线产品，就必须实现卷绕过程的恒线速度、恒张力控制，即 $v=i\pi dn=$常数。现代变频调速技术的发展，特别是针对工业生产过程研制开发的专用卷绕型变频器，使这一问题的解决简单化。

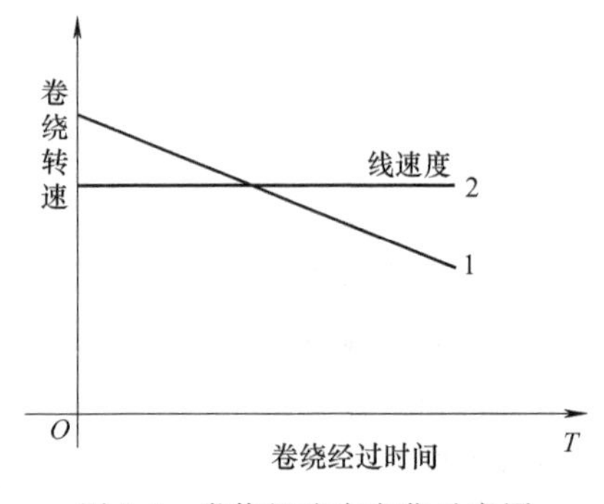

图 5-4　卷绕机速度变化示意图

在无碱玻璃纤维缝纫线处理的生产过程中，同时处理几十根纱线和卷绕纱锭，针对每根纱线进行线速度检测以实现恒线速度控制显然是不现实的。有研究提出在设计卷绕控制时，将卷绕控制分为两个层面，第一层面选择使用 2 台卷绕变频控制器构成 2 个开环速度控制系统，每个系统控制 12 个纱锭或减速电动机，利用变频器的卷绕曲线输出间接实现恒线速度控制；第 2 个层面利用每台纱锭电动机的张力定长控制器实现恒张力控制。根据纱线处理工艺要求，通过模拟计算换算成变频器输出的卷绕开始频率 F_s、卷绕结束频率 F_e 和卷绕结束时间 T_e。

图 5-4 为卷绕变频器控制的线轴转速与线速度的对应效果关系，一旦能控制线轴速度，则可实现稳定的卷绕。

2. 玻璃纤维包芯绳

逃生绳是火灾逃生必备用品，许多国家家庭里都备有逃生绳。消防员在灭火或登高作业进行救人或自救时，逃生绳是必须使用的防护用品。目前，通常使用的逃生绳是由钢丝做成的，绳体由内芯与包裹内芯的外包物组成。

内芯为钢丝或钢缆，外包物由尼龙线纺织而成，它们普遍存在硬度大、不耐高温、耐磨性差等缺点。

玻璃纤维包芯绳，由绳套和绳芯组成，绳套是筒状的，由多束玻璃纤维按照一定的编织方法编织成套，绳芯位于绳套中间，为集束的玻璃纤维。绳套是筒状的，由多束玻璃纤维制造，采用双编织方法加工成套，也可以采用立体编织或其他编织方式加工。绳套与位于绳套中间的绳芯之间紧密结合，绳套和绳芯都采用了阻燃性好、耐磨、强度高的玻璃纤维制造，又采用了科学、合理的编织方式，使产品具有良好的绝缘性和耐热性，增强了绳索的阻尼性和耐切割性能，安全性高，柔软舒适，应用范围广。

3. 碳纤维与玻璃纤维复合绳索

碳纤维和玻璃纤维复合绳索，利用了碳纤维和玻璃纤维的特性，具有良好的绝缘性和防火阻燃耐热性，增强了绳索的阻尼性和耐摩擦、耐切割性能，成本低、安全性高、耐高温，应用范围广，可广泛用于消防、矿业、建筑业。

碳纤维和玻璃纤维复合绳索包括绳体，由碳纤维长丝纤维股线和玻璃纤维长丝纤维股线编织为一体。碳纤维长丝纤维股线与玻璃纤维长丝纤维股线的数量比为 1∶3，碳纤维长丝纤维股线与玻璃纤维长丝纤维股线有如下几种不同设置规格：①碳纤维长丝纤维股线设置为 4 根玻璃纤维长丝，玻璃纤维长丝纤维股线设置为 12 根碳纤维长丝；②碳纤维长丝纤维股线设置为 6 根玻璃纤维长丝，玻璃纤维长丝纤维股线设置为 18 根碳纤维长丝；③碳纤维长丝纤维股线设置为 8 根玻璃纤维长丝，玻璃纤维长丝纤维股线设置为 24 根碳纤维长丝；④碳纤维长丝纤维股线设置为 12 根玻璃纤维长丝，玻璃纤维长丝纤维股线设置为 36 根碳纤维长丝；⑤碳纤维长丝纤维股线设置为 16 根玻璃纤维长丝，玻璃纤维长丝纤维股线设置为 48 根碳纤维长丝。

其制作步骤如下所述。①选取原材料：选取碳纤维长丝和玻璃纤维长丝，其规格为 840～3000D。②并线：根据需要将多根碳纤维长丝合为一股、多根玻璃纤维长丝合为一股。③捻线：并线后的碳纤维长丝纤维股线和玻璃纤维长丝纤维股线通过捻线机进行加捻，捻线机传动皮带松紧一致，每根长丝通过张力调节器控制，定时测定其转速和捻度，捻度根据绳索股线大小而定。④预织：通过捻线机加捻后的股线在全自动预织机上预织成符合高速双编机锭子大小的筒子进行编织。⑤成绳：按照碳纤维长丝纤维股线和玻璃纤维长丝纤维股线的根数比例为 1∶3，一次性编织成形。

（三）玻璃纤维无纬布

玻璃纤维无纬布是纤维平行排列的浸胶片。由于其纤维单向排列，所以又称玻璃纤维单向预浸料，它是用于制造玻璃纤维复合材料的中间材料，是一种用树脂预先浸渍，可以储存的纤维增强塑料（FRP）半成品，需要时可立即用来制造复合材料制品。它用于压制层合板和对铺层设计有严格要求的承力结构，如飞机蒙皮和型材。国内生产无纬布通常采用滚筒法。将连续纤维浸渍树脂后，平行地绕在圆柱形滚筒上，晾干后，顺滚筒的一根母线切断展开，便获得无纬布。布的大小由滚筒直径和长度决定。

1. 玻璃纤维单向预浸料分类

玻璃纤维单向预浸料按宽度分类有宽带、窄带（几毫米或几十毫米）预浸料；按基体品种分则有热塑性预浸料和热固性预浸料；按固化温度分可分为低温、中温、高温固化预浸料。其中，热塑性预浸料和热固性预浸料是最常用的分类方式，两者的性能对比如表 5-1 所示。就力学性能来说，单向预浸料没有纬纱，靠树脂基体将纤维黏成片状材料，承载纤维可按受力分析情况设计结构铺层，因此其纱线的力学性能利用率是最高的。

表 5-1　热塑性预浸料和热固性预浸料性能对比

热塑性预浸料	热固性预浸料
室温长期储存	低温储存
没有运输限制	冷藏运输
高黏度(浸渍需高压)	低黏度(易浸渍)
高的熔融/固化温度(＞300℃)	低温到中温固化温度(＜200℃)
能回收重复使用(熔融)	限制的回收利用(焚烧、磨碎)

2. 原材料要求

（1）增强材料

预浸料增强材料的主要要求：①对树脂的浸润性好；②随膜性好，以满足形状复杂制品成形的要求；③满足制品的主要性能要求。

（2）基体材料

基体树脂的主要作用：①将纤维定向、定位黏结成一体；②在产品受力过程中传递应力。不同类型树脂基体的基本性能对比如表 5-2 所示。

表 5-2　不同类型树脂基体的基本性能对比

树脂类型	固化温度/℃	工作温度/℃	工艺性能	湿热力学性能	断裂韧性	阻燃性
环氧树脂	121～177	约 177	优	差	良	差
酚醛树脂	约 170	约 200	优	差	差	优
双马树脂	约 230	约 250	稍差	良	差	优
聚酰亚胺树脂	约 316	约 371	差	良	差	优
热塑性树脂	300～400	约 252	差	优	差	优

（3）固化体系

固化体系包括固化剂、促进剂、增韧剂、催化剂和稀释剂等。

根据预浸料的使用要求，预浸料需要在室温下具备一定的储存期，因此固化体系通常使用潜伏性固化剂。潜伏性固化剂在常温常压下不与树脂反应，但是在特殊的温度压力下，会促进树脂发生交联固化反应。这样，有利于预浸料在常温下的储存。该类固化剂通常为分散型固化剂，即常温下为固态，无法溶解于环氧树脂中，但加热到其熔点附近时能与环氧树脂混溶，开始快速发生固化反应。

促进剂的主要作用是促进固化剂在树脂基体中的溶解，提高固化反应速率；增韧剂是为了降低热固性树脂基体的脆性，提高其抗冲击性能；稀释剂主要是降低树脂黏度，提高工艺性能；催化剂主要是促进树脂在固化成形阶段的反应，但在常温常压下，它也处于一种“潜伏”状态，这对预浸料的实际生产操作是很有利的。

3. 无纬布制备方法

滚筒式排布机的工作原理：通过一系列齿轮机构来保证滚筒转动与丝嘴沿滚筒轴向移动的速度比，滚筒每转动一周，则丝嘴连续地移动一个纱片宽度。当滚筒不断转动时，纱片就一片紧接一片地按圆周方向平行地缠绕在滚筒上，直至达到要求的无纬布宽度。然后沿滚筒的一根母线切断纤维。为了使无纬布不粘连在滚筒上且便于后续工艺剪裁，在绕制前先应在滚筒上铺满一张脱模纸，脱模纸的一面涂有隔离材料，它可以从无纬布上揭下而不至于粘连。专门生产无纬布的滚筒式排布机可以制出最大尺寸（长×宽）为1571mm×722mm和1885mm×800mm的无纬布，其纤维单位面积质量为121～127g/m^2，偏差±3%；含胶量为28%～45%，偏差±3%。

滚筒法生产无纬布的工艺流程如下：丝筒→浸胶→绕丝→切割→晾干→无纬布。

滚筒式排布机主要组成部分为滚筒、机头和传动装置三大部分。滚筒直接用来绕丝。机头上装有纱架、集束器、胶槽、导向辊和张紧辊。传动系统由电动机、减速箱、传动链、调速器、丝杆、螺母、溜板等零件组成。它们的作用是分别带动滚筒旋转和机头平行于滚筒轴线做横向移动。电动机可实现无级变速，机头移动与滚筒转动之间的速度比则采用调速装置实现。所以，可以任意选择排布速度并按纱片宽度调整机头移动的速度。滚筒法生产无纬布设备简单、操作方便，但生产效率很低，而且无纬布尺寸受滚筒尺寸的限制，因此一般是自产自用。国外作为商品供应的无纬布，是采用无纬布连续排布机生产的。连续排布机的结构类似于卧式浸胶机，不同处在于：①用一组纱架代替布卷，纱团数目按无纬布的宽度和厚度选择；②在浸胶前纱带通过梳形排线装置使之沿布幅宽度均匀分布且相互平行；③收卷时在无纬布上下面同时卷入起隔离作用的聚酯薄膜，以免无纬布黏成一体，并便于后续剪裁和铺层工艺。

4. 质量控制

表征无纬布质量优劣的指标通常有外观、物理性能和工艺性能。无纬布的外观应该符合下列要求：①纤维应是相互平行和依次密排的，不允许有明显的交叉或松散；②树脂应分布均匀并完全润湿纤维；③没有外来杂物和已固化的树脂颗粒以及丝头、丝团等物。

无纬布的工艺性能指标：凝胶时间、树脂流动性、挥发分含量、树脂含量、黏性、力学性能等。黏度关系到无纬布铺层过程中的可铺叠性与可调整性，同时也是判别储存一段时间后无纬布是否失效的一种方法，直接影响后续的铺层操作。当无纬布黏度太大，铺层工艺难以进行；若黏度太小，层与层之间无法自然粘贴，也不能保证铺层的稳定性。因此，无纬布应保持适当的黏度。黏度同时也是无纬布寿命的敏感指标。若无纬布粘贴在一起极易剥开甚至无法粘贴在一起时，表明无纬布已超过贮存寿命而丧失了使用价值。例如，T300 碳纤维/环氧 648 无纬布在室温下贮存三个月黏性合格，贮存半年黏性变差，一年后黏性不合格。因此这种无纬布的室温贮存寿命为三个月。对黏性规定有专门的检测方法。凝胶时间是无纬布成形工艺性的又一重要指标，可根据它来选择层合板的固化加压时机。测量无纬布的凝胶时间常用拉丝法和滑板法，详见有关标准。树脂流出量表示成形时树脂的流动情况。用无纬布成形制品时，通常将多余的树脂挤出来，以便驱除层间空气、降低空隙率，并保证制品含胶量均匀。为了在制品加热固化时使树脂有适当的流动性（是判别树脂失效的一种方法），必须控制无纬布的预固化程度。挥发分含量关系到复合材料的空隙率，含量不合适会导致复合材料部件在外力下产生应力集中，寿命降低。树脂含量不但关系到无纬布固化过程中吸胶量等工艺参数的预测，更关系到最终复合材料制品的树脂含量。

工艺质量控制是要研究制订最佳的成形工艺方案，得出最佳的工艺条件，如固化温度、时间、加压时机等，以保证发挥复合材料的最优性能。其中最重要的是加压时机，保证每一次成形都是在最佳工艺条件下完成的。无纬布生产中应控制的工艺参数包括纤维状态、胶液密度、浸胶速度、滚筒圆周线速度和纤维张力等。纤维状态指单丝直径大小、原丝合股数、支数、加捻数以及纤维表面起毛状况等。纤维状态直接影响无纬布的纤维密度。胶液密度将影响无纬布的含胶量，在其他条件不改变的情况下，胶液密度和无纬布的含胶量近似呈直线关系。绕制过程中溶剂挥发将引起胶液密度改变。因此应随时调节胶液密度并使胶槽中液面高度恒定。当滚筒转速过高时，纤维通过胶槽的浸渍时间短，造成无纬布含胶量低，反之，转速降低可延长浸渍时间，保证纤维充分浸胶，但降低了生产效率。因此，在纤维含胶量稳定均匀的前提下，转速不可过低。绕制时纤维张力不宜过大，以免在切割无纬布时因纤维与脱模纸不能同步收缩而使无纬布局部弯曲不平，张力大小以能保证纤维平直绕在滚筒上为宜。

无纬布的典型固化过程包括五个温度阶段：两个升温阶段、两个恒温阶段及一个降温冷却阶段。在第一阶段，预浸料开始软化，可以用抽真空技术除去多余的树脂。在第二阶段，树脂开始固化反应，分子链不断延伸达到凝胶点。第三和第四阶段是进一步固化阶段，分子链互相交联至固化反应完全。最后一个阶段，复合材料经冷却固化。此阶段决定了分子链的三维交联形态结构，并决定复合材料的最终力学性能和使用温度范围。

无纬布的基体树脂在运输和储存过程中会发生一些化学变化，这些变化不仅会导致加工困难，而且会对复合材料制品的性能产生严重影响。为此，目前国内外广泛采用常规化学分析和现代分析技术，如用红外光谱（FTIR）、热分析（DSC）、液相色谱等来表征无纬布树脂基体发生的物理化学变化。

一般采取的试验方法是用聚乙烯膜将无纬布密封，分别置于不同温度，如室温、10℃、−18℃等，定期取出，采用DSC、FTIR等技术进行试验，测量挥发成分含量、凝胶时间、树脂流出量、黏度、力学性能、固化度等工艺性能。其中固化度和黏度是衡量无纬布储存时间的主要指标。

（四）玻璃纤维机织布

玻璃纤维织物是产业用纺织品中的一类，由于玻璃纤维织物具有强度高、耐磨性好、摩擦因数低、绝缘性好、不易腐烂、耐高温、阻燃等特点，其应用越来越广，目前已普遍用于土建、煤炭、造纸等行业，是一种应用广泛的建筑材料和工业材料，在产业用纺织品中所占比例最高，约占40%。无捻粗纱是由平行原丝或平行单丝集束而成，无捻粗纱是加工方格布、网格布的基本原料，是玻璃钢基材最基本的原材料。无捻粗纱包括喷射用无捻粗纱、缠绕型无捻粗纱、拉挤用无捻粗纱及织造用无捻粗纱等，用途十分广泛。

根据织机机型与玻璃纤维适应性进行工艺试验，从中得出结论，找出需要改进的地方并加以改进，才能满足玻璃纤维织物织造性能。在织物工艺方面，注重发挥玻璃纤维剑杆织机织造厚重织物的强项。玻璃纤维剑杆织机国产化方面应由玻璃纤维行业与剑杆织机制造业共同协调攻关，这样才能研制出适合玻璃纤维织造需要的高性能剑杆织机。

1. 织前准备

玻璃纤维经纱上浆最主要的目的是提高纱线的耐磨性能，最大程度上降低织造过程中的起毛、断头现象，改善织造条件。经纱上浆使一部分浆料黏附在玻璃纤维表面，经烘干后形成一层完整的浆膜，即为被覆；浆液渗透到纱线内部，即为浸透。被覆使纱线表面形成保护膜，浸透使纤维单丝通过浆料相互黏结，并为纱线表面浆膜的黏附提供牢固的“基础”。

玻璃长丝上浆的浆料，原多以淀粉或糊精浆料为主，再配以植物油脂，或者阳离子活性浸润剂。阳离子活性浸润剂对玻璃纤维和浆料的亲和性好，浸润作用强。由于玻璃纤维织物的退浆、精炼后处理可采用高温清洗，即在400～600℃的高温下使织物通过，附在织物上的浆料、油剂及其他杂质都被烧去，因而不发生阳离子凝聚的问题。此外，非离子类油剂也在应用。

目前，在整浆联合机上上浆，一般都用聚乙烯醇（PVA）浆料。其主要原因是，在以后的定型工艺中，聚乙烯醇浆料可以烧去，而没有残留物的存在。玻璃纤维纱浆料的基本组成是：聚乙烯醇、润滑剂L300、消泡剂Ag290和去离子水。聚乙烯醇主要用作浆料的黏结剂和成膜剂。根据相似相溶原理在聚合物体系中加入疏水性单体润滑剂L300，目的是增强浆料对疏水性纤维（玻璃纤维）的黏着力，起到提高上浆效果和减少静电的作用。消泡剂起到减少调浆和上浆过程中浆液中泡沫的作用，辅助上浆效果。玻璃长丝上浆的主要目的在于单纤维间黏结而使纤维集束，因而要求浆液的黏度要低。对于淀粉和聚乙烯醇浆料，以3%左右的上浆率较为合适。调浆要求浆液稳定性好、固含量低和上浆率高，适合本道和后道织造生产需要。

2. 玻璃纤维织物

机织玻璃纤维织物有电子布、过滤布、膜材、方格布、壁布、网布等。产品的性状、特点差异明显，使用的场所也各不相同。

（1）玻璃纤维方格布

玻璃纤维方格布是无捻粗纱平纹织物，是手糊玻璃钢重要基材。玻璃纤维方格布的强度主要在织物的经纬方向上，对于要求经向或纬向强度高的场合，也可以织成单向布，它可以在经向或纬向布置较多的无捻粗纱，单经向布，单纬向布，其特点是粗纬纱、细经纱，玻璃纤维纱都在纬向喂入，在90°纬向具有高强度。

织造玻璃纤维方格布的经纬纱较粗，一般为1200～2400tex，最粗可达4800tex，均为无捻粗纱。剑头夹持、纬纱剪切都有较大难度，容易出现夹持不完全、剪切不彻底的现象，造成断纬停机、缺纬等疵病。

玻璃纤维方格布的纬密度比较稀。纬密度一般在1～5根/cm。送经速度快，经纱张力控制难度大，需要快速反应；织好的布面经过卷取辊到布卷容易造成纬向移位。

玻璃纤维方格布织造时需要储经容量大。因纱线粗，纬密度稀，若用经轴储经，经纱很快用完，影响效率，一般需要纱架储经。与普通的纱架送经系统相比，经纱退解张力相当小，几乎无张力，与帘子布纱架织机又有很大的区别。退解出来的经纱张力每根差异很大，但织造时每根经纱张力要求基本一致，需要有适合小退解张力的匀经系统。

玻璃纤维方格布织造时纬线张力控制难。因纬纱太粗，而且重，普通储纬器无法适应，但又需要很好地控制纬纱张力。为了避免纬线在退解过程中打结、纬线在引纬过程中产生缩余、纬线拉不到布边等现象，需要采用适合粗重纱的纬纱张力控制方法。

此外，织造时分幅数量大。单幅最小达到7～8cm，需要有很多开幅剪刀。这就要求开幅剪刀需要时能很方便地装上，不需要时又能很方便地拆下来，便于拆装。

对玻璃纤维方格布的质量要求如下：①织物平均，布边平直，布面平整呈席状，无污渍、起毛、折痕、皱纹等；②经密度、纬密度，单位面积质量，布幅及卷长均符合尺度；③卷绕在牢固的纸芯上，卷绕整洁；④迅速、良好的树脂透性；⑤织物制成的层合材料的干、湿态力学强度均应达到要求。

（2）玻璃纤维壁布

玻璃纤维壁布是指以玻璃纤维为原料，经不同纺织成形技术形成的用于壁纸的布料统称，采用的织物组织有平纹、斜纹，甚至提花组织。

玻璃纤维壁布的经纬纱形态粗细差异大。玻璃纤维壁布的纬纱是膨体纱，线密度为200～600tex。经纱为低捻玻璃纤维纱，线密度为30～300tex。与普通纬纱相比，膨体纱的纤维比较松散，与织机纬纱通道上的零件摩擦后产生毛羽多，纬纱体积大，储纬与普通织机相比有很大的区别。此类壁布纬密度比较小，纬密度一般为0.5～5根/cm。送经速度很快，经纱张力控制难度大，需要快速反应。由于纬密度很小，经纱细，纬纱粗，经纬纱交织摩擦力小，织好的布面经过卷取辊，到布卷很容易造成纬向移位，比织造方格布难度大。

（3）玻璃纤维网格布

玻璃纤维网格布以耐碱玻璃纤维网布为主，它采用无碱玻璃纤维纱（主要成分是硅酸盐，化学稳定性好）经特殊的组织结构——纱罗组织绞织而成，后经抗碱液、增强剂等高温热定型处理，广泛用于建筑物内外墙体保温、防水、抗裂等。

此类织物组织大多是纱罗组织，主要规格是 1.57～3.15 目/cm，一般在 0.787～6.299 目/cm。经纬纱是纱线密度为 70～300tex 左右的低捻玻璃纤维或无捻玻璃纤维，也有更粗的玻璃纤维纱。

由于采用纱罗组织，在织造时经纱易断。因为玻璃纤维怕摩擦，采用绞织时，经纱与织机部件之间的摩擦比较多，容易引起断经，绞织所选用的方法不同、器材不同，效果差异很大。目前很多织机是采用降低车速解决这些问题，这样影响了生产效率。纱罗组织经纬线交织点少，这一特点造成织造时容易产生纬向移位。

（4）玻璃纤维电子布

电子级玻璃纤维布的常用品种，也是用量最大的一个品种，国际上称为 7628 布，约占覆铜板用布的 75%。其次是一种被称为 7629 的布，其用量正在逐步增多。

玻璃纤维电子布的经纬纱比较细，经纬纱的线密度一般为 10～50tex，织物厚度小，有的甚至接近透明，一般为 0.015～0.21mm 之间。单位面积质量为 18～200g/m^2，纬密度一般在 10～20 根/cm。该类织物比较容易出现撕裂问题，并且，门幅窄，组织比较简单。该类玻璃纤维布基本上是平纹组织，门幅在 127cm 以下。

为了降低覆铜板用玻璃纤维布的介电常数，国外科研机构及生产厂家合作，一方面调整及改变玻璃成分，并取得了新的进展；另一方面通过改变玻璃纤维布的织物结构，降低覆铜板的吸湿性，从而达到改善印制电路板的介电性能的目的。国外这种新型织物结构的覆铜板用玻璃纤维电子布有两种。一种是经纱，由 Z 捻（即左捻）和 S 捻（即右捻）纱构成，其比例为（2～8）∶1，纬纱全部用 Z 捻纱或 S 捻纱。这种电子布的特性是内应力小，形变少，因而制成的印制电路板的翘曲现象明显减少。另一种是经纬纱全部或其中之一用未经加捻的纺织纱，再采用喷气织机织造。因为用无捻纱作纬纱时，喷气织机对纱的磨损小，且生产效率高。

（5）玻璃纤维滤布

膨体玻璃纤维过滤布，简称玻纤滤布，纬纱由膨化纱组成。该产品由于纱线攻蓬松，覆盖能力强，透气性好，因而可提高过滤效率，降低过滤阻力，除尘效率可达 99.5%以上，主要用于高温大气降尘以及回收有价值的工业粉尘等方面。

该类织物一般采用线密度 70～300tex 左右的低捻或高捻玻璃纤维纱，经纬密度 4～25 根/cm，织物的组织结构主要有平纹、斜纹、纬二重等。相对其他玻璃纤维织物来说，玻璃纤维滤布经纬密度比较大，打纬力也比较大，很容易产生织口外吐现象。

此类布织造时容易产生缩幅。当经纬纱捻度高、纬密度大时，织物容易产生缩幅。缩幅给织机织造带来了一系列的问题，如边经松，有导钩的织机容易产生边纱毛、断边经等问题。

3. 玻璃纤维机织系统

针对各种玻璃纤维织物的织造特点，研究相应的机械结构模块或机构模块来实现针对不同织物的织造，是玻璃纤维机织物的织造技术难题。

织造玻璃纤维布时为了提高效率，经常采用双幅或多幅织造，所以宽幅织机有较大的需求。

玻璃纤维剑杆织机设计的车速为 150～600r/min。玻璃纤维织物的织造车速跨度比较大。有些织物比较难做，要求织造车速比较低，如方格布、壁布等；有些织物相对比较好做，车速要求高，如电子布、滤布等。

引纬系统设计采用空间四连杆-齿轮机构驱动，无导钩碳纤维剑带或双导钩窄剑带方式引纬。为了增加打纬力，打纬系统设计一般采用共轭凸轮打纬，不同的凸轮廓线适应不同的打纬需求。

开口系统设计为多臂开口、提花开口、踏盘开口或平纹开口箱开口。不同的多臂凸轮适应不同的织机门幅，好处是减少边经的断头率。

送经系统采用伺服式电子送经。为了适应玻璃纤维经纱粗、储经容量大的需要，需要采用纱架储经，特别是均匀单根经纱张力的储经系统。为了控制大量经纱的张力均匀性，可设计并列双经轴、上下双经轴、前后双经轴、分离式上下双经轴等储经和经纱张力控制系统，进而满足织造多层织物的需求。这种设计也可以解决牵经车不够宽或头份数不够多的问题。

卷取系统设计采用伺服式电子卷取。纬密度为 0.5～50 根/cm，根据织物的不同可以采用不同的布面走向系统。为了解决玻璃纤维织物纬向容易移位的问题，一般采用全滚动式的布面走道系统，保证织物在卷绕过程中与织机无相对滑动。已有研究发现，滚动式织物输送通道对减少布面的纬向移位有极大的作用。织造时，织物引离织口后到达布卷的通道上，织物与织机上的零件有相对滑动，很容易产生纬线移位。一般织机上，支撑织口的托布板、开幅辊均与织物有相对滑动，不适合小纬密度玻璃纤维的织造。

纬纱张力控制系统根据织物产品的不同设计了普通储纬器储纬、膨体纱储纬两种控制系统。针对粗重玻璃纤维纱，漏斗式纬纱张力控制系统被用于代替储纬器储纬和纬纱张力控制。根据不同的纬纱选用不同的储纬方式和纬纱张力控制系统。

4. 玻璃纤维机织工艺特性

玻璃纤维织物品种繁多，各品种的织造难点差异很大，但归结起来有以下几方面的内容。

（1）玻璃纤维织物纬向移位

由于玻璃纤维与玻璃纤维之间的摩擦因数低、有些玻璃纤维织物经纬交织点少，经纬纱之间的握持力不够，在织机上或在机外卷装设备上很容易产生纬向移位，致使纬向玻璃纤维歪斜、弯曲，织物的经线与纬线不垂直，影响玻璃纤维织物的力学性能和外观。在玻璃纤维稀纬密织物的生产过程中，布卷成形质量控制是最棘手的难题，随着纬密度的降低、布卷直径的加大，卷装难度急剧上升。

此外，在卷布时还会出现布卷内的纬向移位，是由布卷成形过程中布层之间的相对滑动引起。由于织物不同，布卷在成形过程中布层之间的摩擦系数不同，布面的卷绕拉力不同，摩擦力也不同，布卷在布面的卷绕拉力、外层布对内层布的压力、布层之间的摩擦力作用下卷绕成形，一旦在卷绕过程中布层间发生打滑，布面就会发生纬向移位。

为了防止纬纱移位，一方面可改进玻璃纤维输送机构，织物引离织口后，通过一系列的转折位置，到达布卷，在各个转折位置上，均设计滚动式过渡辊实现布面运动方向的改变，其中的难点在于织口支撑结构的设计和开幅机结构的设计，可采用全滚动式的布面走道系统。另一方面，防止纬纱移位可以改进坯布卷取机构。玻璃纤维布层之间的摩擦系数是由织物的材质和组织结构决定的，布层之间的压力是由布面卷入时的张力决定，这是在织机上可控制的工艺参数，布卷的驱动方式可以改变布卷在卷布过程中的一些受力参数。通过感知布面张力控制布卷外表摩擦驱动的驱动速度，和通过感知布卷心轴的扭矩控制中心驱动速度相结合的驱动方式，防止发生在布卷内部的纬向移位。

（2）玻璃纤维的剪切工艺

普通剑杆织机的纬纱或废边的剪切，是采用两片硬质合金刀片相向运动剪切。玻璃纤维既硬又滑，在剪切粗纱玻璃纤维时，部分玻璃纤维很容易滑出刀口，造成纬纱剪不断现象，严重影响织机的正常运转和织造效率。对于细纱玻璃纤维，虽然不会出现纬纱剪不断，但由于刀片磨损太快，维护成本高，难以承受。有试验发现，聚氨酯材料具有一定的强度，且与玻璃纤维的摩擦系数比较大，与普通裁纸刀片配合剪切效果较好，而且成本低廉。

利用固定在刀臂上随刀臂在凸轮的驱动下运动的刀片向固定在剪刀座上、

采用聚氨酯材料制作的刀垫运动形成刀口，并利用刀垫两侧的纬纱定位片定位纬纱，实现纬纱剪切。利用固定在刀臂上随刀臂在凸轮的驱动下运动的聚氨酯刀垫向固定在剪切座上的刀片相向运动形成刀口，实现废边剪切或开幅剪切。

（3）布面起皱

在织造薄型玻璃纤维电子布时，布面很容易起皱。在卷取辊上布面受纵横两个方向的力同时作用，以便维持布面平整包覆在卷取辊表面，在织造过程中，玻璃纤维的断裂伸长量小、弹性差，致使玻璃纤维在每一次引纬循环中经纱张力变化剧烈，在开口时，机上的经面玻璃纤维和布面均紧绷，而在综平时经面与布面处于松弛状态。当布面松弛时布面与卷取辊上横向摩擦力太小，引起布面起皱。为了缓解这种起皱，一方面可通过改变卷取辊表面的包覆材料均衡开口引起的经纱张力，另一方面也可以采用积极式经纱张力调节器在综平时回调张力，从而解决布面起皱问题。

（4）玻璃纤维储经和退解工艺

对于比较细的玻璃纤维经纱，采用经轴储经，与普通的面料织造系统相同，可以借鉴普通面料织机上运用的通用技术。

对于无捻度的玻璃纤维粗纱，如织造方格布时，经纱一般达到600～4800tex，工艺要求采用经架储经，又由于是平行单丝不加捻并合而成的集束体，玻璃纤维表面摩擦后容易起毛，为了降低单丝断裂起毛，在整个经纱输送过程中尽量减少玻璃纤维纱线与自身筒子的摩擦、玻璃纤维纱与机械零部件之间的摩擦，可采用纱线从芯部无张力退解的方式，并采用匀经机构来保证片纱张力的均匀，而且需要在送入织造之前尽量减少摩擦环节。

（5）玻璃纤维储纬和退解工艺

对于玻璃纤维细纱，一般有少量捻度，可以采用普通的储纬器储纬，确保纬纱张力基本恒定，符合织造需求。

对于粗重玻璃纤维纱，如方格布中的纬纱，大网眼网格布中的纬纱，纬纱既粗又重，一般无法用储纬器工作。从筒子直接退解出来的纬纱张力均衡性很差，一般的张力器只能增加张力，不能对纬纱张力起到均衡作用，所以产品质量较差。粗重玻璃纤维纬纱均采用纱线从筒子芯部开始退解的方法，几乎无退解阻力。经试验研究发现，纬纱的张力是靠快速退解过程中纬纱的气圈所形成，气圈的大小与引纬速度的快慢有关系，引纬的速度是变化的，气圈的大小也在变化，纬纱的张力变化很大，合理有效地控制退解气圈的大小，可以很好地均衡纬纱张力，满足织造需求。

针对粗重纬纱，无法采用储纬器储纬的问题，有研究提出采用具有圆柱面和圆锥面组合的玻璃纤维退解气圈限位器，可有效地均匀粗重玻璃纤维纬纱在退解过程中的张力。在圆柱面上，去除部分型面，形成一个储存备用纬纱筒子的空间，并采用张力器配合，控制纬纱张力的大小。

（五）玻璃纤维经编制品

玻璃纤维一般被加工成经纬交织的机织布，充分发挥其高强度高模量特性。但是，玻璃纤维纱线的弹性、延伸性较差，弯曲刚度高，而且玻璃纤维的动态摩擦系数较大，易摩擦受损，这致使玻璃纤维不易弯成圈状以及在退圈和套圈时线圈不易扩张。简单来说，玻璃纤维的编织性能是：易损伤，不易成圈，不易编织，作为编织材料局限性很大，对编织工艺和机件要求高。

1. 玻璃纤维纱线的可编织性

为了考察玻璃纤维原料在经编成圈时的特性，首先测试纱线的拉伸性能。针对 EC8-25×3Z110 无碱玻璃纤维股纱，线密度为 75tex(25tex×3)，纱线捻度为 110 捻/m，单纤直径 8μm，参照 GB/T 7690.3—2013《增强材料 纱线试验方法第 3 部分：玻璃纤维断裂强力和断裂伸长的测定》进行断裂强度的测试，测试结果如表 5-3 所示，并与普通纱线进行了对比。试验结果证实，相对于涤纶长丝和涤/棉混纺纱，玻璃纤维纱线的断裂强度明显高得多，但断裂伸长率远远低于普通纱线，延伸性比较差。

表 5-3 玻璃纤维纱线与普通纱线的单向拉伸断裂强度对比

纱线种类	线密度/tex	断裂负荷/cN	断裂伸长率/%	断裂强度/(cN/tex)	断裂时间/s
玻璃纤维股纱	75	3743.5	2.2	49.9	1.8
涤纶长丝	16.7	543.3	19.1	32.6	10.3
涤/棉混纺纱	26	399.7	12.0	15.4	5.9

鉴于玻璃纤维在编织时需要承受反复的钩拉，需要考察玻璃纤维纱线在经编机舌针作用下的断裂性能，纱线的钩接拉伸性能测试在单纱强力机上完成。以单纱强力机的夹头夹持舌针，纱线试样绕过针钩，以上夹头夹持纱线的两尾端。试验所选用的 2 种织针针头直径分别为 0.5mm 和 0.3mm。试验结果见表 5-4。

表 5-4 玻璃纤维纱线与普通纱线的钩接强度对比

纱线种类	针头直径 0.5mm		针头直径 0.3mm	
	钩接强度/(cN/tex)	断裂伸长率/%	钩接强度/(cN/tex)	断裂伸长率/%
玻璃纤维股纱	42.6	1.2	33.7	0.7
涤纶长丝	31.5	18.2	30.7	17.3
涤/棉混纺纱	16.2	11.2	14.9	5.6

对比分析表5-3和表5-4的结果不难发现：就断裂强度而言，玻璃纤维纱线的钩接强度明显低于单向拉伸时的，且针头直径越小强度越低，大针头直径和小针头直径的钩接强度分别是单向拉伸断裂强度的85%和67%；就钩接强度而言，玻璃纤维纱线的钩接强度明显低于单向拉伸时的，且针头直径越小而强度越低，大针头直径和小针头直径的钩接强度分别是单向拉伸断裂强度的85%和67%；就断裂伸长率而言，钩接断裂伸长率明显降低，约降低45%。但是，就普通纱线而言，涤纶长丝、涤/棉混纺纱的断裂强度和断裂伸长率几乎没有变化。在试验中还注意到另一种有意义的现象，涤纶长丝、涤/棉混纺纱的断裂点处于针钩和上夹头之间，而玻璃纤维纱线的断裂点全部发生在针钩处。以上结果说明，虽然玻璃纤维纱线强度高，但由于其模量高、脆性大，在弯曲和扭折时易发生断裂，且断裂难易程度随弯曲的曲率半径变化而变化。

2. 玻璃纤维纱线的整经

玻璃纤维纱线的性能与普通服用纱线有较大差异，经轴的质量直接影响到织物在经编机上能否顺利编织，在整经时应注意以下问题。

① 为了防止纱线滑脱、缠绕的现象，往筒子架上纱时一方面不摘掉筒子的塑料包装袋，同时设计专门纱线退解装置控制纱线。纱线滑脱、缠绕是因为玻璃纤维与金属材料的摩擦因数较高，但纱线与纱线间的摩擦因数并不高，在退绕时易出现多圈纱线一起从筒子上滑脱的现象。

② 由于玻璃纤维纱线的脆性和钩接强度低，在集丝板和分纱箔处纱线承受不同程度的摩擦和弯曲，经纱易出现断头，在纱线断头时不宜采用织布结和筒子结，应采用大接头的打结方式，以便增加接头处的纱线弯曲曲率，小接头容易断纱。

③ 由于所织织物往往用于复合材料基体，其织物要与树脂进行复合。为了便于后续复合工艺，常用硅烷偶联剂处理所用的玻璃纤维股纱，故在整经时不能采用普通纱线整经时的上油、上蜡以及柔软处理等辅助工艺。

④ 与普通纱线整经张力要求一样，整经张力均匀适中。在整经过程中，需要调整筒子架上的张力装置，保证经纱之间张力均匀、大小适中，避免经纱张力大幅波动，造成在织造过程中容易断头。在整经时经纱断头率一般不会随着提高纱线张力而增大，但纱线与导纱部件之间的摩擦将随着纱线张力增大而加大，使纱线表面起毛，摩擦导致的玻璃纤维起毛在各个工序中都需要注意。

⑤ 在一般整经机上整经时，整经速度应低于化纤长丝等普通纱线的整经速度，速度提高，经纱断头率增加。

3. 编织工艺

（1）不同机型对玻璃纤维成圈编织的影响

采用复合针特里科经编机和舌针拉舍尔经编机分别编织 2# 玻璃纤维纱。结果表明，玻璃纤维在复合针特里科经编机上可以顺利编织且布面质量良好。

从织物的牵拉角度来看，特里科经编机的牵拉角约为 90°，拉舍尔牵拉角约为 170°。同等牵拉力状况下，特里科织针受力大，纱线与织针的摩擦加大，且玻璃纤维的弯曲角度较大，因此，一般认为特里科机器更易造成纱线损伤。但特里科经编机可以在较松的牵拉力甚至没有牵拉的状况下编织，而拉舍尔机必须有足够大的牵拉力才能保证纱线顺利成圈。持续较大的牵引力会使已弯曲成圈的玻璃纤维折断，导致起毛现象加重，严重时甚至会出现断纱。

而经编单梳织物生产时，一旦断纱，织物就难以成形，因此，仅从牵拉角度看并不能完全确定哪种机型更适合玻璃纤维纱成圈编织。

从成圈机件的机构来看，拉舍尔机型采用舌针、沉降片、栅状脱圈板。舌针成圈过程中针舌的开启和闭合依靠线圈的上下滑动来实现，在此过程中已成圈的玻璃纤维纱受到较大的磨损，且于圈弧处出现玻璃纤维的集中断裂，这证实了舌针针舌损伤纱线的推断。特里科经编机采用复合针、沉降片，复合针针芯与针身配合通过机械控制，比舌针成圈过程中针舌的开启和闭合要准确稳定，有助于减少纱线在弯曲状态下的磨损。其次，特里科沉降片在成圈过程中有握持和牵拉作用，纱线与其接触点有两个，而拉舍尔沉降片要与栅状脱圈板配合才能对纱线握持，与纱线的接触点达到三个。并且，特里科沉降片与纱线的接触点少于拉舍尔沉降片，也使得摩擦概率减小、磨损少。最后，特里科经编机复合针在成圈中移动动程小，在确保织物布面质量的基础上，机器可达到更高运行速度。

从送经装置和路径来看，国产 286 型双针床拉舍尔经编机采用定长送经辊装置。罗拉辊表面包有摩擦系数很大的包覆层，防止纱线打滑，这样纱线可带动经轴转动，但是这样经纱所受张力大且纱线间歇式送出，使得纱线引出后有损伤。而且，拉舍尔送经路径长，由于纱线捻度不稳定，有退捻趋势，为保证纱线之间不缠结、纱路清晰，在长的送经路径下需加大纱线张力。此外，纱线张力大将导致纱线与接触件之间的磨损加剧，编织时断纱的可能性增加。特里科采用 FAG 机械式送经，省却了中间的传动机构，纱线通过经轴主动回转送出，实现连续恒定送经，且经纱路径短、张力均匀，有利于玻璃纤维纱的顺利织造。

（2）浸润剂对玻璃纤维成圈编织的影响

浸润剂对于玻璃纤维纱线既有润滑作用又有集束作用，还能改变玻璃纤维的表面状态，因此，选用合适的浸润剂可以大大减少玻璃纤维纱在纺织加工过程中的磨损。

对于采用硅烷型浸润剂处理后的玻璃纤维纱，硅烷偶联剂的作用在于修补玻璃纤维表面的裂纹，提高玻璃纤维的强度；采用淀粉型浸润剂处理的玻璃纤维纱，该浸润剂对玻璃纤维集束保护作用好，可减少生产过程中玻璃纤维的磨损。后者在编织过程中断纱少，所成织物布面平整，毛丝极少。因此，如果仅从有利于成圈编织的角度考虑，淀粉型玻璃纤维优于硅烷型玻璃纤维。但是，淀粉型玻璃纤维上涂覆的浸润剂妨碍了纤维与基体之间的复合，因此使用之前还需要经过热清洗和前处理将纤维表面的浸润剂除去，再经偶联剂处理才能达到良好的黏合。

（六）玻璃纤维三维机织物

目前以玻璃纤维为原料制成的传统三维织物在建筑材料、保温材料、装饰材料、过滤材料方面都有着广泛应用，但主要为多层玻璃纤维布相互粘连的成形方式，这类产品所受外力达到一定强度时层间界面容易出现损坏。三维立体玻璃纤维织物是在两层机织物中间编织了不同结构的基础组织，层与层之间通过这些基础组织进行连接，改善传统玻璃纤维三维织物层间强力差这一缺陷，使玻璃纤维产品具有更好的抗冲击和抗剪切性能，在产业应用方面前景极其广阔。

1. 圆形截面三维机织物

（1）原料选择

试验原料选用无碱玻璃纤维，其各项性能指标见表 5-5。

表 5-5　无碱玻璃纤维的性能测试结果

性能	数值
密度/(g/cm^3)	2.45
断裂模量/MPa	835
弹性模量/GPa	60
断裂伸长率/%	1.38

（2）织物规格设计

织物规格见表 5-6 所示。在织制时，分别采用 1200tex、900tex 和 600tex 的玻璃纤维作经纱，而纬纱和垂纱均采用相同规格的纱线及密度。经计算，采用 1200tex、900tex 和 600tex 的玻璃纤维作经纱所织制的圆形截面三维机织物的经向（轴向）纤维体积比分别为 20%、30%、40%，而垂向纤维体积比均为 7.5%，纬向（周向）纤维体积比均为 12%，总纤维体积比分别为 39.5%、49.5%和 59.5%。

表 5-6 圆形截面三维机织物的规格

项目	参数	项目	参数
直径/mm	1	垂纱根数/根	16
经纱层数/层	4	垂纱规格/tex	600
单层经纱根数/根	16	纬纱规格/tex	1200
总经纱根数/根	64	纬纱密度/(根/cm)	24

2. 字形三维立体织物

(1) 原料选择及织物设计方法

字形三维立体织物选用的玻璃纤维为无碱玻璃纤维，其密度为 $2.5g/cm^3$，断裂强度为 850MPa，弹性模量为 60GPa，断裂伸长率为 1.4%，此材料具有较强的抗拉伸性能。图 5-5 为玻璃纤维与普通纺织纤维的应力-应变曲线对比。由此可见，玻璃纤维具有良好的高强度低拉伸性能。

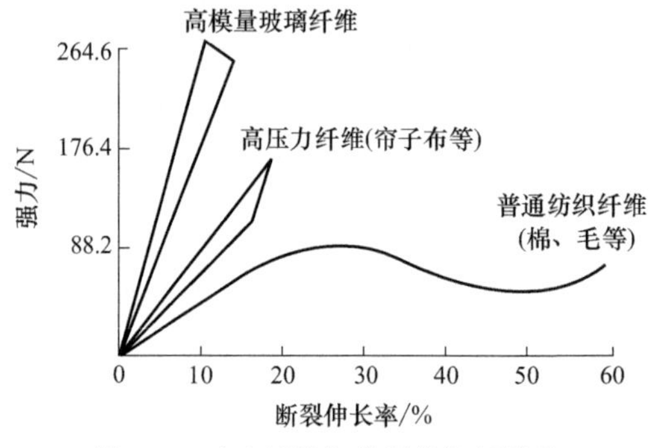

图 5-5 玻璃纤维与普通纺织纤维的应力-应变曲线对比

试验采用的设计方法为“压扁-拉伸法”，此方法可以织造多种字形的三维立体织物，如 T 形、“十”形、“工”形、“日”形、“田”形、“目”形。此处试织的字形为改良组织设计后的“土”“王”“目”三种字形织物。此方法流程较短，且可以在普通织机上生产，具有比较广泛的推广价值。其主要设计步骤如下。

① 三维结构的压扁　将所设计的三维立体结构进行充分的压扁，使它可以在普通织机上进行织造。

② 引纬路径的优化　根据设计好的压扁图，确定并优选织造该三维织物的引纬路径组合，保证各组成部分均符合织品及可连续织造为一个整体的要求。

③ 织造说明书的制订　按设计要求添入各层织物的组织绘件上机图和相关的开口引纬等运动的说明，截面图的形状与尺寸设计取决于三维复合材料预

制件的要求，但为了便于织造，其尺寸应使压扁后的织区数和各区的层数最小。

以下为设计中的三个要点。

① 各区层数保持一致　压扁图中层数沿宽度方向变化，则各织区织入的纬纱数随之变化。相邻织区的层数差异增大，则连接处纬密度趋向减小，这将会影响层与层交接处的连接牢度，为此应尽量使压扁后各织区的织物层数一致。

② 上机综框和上机穿筘数　截面压扁后的织造上机图分成几个织区，每个区所需要的综框数为区内的织物层数与组织经纱循环的乘积，各区之和便为织造该三维织物所需要的总的综框数，具有相同层数和组织的织区不得重复计算。因各织区织物层数，所以不同上机经密度不同，层数多的，经密度大，筘穿数大，故各区的筘穿数随织区内层数变化而变化。

③ 织区总经根数的计算　整经根数与总经根数的计算方法：

$$m_{ij}=R_j L_i N_i \tag{5-1}$$

$$m_j=\sum_{i=1}^{n} m_{ij}=\sum_{i=1}^{n} R_j L_i N_i \tag{5-2}$$

式中，m_{ij} 为每个织区整经根数；R_j 为织物基础组织的经纱根数；L_i 为每个织区包含的组织层数；N_i 为每个织区完全组织循环次数；m_j 为总经根数；n 为织区数。

（2）上机试织和织物性能测试

对无碱玻璃纤维长丝进行了简单的上浆处理，采用丙烯酸类共聚浆料，上浆工艺掌握原则为强集束、匀张力、小伸长、低弹性、低回潮率和低上浆率。

试织采用国产 SU111 全自动剑杆样机，此样机门幅较窄，因为动程较小（在 40cm 左右），比较适合试织玻璃纤维制品。试织过程中应该注意以下要点。

① 分绞棒位置　分绞棒高低和前后位置是决定后梭口形式的关键。剑杆样机上分绞棒前后位置有两挡，长丝和 7.3tex 以下的高支织物用后一挡，所以试织玻璃纤维应调节至后一挡。

② 经线位置　不同经线位置开口时，上下层纱线的张力不同，由于玻璃纤维的断裂伸长率极小（小于 1%），因此应避免上下层纱线张力差异过大，否则会造成开口不清。

③ 开口角选定　为了保证剑头进梭口时梭口清晰，出梭口时经纱对梭头压力足够小，选定开口角为 280°，最大开口高度在 8cm 左右。

（3）结论

采用“压扁-拉伸法”配合不同的组织设计，选择合适的引纬路径，可以使织造需要的综框数减少，从而降低织造难度，保证在剑杆样机上顺利织造。只有经过上浆后的玻璃纤维才体现出良好的可织性。

三维机织物中由于层间由基础组织来连接，配合玻璃纤维高强度和低伸长率的性能特点，所以相比普通二维织物有更强的层间强度和更稳定的组织结构。

三维立体织物力学性能受纤维体积含量因素影响很大，加大织物密度来提高纤维体积分数可进一步提高织物力学性能。所以在整个织造过程中应优化组织设计，严格控制工艺参数，减少张力波动和纤维之间的相互摩擦，从而提高织物性能。

3. 织物参数对纤维体积分数的影响

（1）经纬纱粗细比对纤维体积分数的影响

随着经纬纱粗度比的增加，经纱和织物的纤维体积分数逐渐增加，而纬纱的纤维体积分数逐渐减小。纤维体积分数在比值小时变化较快，而当比值较大时，纤维体积分数的变化较缓慢，比较经纱和纬纱的纤维体积分数变化曲线发现：当经纬纱粗度比小，即构成织物的经纱细、纬纱粗时，经纱的纤维体积分数小于纬纱的体积分数；而用较粗的经纱和较细的纬纱构成的织物，经纱的纤维体积分数大于纬纱，实际试织的织物即为这种情况。因此，调整经纱、纬纱的粗细，可以改变经纱、纬纱的纤维体积分数。经纱和织物的纤维体积含量都随比值的增加而增大，说明经纱对织物纤维体积分数的影响大于纬纱。

（2）经纱、纬纱间距比对纤维体积分数的影响

经纱、纬纱间距的比值反映的是纬纱密度与经纱密度的比值。当经纱与纬纱的间距比小，即经纱密度大而纬纱密度小时，经纱的纤维体积分数大于纬纱，且随着间距比的增加，经纱、织物的纤维体积分数逐渐减小，纬纱的纤维体积分数逐渐增加。

（3）捆绑纱对纤维体积分数的影响

随着捆绑纱粗度的增加，除了捆绑纱的纤维体积分数呈线性增加以外，经纱、纬纱和织物的纤维体积分数都呈减小的趋势，这说明捆绑纱的引入降低了纤维体积分数。正交机织物不适合采用粗的捆绑纱，以免对经纱、纬纱和织物的纤维体积分数有显著影响。但经纱、纬纱和织物的纤维体积分数变化较为缓慢，在小范围内调整捆绑纱的粗度所引起的纤维体积分数的变化不大。

三、覆膜滤料

玻璃纤维覆膜滤料是20世纪90年代后期研究开发的产品，是在经特殊配方表面处理的玻璃纤维基布上覆合多微孔聚四氟乙烯薄膜制成的新型过滤材料。它集中了玻璃纤维的高强低延、耐高温、耐腐蚀等优点，以及聚四氟乙烯多微孔薄膜的表面光滑、憎水透气，化学稳定性好等优良特性，几乎能截留含尘气流的最大通量，是理想的烟气过滤材料。以玻璃纤维织物（织造或非织造织物）为基体，将膨化微孔聚四氟乙烯（ePTFE）膜在高温热压作用下，与玻璃纤维表面结合形成具有一定透气性的玻璃纤维覆膜滤料。图5-6为覆膜滤料生产流程，主要有基体织物及预处理、ePTFE膜制造、热压覆膜和滤袋缝制等工序。

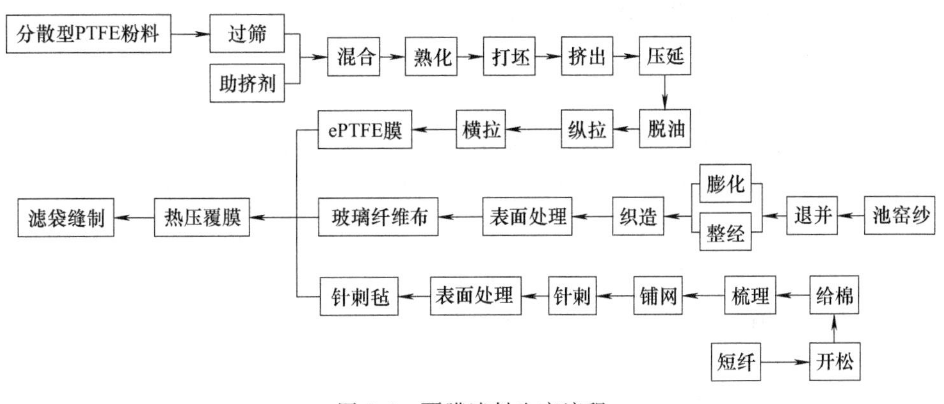

图5-6 覆膜滤料生产流程

（一）基体织物的制备

1. 基体织物介绍

采用玻璃纤维织物作为覆膜滤料基体，有膨体纱机织布和针刺毡，覆膜滤料对玻璃纤维织物平整度要求高，后处理及覆膜时不起皱。

针刺毡有玻璃纤维针刺毡、化纤毡及玻璃纤维与化学纤维的复合毡。化学纤维毡采用聚酯、聚丙烯、聚甲基丙烯酸甲酯（亚克力）、聚苯硫醚（PPS）、聚四氟乙烯、间位芳香聚酰胺（美塔斯）、聚酰胺芳纶、聚酰亚胺等，复合毡是采用玻璃纤维和化学纤维等两种以上纤维制备的复合织物。复合毡可发挥各种纤维的性能优点，起到取长补短的作用，如在玻璃纤维面纱中加入一些化学纤维可提高网片纤维之间的抱合力，减少断网的情况发生，改善针刺毡的均匀度。

2. 基体织物预处理

为提高玻璃纤维覆膜滤料的滤尘性能，包括强力、耐热、阻燃、抗腐蚀等方面的性能，防止因挠曲引起纤维断裂，提高滤料的粉尘剥离性，玻璃纤维织物在覆膜前需要表面改性处理，形成性能优异的界面层，在赋予其优良的耐腐蚀性能和力学性能的同时，改善其与 ePTFE 极惰性树脂材料的结合能力，从而提高覆膜织物的综合性能。表面改性处理方法有前处理法和后处理法两种。

（1）前处理法

采用增强型浸润剂，将改性处理剂直接加入拉丝浸润剂中，以使偶联剂等在拉丝过程中直接涂覆在玻璃纤维表面。用这种原丝织成的布，称为前处理布。采用这种前处理法的优点是可以省去复杂的后处理工艺及设备，纤维强度也不会有较大的损失。但是，这种方法目前还难于同时满足拉丝、退并及织布等各道工序的严格工艺要求，技术难度较高，尚未大量推广，仍处于探索、研究阶段。

（2）后处理法

后处理法是目前玻璃纤维行业常用的方法。凡是采用淀粉型或其他纺织型浸润剂涂覆的玻璃纤维原丝（或布），在制成最终产品前都要进行表面处理。这种界面改性方法基本上分两步进行：第一步是纤维表面涂覆的拉丝浸润剂的脱除预处理；第二步是浸渍含有偶联剂 PTFE 乳液进行表面改性处理。

浸润剂的脱除预处理通常采用连续热清洗、连续水洗、分批焖烧等方式，以清除涂覆在每根单纤维上的浸润剂及涂覆在布面的浆料等有机物，得到可供进一步改性用的洁净玻璃纤维表面。涂覆偶联剂的织物还需在表面浸渍不同的高分子聚合物，以增加玻璃纤维的化学稳定性，保证长期处于高温状态的玻璃纤维覆膜滤料具有较高的黏合度，在酸性或碱性环境中其强度、耐折、耐磨等性能不受影响，改善玻璃纤维的挠曲性，提高滤料表面的憎水性，使其具备抗结露能力。针对不同的工况，有多类型涂覆配方，如通用型的硅油-石墨-聚四氟乙烯配方（PSI）、钢铁工业高炉煤气用配方（FS2）、通用型耐酸配方（RH）、水泥工业用抗结露配方（FCA）等。

（二） ePTFE 膜的制备

覆膜滤料中真正起到过滤作用的是滤料表面的 ePTFE 膜，织物基体起到支撑作用，因而 ePTFE 膜的制备至关重要。ePTFE 膜是采用聚四氟乙烯分散树脂，经预混、挤压、压延、双向拉伸等特殊工艺制成，利用聚四氟乙烯微孔膜独特的结点原纤性、表面光滑、耐化学物质、透气不透水、透气量大、阻燃、耐高温、抗强酸碱、无毒等特性，可用于大气除尘、空气净化等。该膜所制成的产品过滤效率高（可达99.99%），运行阻力低，过滤速度快，使用寿命长，可重复使用，从而降低运行费用。主要用于化工、钢铁、冶金、炭黑、电力、水泥、垃圾焚烧等各种工业熔炉的烟气过滤。聚四氟乙烯过滤膜孔径可控制在0.2～15μm，孔隙率达85%以上。

ePTFE薄膜生产流程如下。

（1）打坯

打坯的目的是除去拌入溶剂油后树脂颗粒间的空气，使树脂颗粒间结合紧密，增大树脂颗粒间的黏合力。打坯的影响因素为加料不均匀引起的密度差，密度差会导致薄膜破裂。打坯压力和时间与制品的收缩率、外形尺寸、力学性能有关。

（2）挤出成形

挤出成形也叫作柱塞挤压，ePTFE借助于柱塞将物料推出棒状坯体。推挤的压力、速度影响料棒的形状；模具的形状、大小对料棒中颗粒排布、纤维初步形成有着至关重要的作用。

（3）压延

压延是将挤出的棒状材料制成膜状，便于其后拉伸。影响因素：压延辘的速度快慢与基础膜的幅宽成正比；收卷时的张力能有效控制膜面上的褶皱；限位器的尺寸和位置对制品的均匀性起决定性作用。

（4）脱油

脱油阶段在高温下将基础膜中的溶剂油除去。影响因素：张力调节控制基础膜面在该阶段不出现褶皱；溶剂油残留破坏制品微观结构；温度不必过高，保证油剂挥发即可。

（5）纵向拉伸

已脱油基础膜通过牵伸罗拉之间的相对速率实现拉伸。纵拉后的基础膜称为基带。影响因素：拉伸倍率对膜的厚度、透气的影响；拉伸度和速率影响膜孔径大小、孔隙率。ePTFE的拉伸温度应控制在ePTFE的玻璃化转变温度与熔点之间，高分子链只有在高于玻璃化转变温度时才具有足够的活力，能够从无规线团状态拉开，拉直。温度的提高对于纵拉基带的孔隙率的提高具有积极的影响。升高温度有利于基带的纵向拉伸，但温度过高会导致拉伸过程中基带的强度下降，基带易被拉断。温度过低，使得分子链活性降低，也会导致基带被拉断。所以选择合适的纵拉温度是保证纵拉能够顺利进行的关键。

（6）横向拉伸

将经过热处理的基带放入扩幅设备的铁镇上，通过调节两端铁镇的距离实现横向扩幅。其中，运行速率影响膜面结构，温度影响结晶度，风量能够有效控制外观，不出现疵点、刮擦等；横向拉伸过程中定型温度很重要，定型温度越高，薄膜的强度越高。

在 ePTFE 膜的制备过程中，压缩比是非常重要的参数，它与 ePTFE 膜产品质量息息相关。压缩比与膜的机械强度成正比，与透气率成反比。压缩比增大，有利于提高膜的强度，但透气率降低，如何选择合适的压缩比是关键。拉伸倍率决定 ePTFE 膜的外观和透气性。压缩比和拉伸倍率是衡量薄膜性能的重要指标。拉伸倍率包含纵向拉伸倍率和横向拉伸角度，这两者的相互匹配性也十分重要。

制备 ePTFE 膜用聚四氟乙烯树脂分子量越高，强度越高，薄膜孔隙率越高；同时对物料的拉伸倍率就越大，对工艺的要求度越高。用于制备拉伸微孔膜的 ePTFE 分子量最好不小于 6×10^6。如部分国外公司制备薄膜所使用的杜邦料，分子量大，加工范围广，薄膜的性能较优越，但是对工艺的要求较高。

（三）热压复合覆膜

玻璃纤维覆膜滤料的复合工艺一般分为高温热压复合和黏结剂法复合两种。黏结剂法复合是采用合适的黏结剂在玻璃纤维织物和膨化微孔聚四氟乙烯薄膜之间交联固化使二者连成一体。其最大的缺点是复合强度差，特别是在高温烟气过滤过程中，黏结剂易老化变脆或者熔化，ePTFE 膜就会与玻璃纤维织物脱落而分离。另外，黏结剂的存在，堵塞了 ePTFE 膜的部分微孔，从而使玻璃纤维覆膜织物透气性变差，无法满足大型袋滤器风量大、寿命长的使用要求。高温热压法复合技术要求高、难度大，国外公司都采用此法。其成形原理是：先用聚四氟乙烯对玻璃纤维织物进行表面化学处理；然后与微孔聚四氟乙烯薄膜一起在高温热压复合机中经过一对高温热压辊，使玻璃纤维织物和膨化微孔聚四氟乙烯薄膜在高温高压下复合成一个整体。这样生产的玻璃纤维覆膜滤料复合强度高、透气性能好，高温下不会出现脱膜或者微孔堵塞现象，其使用寿命可大大延长。因此，采用高温热压复合技术是玻璃纤维覆膜滤料生产的最佳选择和必然趋势。高温热压覆膜的难点是对复合加工工艺有较高的要求。

1. 高温热压复合中的温度控制

高温热压复合工艺的温度控制尤为重要，要求快速、稳定的加热系统实现加热温度的迅速提升，并通过热量均衡系统控制温度的变化率，使温度变化控制在±1℃/m。

2. 压力控制

采用精密压辊间隙调整装置，实现压辊间隙的实时自动调整，确保薄膜上压力均匀一致，避免压力过大引起的孔隙堵塞问题和压力过小引起的复合不牢问题。同时采用专用导膜系统，确保导膜辊与退膜辊、加热辊之间的双切线定位，实现膜和织物接触时与加热辊成线接触。

3. 张力控制

由于除尘滤料的 ePTFE 膜很薄（0.001～0.03mm），膜材的微小张力差异都会引起膜材与基材的收缩率差异，使制品表面起皱起泡，导致制品功能失效。为了尽量减少膜材在运行过程中的张力波动，采取实时监控膜材张力变化，并通过反馈式数字张力控制系统实现膜材张力精密控制，确保膜材张力差异不超过 0.5%。

（四）滤袋缝制

滤袋缝制是成品滤袋打包出厂前的最后一道工序，能够将处理好的滤料裁剪成一定的形状，然后缝制成筒形、扁形或是异形的滤袋。

缝制工艺对滤袋使用的影响，主要体现在滤袋与笼骨的尺寸配合、滤袋缝合的牢度和易损位置的加强层上。

使用中的滤袋磨损发生在袋口、袋身、袋底和滤袋内侧。下部袋身的磨损是多孔板变形、多孔板间距过小、袋笼变形、滤袋过长等，使相邻的滤袋距离过近，互相摩擦造成的。滤袋内侧磨损是由袋笼外径和滤袋内径相差过大，或滤袋过长造成滤袋清灰和过滤时动作过大，或笼骨锈蚀磨损造成的。在易损部位增加加强层对减轻磨损有很大的帮助。对余量的控制可以减轻袋身和袋底的摩擦。使用质量好的缝线和牢固的缝制使滤袋能够承受烟尘的冲刷，因此除滤料本身的性能外，好的缝制技术也会对滤料的使用产生很大的影响。

滤袋缝制技术关键点有以下六个方面。

（1）尺寸余量的控制

对于玻璃纤维覆膜滤袋与笼骨需要紧密配合，因为玻璃纤维不耐折，过大的余量会引起大的清灰幅度，从而降低滤袋的寿命。但是玻璃纤维滤袋与笼骨间又需要留有一定的余量，便于安装和清灰。

（2）搭接宽度的控制

搭接宽度影响滤袋与笼骨的间距。宽度的不均匀，尤其对玻璃纤维覆膜滤袋这样的紧密配合，影响比较大。

（3）缝筒直线度的控制

滤袋的长度为 2～8m，在缝制长袋袋筒时，如果搭接两端的前进速度没有保持一致，缝到袋底时，就会出现袋筒搭接两端不平齐的情况。

（4）针距

在国标和行业要求中都规定了滤袋缝线的针距。行业内规定是缝筒和底在10cm内的针数应为25～30针，缝头为22～28针。针距过稀不美观，同时会影响产品的使用效果，造成透灰或强度不够而被撕裂。针距过密，会破坏滤料的纤维层。

(5) 缝线的质量

滤袋缝线的材质应选择与滤料材质相同或主要性能指标等同或优于滤料同材质的缝线，其强度大于27N，玻璃纤维缝线强度大于70N，PTFE缝线强度大于20N。

(6) 跳线、断线和掉道

滤袋的纵向缝线必须牢固、平直，且不得少于三条。滤袋袋口的环状缝线必须牢固且不得少于两条。滤袋袋底的缝线允许单线，但必须缝两圈以上。对于滤袋的出厂，外观上要求无疵点、无破洞、无油渍。缝线内跳线不超过1针、1线、1处，且无浮线，无掉道。

（五）覆膜滤料应用

滤料是袋式除尘器的核心部件，关系到袋式除尘器的运行效果和使用寿命，传统滤料依靠建立“一次粉层”作为初始滤物层来达到过滤的目的。这就是通常所说的“深层过滤”。这种过滤方式随着滤料使用时间的增加，系统阻力增大，滤料表面的粉尘会在气流压力的作用下不断渗入滤料，使阻力进一步加大，透气性迅速下降，最终导致粉尘过量排放。覆膜滤料是基于粉尘层有利于过滤的理论，在滤料的表面覆上一层ePTFE微孔薄膜，由于薄膜的孔径远远小于所用基材的孔径，覆膜滤料利用这层薄膜过滤烟气中的尘埃颗粒，在过滤一开始就会积附在透气性很好的薄膜表面，从而实现了与传统滤料的深层过滤不同的表面过滤。与传统滤料相比，覆膜滤料具有的优势为：①实现表面过滤，收尘效率高；②表面过滤易清灰，除尘阻力低且稳定；③实现低压、高通量的连续过滤；④使用寿命长，运行成本低。

覆膜滤料的重要性指标有过滤效率、过滤压降和使用寿命。我国覆膜滤料性能已能够达到国外同类产品水平。近年来，国产覆膜滤料已经在化工、冶金、电力、水泥等领域广泛应用。

四、镀金属玻璃纤维制品

化学镀是指无外加电源，金属离子在还原剂的作用下，通过可控制的氧化还原反应在具有催化活性表面的镀件上还原成金属，并在镀件表面上获得金属沉积层的过程，也称自催化镀或无电镀。催化剂一般为钯、银等贵金属离子。

化学镀技术是非金属材料表面金属化的主要途径，在非金属材料表面沉积金属及其合金，通过改变镀层合金的种类和含量可实现多种功能化。化学镀玻璃纤维具有良好的电磁性能，成本低，易与基体树脂结合，在电磁屏蔽方面具有很好的应用前景。

在化学镀前先对玻璃纤维进行前处理，增加玻璃纤维表面的活性位点，在其表面附着一层有催化活性的金属钯粒子，使化学镀工艺更容易进行。化学镀单一金属及合金的种类较多，除了单一的化学镀镍以外，众多学者还研究了在玻璃纤维表面复合镀工艺，如化学镀 Ni-P、Ni-P-B、Ni-Fe-P、Ni-Co-P、Ni-Co-Fe - P、Ni-Co-Fe-La-P、Ni-Fe-W-P、Ni-Cu-P、Ni-Fe-W-P、Ni-Mo-P、Ni-Sn-P 等。复合化学镀可以有效改善镀层的稳定性，抑制镀层起泡脱落，同时合理的复合化学镀工艺可降低磷的含量，从而有效改善导电性。除了表面镀镍，玻璃纤维表面镀铜、钴、银等金属的研究也很多。

（一）化学镀金属

1. 制备工艺

导电玻璃纤维制备工艺流程如图 5-7 所示。

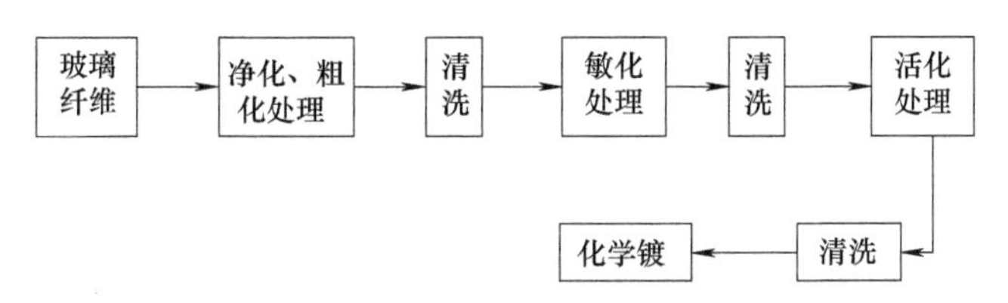

图 5-7　导电玻璃纤维制备工艺流程

制备可采用无碱玻璃纤维粗纱（直径可达 25μm），也可采用玻璃纤维织物，首先进行高温除油处理，纤维表面能够被水浸润，为粗化处理做好准备。

可用硫酸、氢氟酸按一定比例配制的混合溶液为粗化液，玻璃纤维织物在 30～40℃粗化液中浸渍 3min 左右。粗化处理可增加玻璃纤维表面微观粗糙度、接触面积及亲水能力。

清洗纤维表面残余酸液后，再经敏化处理，使纤维表面吸附一层具有还原性的物质。敏化液应采用经水解后能微溶于水的凝胶，并可沉积在玻璃纤维表面形成厚 1nm～1μm 的物质层，如 $TiCl_3$（10g/L）。

经过敏化处理后的纤维表面吸附还原剂，能与活化液中的氧化剂进行反应，使活化液中的重金属离子还原成金属，沉积在纤维表面，成为化学镀的成核中心。

如采用 $TiCl_3$ 溶液为敏化液，$PdCl_2$ 溶液（0. 125g/L）为活化液，则活化反应方程式如下：

$$Pd^{2+} + 2Ti^{3+} \longrightarrow 2Ti^{4+} + Pd\downarrow$$

粗化、敏化、活化均应归入导电玻璃纤维的表面处理过程。

玻璃纤维经表面处理后，可按表 5-7 组成及工艺条件进行化学镀覆。

表 5-7　化学镀金属及其镀液配方　　单位：g/L

玻璃纤维表面化学镀金属	镀液配方				
	$NiSO_4 \cdot 6H_2O$	$CuSO_4 \cdot 5H_2O$	NaH_2PO_2	HCHO	CH_3COONH_4
Ni	30	—	20	—	5
Cu	—	30	—	40	5
Ni-Cu-P	10	20	18	20	10

注：在每种镀液配方中均需另加微量重金属稳定剂。

（1）化学镀镍

化学镀镍配方中硫酸镍为主盐，次亚磷酸钠为还原剂，提供氢离子，镍离子被还原成金属镍后沉积在玻璃纤维表面。主要反应过程如下：

$$Ni^{2+} + 2H_2PO_2^- + 2H_2O \longrightarrow Ni\downarrow + 2H_2PO_3^- + H_2\uparrow + 2H^+$$

$$H_2PO_2^- + H^+ \longrightarrow P\downarrow + H_2O + HO^-$$

还原层为 Ni-P 合金。

（2）化学镀铜

化学镀铜配方中硫酸铜是主盐，提供铜离子，甲醛为还原剂，主要反应过程如下：

$$Cu^{2+} + 2HCHO + 4OH^- \longrightarrow Cu\downarrow + 2HCOO^- + 2H_2O + H_2\uparrow$$

同时发生的副反应如下：

$$Cu_2O + H_2O \longrightarrow Cu + Cu^{2+} + 2OH^-$$

由此可知，副反应的发生不仅引起甲醛无意义的消耗，同时镀液中发生的氧化还原反应还会形成 Cu_2O，它在碱性环境中会发生歧化反应形成金属铜粉，导致镀液分解失效。因此，制备化学镀铜导电玻璃纤维时应保持镀液洁净，同时应严格控制反应温度及镀液 pH。

（3）化学镀 Cu/Ni-Cu-P 双镀层

在玻璃纤维化学镀 Cu 基础上再镀一层 Ni-Cu-P 合金，镀液组成见表 5-7，配方中硫酸铜、硫酸镍是主盐，提供铜离子和镍离子。次亚磷酸钠和甲醛是还原剂，将镍、铜离子还原成金属沉积在经过处理的玻璃纤维表面。该镀液稳定性很好，可通过升高温度、提高 pH 的方法加速化学镀过程。

2. 化学镀工艺控制

pH 及温度对镀液稳定性及镀覆速度的影响最大，提高 pH、升高温度虽然可提高镀覆速度，但温度过高会降低镀液稳定性，带来镀液的失效和浪费。特别是化学镀铜，当镀液 pH 调到 12、温度升到 30℃时，稳定性急剧下降，出现沉淀现象。因此，工艺条件的确定应从金属沉积速度和镀液稳定性两个方面同时考虑。通过对比试验选定表 5-8 所列最佳工艺条件，使镀覆反应既有一定的速度，又保证了镀液的稳定。另外，镀液不使用时，应用稀酸将溶液的 pH 降至适当值，使镀液能够长期稳定保存，使用前用碱溶液调到正常值。

表 5-8 镀金属玻璃纤维制备的工艺条件及制品结构参数

纤维参数	玻璃纤维/Ni	玻璃纤维/Cu	玻璃纤维/Cu/Ni-Cu-P
pH	8	9	7～12
温度/℃	40	15	50～60
时间/min	3	8	8
镀液稳定性	好	较好	好
镀层厚度/μm	1.2(0.8～1.7)	0.7(0.5～0.9)	0.9(0.7～1.2，Ni-Cu-P 层厚度)
纤维直径/μm	27.4	26.4	28.2
纤维密度/(g/cm^3)	3.63	3.21	3.94
新制备纤维电阻率/(Ω·cm)	1.02×10^{-5}	2.31×10^{-4}	3.81×10^{-4}
外观色泽	银灰金属光泽	粉红金属光泽	淡粉红金属光泽

在表 5-7 所列镀液组成及表 5-8 所列选定的工艺条件下，处理过的玻璃纤维表面经一定时间镀覆后沉积了一层光洁、致密、均匀的金属镀层。从试验结果来看，包覆情况良好，金属层与玻璃纤维结合紧密，镀层富有金属光泽。制备的镀金属玻璃纤维的一些指标，如镀层厚度、纤维相对密度、电阻率，基本达到高导电玻璃纤维的水平。

新制备的镀镍、镀铜纤维都具有较好的导电性，但放置一段时间或经热处理后其导电性能急剧下降。这是由于新制备的镍、铜镀层具有较高的表面能，容易从周围环境中吸收杂质或被氧化形成氧化层影响导电性。若将这种导电纤维加到热塑性树脂中，经加工成形后，材料的导电性将难以达到预期效果，特别是在高温下使用时更会如此。为解决这个问题制备了化学镀 Cu/Ni-Cu-P 双镀层导电玻璃纤维，它是在镀铜纤维的基础上再镀覆一层 Ni-Cu-P 合金制备而成的。目的是利用其优异的热稳定性及耐腐蚀性保护内部导电层，纤维上的铜层主要起导电作用，而 Ni-Cu-P 镀层主要作为保护性镀层。从表 5-9 测试结果来看，采用双镀层结构既可使纤维具有较好的导电性，又具有优良的抗氧化及热稳定性。

表 5-9 导电玻璃纤维不同情况下的电阻率 单位：Ω·cm

电阻率	玻璃纤维/Ni	玻璃纤维/Cu	玻璃纤维/Cu/Ni-Cu-P
新制备纤维	1.02×10^{-3}	2.31×10^{-4}	3.81×10^{-4}
放置 48h 后	6.89×10^{-3}	4.07×10^{-2}	3.95×10^{-4}
150℃热处理 15min 后	3.36×10^{-1}	2.85	5.52×10^{-4}

（二）热浸镀铅

玻璃纤维镀铅有两种工艺：一种是将直径约为 12μm 的单根玻璃纤维表面包覆铅层；另一种是成束纤维表面包覆的挤拉成形。

1. 单纤维镀铅工艺

单纤维镀铅工艺是采用热浸镀原理，将数十根玻璃纤维浸入铅浴中使铅沉积到每根单纤维的表面。

高温熔融的玻璃液被高速拉伸成 12μm 级左右的单根玻璃纤维后，在热浸镀装置的作用下被浸入铅浴中，此时铅液将每一根单纤维表面包覆，经冷却后即为镀铅单纤维。

由于铅密度高，铅液表面张力很大，内聚力很强，铅液不易浸润纤维表面，故铅液对纤维的包覆虽大部分为全包覆，但也有一小部分是半包覆。并且，铅镀层较薄，易氧化，因此单纤维镀铅的电阻较高，这是很大的不足。铅层厚度由铅液深度、温度、拉丝速度、冷却速度等因素调控。

2. 原丝束纤维镀铅工艺

高温熔融玻璃液经高速拉伸成一定直径的纤维原丝，经纺织工序加工成纤维束后，再经过挤拉成形装置在压力作用下将铅材包覆到纤维表面，形成全包覆型镀铅玻璃纤维。

3. 玻璃纤维成分的确定

纯铅或以铅为主要成分的铅合金，由于它们的密度高、抗拉强度低且没有弹性，因此用它们制作结构部件和元器件有许多局限性和弊端，改善和提高铅的性能是人们一直着力研究和追求的目标。其中最具有吸引力和最有效的方法是采用密度轻（$2.54g/cm^3$）、拉伸强度高（$2450N/mm^2$）、价格低廉、来源丰富的玻璃纤维增强铅，形成以玻璃纤维为骨架，以铅为基体的新型复合材料，与抗拉强度只有 $12.25N/mm^2$ 的铅相比，玻璃纤维在铅复合材料中的增强作用和骨架作用就显而易见了。它完全承受铅复合材料部件传递的张力、剪力、压力等各种外力，对部件的刚度也有明显提高。

4. 铅布板栅合金成分的研究

铅酸蓄电池板栅合金成分主要取决于板栅的浇铸特性（合金的熔点、流动性、凝固范围等）及使用特性。铅布板栅合金成分则主要考虑镀铅玻璃纤维拉挤成形工艺要求及使用特性。虽然目前使用的铅钙合金板栅的优点是蓄电池失水少，适合于免维护蓄电池板栅，但由于缺乏延伸性、柔性及强度，不宜作拉挤成形工艺所需的铅材。对纯铅板栅的试验表明，纯铅太软，使用中易形成阻隔层，也不适宜采用。铅锡（0.3%）合金既具有加工成形时需要的延伸性、柔性又能满足铅布板栅使用的要求。但若锡含量（50%）太高，铅布板栅在蓄电池中产生过量的气体，冲击板栅上的活性物质使其脱粉，对蓄电池寿命产生有害影响，也是不可取的。

5. 铅布板栅结构及织造工艺研究

由于镀铅工艺的不同，铅布板栅结构也各异。

（1）单纤维镀铅板栅

单纤维镀铅玻璃纤维板栅（又称编织型板栅）采用织造工艺制备，镀铅单纤维经加捻、合股、经纱制备、卷纬等纺织工序后，经纱和纬纱在织布机上交织成镀铅玻璃纤维布（带）。由于镀铅单纤维直径小、铅镀层薄且不均匀、表面不光滑、脆性大等缺陷，给纺织工艺带来散丝多、毛丝多、断头多、经纱开口不清等技术难题。为此，除专门研究了黏结剂加强集束性能外，还对布机进行送经、投纬、开口、卷取等方面进行了技术改造，使毛丝、断头等得到初步控制。单纤维镀铅板栅性能规格列于表 5-10。

表 5-10 单纤维镀铅板栅性能规格

镀铅单纤维直径/μm	单纤维铅层厚度/μm	合股纤维直径/μm	表面处理	铅布厚度/mm	铅布宽度/mm	铅布长度/mm	织物组织	网眼尺寸/(mm×mm)	电阻率/(Ω·cm)
40	1～25	0.5～0.9	黏结剂处理	1～1.2	40～50	70	纱罗组织	5×5	0～0.3

（2）束纤维镀铅板栅

束纤维镀铅板栅（焊接型板栅）采用焊接方法制备，为便于铅布板栅与传统铅酸蓄电池比较，铅布板栅结构与尺寸均应与传统板栅相同。首先对铅布经、纬纱进行编织，再对铅布经、纬纱交织点焊接定位，初步解决了镀铅纤维直径大、自重大对织造带来的投梭力不足、送经量小以及铅层薄焊接困难等技术难题，表 5-11 列出了束纤维镀铅板栅性能规格。

表 5-11　束纤维镀铅板栅性能规格

规格	尺寸/(mm×mm×mm)	极性	铅成分	铅层厚度/mm	镀铅纤维直径/mm	减轻量/%
6V4Ah	66×38×1.2	—	纯铅	0.3	1.2	36.7
6V4Ah	66×38×2.4	—	铅锡合金(Sn0.3%)	0.3～0.4	2.0～1.6	26.9
12V50Ah	116×142×3.0	—	铅锡合金(Sn0.3%)	0.4～0.5	2.4～1.6	27.16
6V4Ah	66×38×2.4	正极	铅锡合金(Sn0.3%)	0.3	2.0～1.6	36.2～40.2
6V4Ah	66×38×1.6	负极		0.2	1.6～1.1	
12V50Ah	116×142×3.0	正极	铅锡合金(Sn0.3%)	0.4～0.5	2.2～1.6	28.69
12V50Ah	116×142×2.0	负极		0.2	1.6～1.4	

第二节
芳纶纤维纺织结构成形技术

一、芳纶纤维可加工性

芳纶是一种高强度、高模量、低密度和耐磨性好的有机合成高科技纤维，同时具有无机纤维的物理性能和有机纤维的加工性能，是聚合物基复合材料常用的增强材料。常见芳纶纤维的性能如表 5-12 所示。

表 5-12　芳纶纤维的基本物理性能

纤维类型	密度/(g/cm^3)	拉伸强度/GPa	模量/GPa	伸长率/%	比强度(10cm)	比模量(10cm)	膨胀系数/K^{-1}	介电常数	介电损耗因数
Kevlar-49	1.45	2.8	109	2.5	19.3	7.7	—	—	—
Kevlar-29	1.44	2.8	63.0	3.6	—	—	3.80×10^{-6}	3.6	0.0025
Kevlar-129	1.44	3.4	96.6	3.3	24.0	6.8	—	—	—
Kevlar-149	1.45	3.62	134	2.5	—	—	-2.80×10^{-6}	3.85	0.0015

二、芳纶纤维毡

芳纶纤维毡的制备技术主要包括针刺毡和水刺毡两种，其制备所用的原料较多是芳纶 1313。以下分别重点介绍其制备工艺及特点。

（一）芳纶针刺毡的制备工艺

芳纶针刺毡的织造工艺流程如图 5-8 所示，芳纶针刺毡的织造工艺流程可分为混合开松、梳理铺网、针刺成形和后整理四个环节。

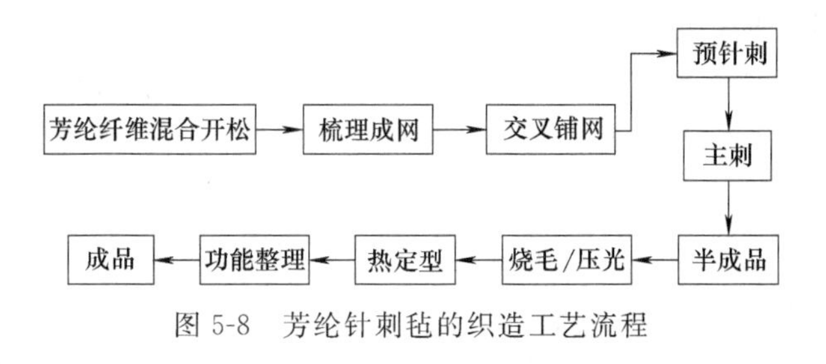

图 5-8　芳纶针刺毡的织造工艺流程

（1）混合开松

混合与开松工艺的目的是松解各种成分的纤维原料，解离大的纤维块、纤维团，同时使原料中的各种纤维成分获得均匀的混合。这一工序的工作质量对成网乃至成品的性能与质量至关重要，所以在混合开松时要求混合均匀、开松充分并尽量避免损伤纤维。

（2）梳理铺网

梳理在针刺法生产中是一道关键工序，梳理效果的好坏直接影响到产品质量，梳理作用是将混合开松好的纤维彻底分梳混料，使纤维成为单纤维状态并充分混合均匀，同时进一步除杂，最后形成均匀蓬松的纤维网结构。

铺网是除梳理外另一个影响最终产品均匀度的决定因素，是将梳理下机的纤维网进行交叉铺叠，达到一定重量和宽度。普通铺网机由于平动现象，中间和两端速度不一致，易形成两边厚、中间薄的铺网效果，纤维网的均匀度变差，最终影响产品质量，而交叉铺网能良好地解决上述问题，提高产品的均匀度。

（3）针刺成形

针刺主要包括预针刺、主刺、修面三大部分。预针刺是将高蓬松的纤维层连接起来加固压实，使纤维层之间具有一定的抱合力；主刺是将预针刺后的纤维网进一步加固，使纤网中纤维进一步相互缠结，达到要求的强度指标；修面主要是对纤维网表面进行针刺，从而减少毛羽的生成，改善其外观效果，使之美观。

（4）后整理

后整理可以改善产品的性能、赋予其新的使用功能、改善其外观等，包括烧毛/压光、热定型和功能整理等。其中烧毛处理是将突出于针刺布表面的细微纤维烧掉而得到平整的布面，在使用时更有利于布面粉饼的剥离而降低压差；压光使得针刺布表面更加光滑，同时可以调整针刺布的厚度及透气量；热定型可减少和避免在实际使用中的尺寸形变；功能整理则包括阻燃整理、拒水拒油整理、抗静电整理、PTFE乳液浸渍等，具体要求按产品使用的条件不同而进行相应的处理，以满足实际需求。

针刺法非织造布加工中，影响产品质量的因素很多，如纤维本身特性、纤维表面情况及摩擦特性、纤网特性、针刺工艺参数、刺针参数等。但在实际生产中，在纤维的选择上并不具备很好的灵活性，更多的是通过针刺工艺参数的调整来达到对产品结构与性能的调整，扩大产品品种的多样性。

（二）芳纶水刺毡的制备工艺

芳纶水刺毡的制备工艺与针刺毡制备相似。芳纶短纤维经开松梳理铺网，形成一定厚度和面密度的纤维网，该纤维网从拉伸机输出送到水刺机的托网上，然后高压水针对纤维网进行穿刺，使纤维之间相互缠结，从而实现纤维网的压缩及加固。经水刺加固的纤维网含有大量水分，通过烘干工序以除去纤维网中的水分。该典型工艺流程如下：纤维投料→预开松→精开松→混合→预喂料→梳理→铺网→拉伸→水刺→烘干→分切→卷取→入库。

在各个工序中，要求满足纤维混合和开松均匀、梳理良好、铺网及拉伸均匀。通过这些工序，赋予芳纶水刺非织造布均匀一致的厚度、均匀平整的布面、高纵横向断裂强度。

水刺工艺之间相互关联，在生产过程中必须综合平衡各项指标。纤维的缠结很大程度上取决于水刺工艺参数，其中水针的规格、水刺压力、反射水针的反射强度和水刺道数等是影响纤维缠结效果的主要因素。

水刺压力对水刺非织造布的强度及外观影响较大，水刺压力设定应综合考虑纤维类别、规格和产品定量、手感、强度等多方面因素，不同定量的水刺布需要与相应的压力相匹配，一定定量的水刺布需要与相应的生产速度相匹配。一般认为，水刺压力越大，水针的能量越大，纤维缠结越好，强度随之提高，但水刺非织造布的强度并不随水刺压力的增加呈线性增加，特别是压力升到一定高位时，水压对提高产品强度作用不大，而有时甚至出现反作用，压力过大则会使水刺非织造布表面不平整，浪费大量能量而增加生产能耗。因此，水刺压力的合理配置十分重要，力争使用较小的压力达到比较理想的缠结效果，减少能耗。

三、芳纶纤维绳索

由于芳纶线优质的强度和柔软性，所做的缆索能承受较高的负荷并具有非常容易处理的特性，芳纶绳索取代了许多钢制绳索缆线的应用。芳纶纤维的高强度和高模量性能也使它成为游艇绳索等轻型绳索的理想材料，从细小的绳子到粗大的船舶铆缆均可采用芳纶线材料。除了量轻和硬度大外，芳纶线的非磁性和绝缘性能，使它成为通信光纤和海底通信电缆的绝佳材料，不仅成功取代了传统的钢电缆和通信的天线，甚至用作电子基板材料、耳机线材、高性能音响材料，成为高科技传输技术材料的优秀代表。

（一）绳索编织工艺流程

编织绳索的主要步骤如下：①按所编织的绳索直径，确定绳股中所需的复丝根数；②将确定根数的纤维复丝在化纤合股机上进行合股加捻，制得 S 捻向和 Z 捻向的绳股；③将编织好的绳股大锭倒入与编织机相配套的小锭，标记好绳股的捻向，S 捻向和 Z 捻向锭数相同；④最后将两捻向的绳股按对应的位置成对安装在编织机上，同时加以适当的牵引速度和特定的张力，进行编织得到所需的纤维绳索。

其制绳的主要工艺流程为：复丝合股加捻→倒纱→编织→成品检验。

1. 复丝合股加捻

由于芳纶纤维复丝的抱缠性较差，生产过程中容易出现起毛、拉丝等问题，生产前需经过专用设备合股、加捻。加捻后纱条存在包围角时，纤维对纱条便有向心压力，使外层纤维向内层挤压，增加了纱条的紧密度和纤维间的摩擦力，从而改善了纱条的结构形态及其物理力学性能。通过经验及理论确定，所需股纱的捻度越小，编织成的绳索强力越好。因此在保证生产顺利及表面质量条件下捻度在 15～25 捻/m 为宜。

复丝合股加捻前每股所需复丝根数由复丝细度和所要编织绳索的直径来确定，工厂是通过经验及试验测试进行确定的。

2. 倒纱

倒纱是为绳索编织做准备的重要工序，通过倒纱将纱线或股纱导入编织锭子。

（二）编织机的结构及工作原理

编织机的结构主要分为编织机构、牵引调密机构、股线输送机构三个部分。编织生产过程依次为：编织绳索前先将倒好的纱管按对准的位置插入走马锭中，然后将股纱从走马锭穿出，穿过导纱孔，将所有的股纱合并，以 8 字的形式缠绕在牵引盘上，最后从压辐导出。根据所要编织绳索的紧密程度选择合适的变速齿轮后，启动编织机工作即可开始绳索的编织。编织机工作原理为电机经变速箱直接带动驱动系统，使得编织盘内齿轮拨动锭子沿轨迹转动，另外变速齿轮进行变速后传到牵引轮，从而带动牵引轮的转动。在生产过程中，根据所需编织绳索的紧密程度及编织角度选用牵引速度。

四、芳纶纤维无纬布

无纬布（UD）是纤维平行排列的浸胶片，适用于成形承力构件。由于其纤维单向排列，所以又称单向浸胶布。一般用于压制层合板和对铺层设计有严格要求的承力结构，故要选用强度高的纤维，如高强玻璃纤维、碳纤维，或按一定比例混合采用上述纤维（用于制备混杂复合材料）。其树脂系统以环氧树脂为主，如环氧 618、环氧 648 等。

（一）工艺流程

典型无纬布生产工艺流程如图 5-9 所示。

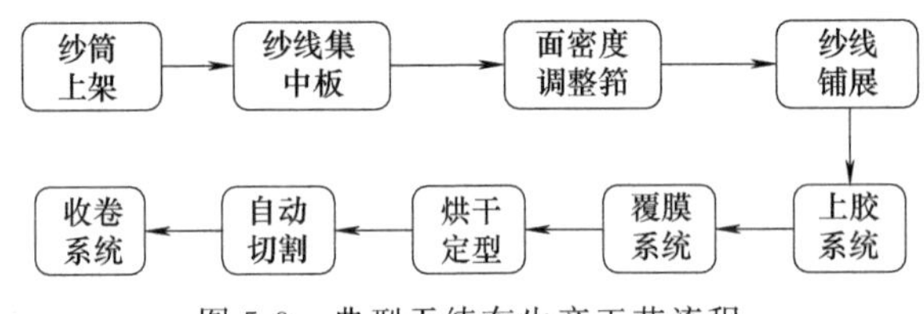

图 5-9　典型无纬布生产工艺流程

将芳纶纤维筒子纱按设定分布装入筒子纱架，纱线从纱架上引出后经过有规律排放的穿丝孔，依次按规律通过纱线集中板，实现纤维束在立体空间面内的初步定位；纤维束进入面密度调整筘装置，实现纤维束在幅宽方向上的准确定位；准确定位的纤维束进入展丝装置，使得每束纤维实现均匀展丝；均匀铺展的丝束送入上胶系统进行均匀上胶；覆膜系统通过一组放膜装置将薄膜均匀铺展开，平整铺展的薄膜与上过胶的纤维很好复合；与薄膜复合后的单向布到达烘干定型模块被加热烘干定型；烘干定型后的无纬布经冷却模块在空气中自然冷却，到达设定长度后被自动切断，最后由收卷模块将无纬布成卷。

在上述工艺环节中，最为关键的工艺参数设置是退绕张力控制和胶黏剂的配方及配比，这两个参数控制的好坏直接决定了产品的最终性能。为了控制和调整纱架退绕张力，采取以下步骤：①将装有纤维的纱轴装上筒子纱架后，用纱线张力仪测试每束纤维所受的张力大小，供单纱及纱层张力调节参考；②根据实际测试的纤维束张力大小值，通过张力调节来调整张力大小至合适值，使张力大小适中，纱层张力分布均匀；③随着纱轴纤维量的消耗，直径会随之变小，注意观察纱层中单纱张力波动状态，如果张力自动调节装置不能补偿纱筒直径变化引起的张力波动，当纤维纱轴直径达到一定程度时调节张力大小，从而确保纱线及纱线之间张力恒定。

（二）芳纶纤维无纬布的质量控制

芳纶纤维无纬布的质量主要是指芳纶在无纬布中排列的均匀程度及纤维之间空隙的大小、在上胶工艺中树脂黏结剂配比及上胶工艺，它是影响其抗弹性能的决定性因素。可以通过控制在缠绕成形过程中纤维所承受的张力制得性能优异的芳纶无纬布。张力均匀时，芳纶展宽基本一致，在缠绕过程中纤维跳动较少，会使均匀性得到保障。若张力较小，芳纶展宽不足，会使纤维之间留下较大的空隙。较大的张力能使纤维展宽增大，纤维之间出现间隙的概率降低，但张力过大会使纤维缠绕过程中经过张力器时所受的摩擦力增大，纤维磨损增加，强度降低，吸能性下降，同时会增加在制备过程中芳纶断线的概率，影响工艺性能，进而影响无纬布的质量。另外，选择的树脂体系也会影响无纬布的柔韧性、黏结强度。所选择的树脂需要对纤维有良好的浸润性，否则影响上胶量，需要受热后收缩较小、受力后不易断裂。

五、芳纶纤维机织布

芳纶纤维具有熔点高、模量大、断裂伸长率小、强力高、不耐摩擦、易起静电等特性，这些特性对织造具有高强度特性复合材料的基布是非常理想的。但是芳纶不耐摩擦、断裂伸长率小、易产生静电等性能，也给编织工艺带来较大的困难。

（一）织前准备

1. 芳纶长丝

芳纶长丝织物一般采用长丝织造设备加工。芳纶纤维的断裂伸长率小，在织前准备中要特别注意工艺张力均匀，否则即使在织造时加大上机张力，也难以获得清晰的梭口和匀整的布面。芳纶纤维不耐摩擦，因此要求通道光滑。对长丝上浆或加捻，在一定程度上都是增加长丝耐摩擦能力的措施，但对长丝上浆还是加捻要按具体情况而定。如果长丝的毛丝多，则长丝的性能中等且有短纤维的特征，对于这样质量的长丝，在织前准备中应适当地加捻，但如果加捻过多，又将使复丝对单丝强力的利用率下降。

无捻 Kevlar 长丝织造中，由于纤维表面光滑，纱束中的纤维容易滑移，因此浆纱很关键。上浆过低，毛羽不能充分贴伏，易使毛羽在钢筘及综片处缠结，造成纬向阻断，经纱断头；上浆过高，浆纱硬挺，容易断经。既要保证纱线毛羽贴伏，又要使浆纱柔韧耐磨。同时要保持长丝张力均匀一致，卷绕织轴一定要保证经纱排列整齐、均匀，卷绕密度比短纤纱大，卷绕张力偏大，因此选择适当的浆料和上浆温度等工艺很重要。

芳纶复丝如果需要上浆，可采用聚丙烯酸酯合成浆料。用于经丝的浆液，其糖度值可以控制在3～5之间；用于浆纬丝的浆液，则可控制其糖度值为3以下。该浆料的成膜性能良好，浆膜的吸湿性能也不差，便于在湿度较高的条件下进行织造，以减少静电的产生及避免静电的积聚。

对毛丝少的Kevlar进行加捻将使复丝的强力损失，因此对于这样的原丝，不宜在织前准备中施加捻度，而宜进行适当的上浆，以满足在织造过程中抵抗摩擦及降低静电产生的需要。对于毛丝较多的原丝，适当施加捻度，可以增加纤维之间的抱合能力，不但能提高复丝对单丝强力的利用率，而且能同时满足在织造过程中抵抗摩擦和降低静电的要求，至于加捻的适当程度可以通过试验探索。

2. 芳纶短纤维

芳纶短纤维一般的织造工艺流程为：混棉→梳棉→并条→粗纱→细纱→定型→捻线→络筒→定型→浆纱→(整经→穿经）卷纬→织造。

短纤维芳纶纱具有强度较高、条干较差、刚性较大、细节较多、毛羽长而多的缺点，故浆纱的目的并不在于增强，而其关键在于既要贴伏其长而多的毛羽，同时又要设法使芳纶浆纱柔韧耐磨。芳纶纤维的刚性比一般棉及涤棉纤维大。纤维表面光滑，纱线中的纤维容易滑移，如果不充分将其毛羽贴伏，这些长而多的毛羽极易在钢箱口处及综片处纠缠，造成纬向阻断，甚至经纱断头也相应增加。同时如果浆纱上浆过高，浆纱过于硬挺，则极易造成织造时的脆断头，增加断经疵点，因此既要充分贴伏芳纶纱长而多的毛羽，又要使浆纱柔韧耐磨。

芳纶纱浆纱工艺路线：根据芳纶纱的特性，采用高浓度、中黏度，重加压贴毛羽，偏高上浆和后上油的浆纱工艺路线较为合适。

① 高浓度、中黏度。采用重加压的工艺和较高浓度的浆液，同时浆液的黏度必须适中，不应太高也不能太低。

② 重加压贴毛羽。贴伏毛羽应具备三个条件：一是浆液对纱本身的纤维及伸出纱身纤维必须有适当的黏附力；二是要有外力克服毛羽的刚性而使其贴向纱身；三是纱身上浆液有足够大的黏附性，黏附其已贴在纱身上的毛羽。因此芳纶纱浆纱时，必须采用重加压工艺配置，这样有利于毛羽贴向纱身。重压压去纱线中的水分越多，出挤压区的经纱上浆液的浓度就越高，其黏度值就越大，浆液的黏附力就越大，就越有利于吸牢贴在纱身上的毛羽。因此要贴伏浆纱毛羽必须采用较大的压浆力。

③ 芳纶纱毛羽长而多，浆纱关键是在充分贴伏毛羽的情况下，同时不致使纱线脆硬，要贴伏毛羽，浆纱必须有很好的被覆。同时为克服芳纶纱的单纱强力 CV 值偏高、强力不匀所带来的经向断头增加的缺陷，需要偏高的上浆率来提高芳纶纤维浆纱的强度。另外为防止高上浆率带来的脆断头，同时考虑后上油，既能增加浆纱的耐磨性，又能使浆纱柔软、滑爽，从而提高织造开口清晰度，减少经纱断头。

（二）普通机织物

由于芳纶纱在织造过程中容易出现松散、产生静电、毛羽增多、见光变色等问题，因此确定适当的织造工艺很重要。在织造过程中需着重解决以下问题：①采用挠性剑杆织机织造，为减少挠性剑杆磨纱，织机采用悬浮导钩。②由于芳纶长丝纱线光滑，且成品织物密度较小，需将织机普通刺环边撑改为胶辊边撑，从而避免边撑刺伤芳纶布面，保证织物外观平整。③织造过程不加停经片，因芳纶长丝拉伸强度很大，织造过程很少有经纱断头。另外也避免停经片刮毛、刮散芳纶浆纱，提高了可纺性。④由于芳纶纱线抗剪切能力强，普通边剪、纬剪难以剪断，均需改用芳纶专用剪刀。⑤针对芳纶在织造过程中易产生静电而出现浆纱束纤维飘浮、飞散、毛羽增多等问题，采取喷洒抗静电剂的措施。同时，喷洒抗静电剂也提高了纤维的回潮率，浆纱变得柔软、滑爽，提高了浆纱的耐磨性和织造开口的清晰度，从而提高了可纺性。⑥针对偶尔出现的经纱断头问题，因长丝不能有大结头，需采用搭接法解决。⑦芳纶见光变色，因此落布时必须用专用布包布辊，停车盖车。⑧由于纬纱不经过浆纱流程，直接从原装纱管引出，纤维束光滑松散，易产生毛羽，织造过程中必须时刻注意观察剑头及纬纱通道是否有纱缠绕，且要及时清理干净，否则不利于剑头夹持，易造成质量事故。

织机上机工艺调整不仅决定着织机效率，而且对织物质量与产品的风格有很大的影响。在织造芳纶长丝天线罩过程中，芳纶织物刚上机织造时，发现纬纱阻断和纬纱吹断现象特别严重，而且纬缩疵点也特别严重，织机效率只有60%左右。针对这种情况，对织造工艺进行了以下调整。

1. 综框高度和开口量

一般织机采用消极式凸轮开口，推荐工艺：采用 30°等开口，但在实际开口过程中，纬向阻断停台十分严重，主要是芳纶纱毛羽相对比其他短纤纱多而长，所以在织造的开口过程中相互纠缠和粘连的机会多，造成开口不清。为减少开口过程中经纱毛羽的接触机会，减少纬向阻断，采用了不等开口，从而使纬向阻断停台有了明显好转。而芳纶织物的加工总强度损伤率经纬向平均值在

20%左右。在整个织造损伤中纱线加工的损失率较小，在总损伤率中占的比例也较小，但是织造中的损伤率经向明显较大，而纬向要小 20%～25%。主要是因为芳纶纤维断裂伸长率低，织造时纱线受织造开口和打纬时的剧烈弯曲冲击而变形，经纱的屈曲比纬纱大，且受到大的张力作用和反复摩擦与疲劳的影响。这说明采用小开口，低上机张力对柔性组织结构十分重要。

2. 后梁高度和停经架高度

采用后梁、停经架位置为 0 时，上层经纱显得较松，开口不够清晰，纬向阻断停台较多。同时后梭口经纱相互粘连，断经疵点也较多。适当放低后梁和停经架位置，可取得较好的效果。

3. 入纬时间

芳纶纤维由于单纱强力 *CV* 值偏大、弱节多，在喷气引纬时，主喷、辅喷压力要稍大，否则储纬器与主喷嘴之间的纬纱容易断头，造成断纬关车停台。将入纬时间适当提前，从 90°改为 85°，同时将主喷压力控制在 26.46N，辅喷压力控制在 36.26N。同时，由于芳纶纤维刚性较大，喷气织机为柔性引纬，所以纬纱头处不易把纬纱引直，在出梭口侧容易形成纬缩疵点，因此必须比一般品种多加一只辅助喷嘴以帮助出梭口侧纬纱引直，消灭纬缩疵点，同时车速也不能过高，一般控制在 520～550r/min。

通过以上几方面的工艺调整，以及浆纱质量的提高，织机效率从 60%左右提高到 90%以上。

在织造芳纶织物时，车间湿度稍高为宜，而且要求设置的经纱上机张力较大，这样有利于织造的进行。关于经纱供应，一般可以采取织轴卷装形式，但是对于粗纱织物和编带织物，以筒子架供应为宜，在织造套管织物时，为了获得准确的管径尺寸和均匀的织物结构，应该安装相应的内幅撑机构，并对边部经纱的每筘内的穿入根数进行调整，在织造经向紧度很大的高结构相织物时，成边十分困难，一定要对边部经纱的每筘内穿入根数进行调整。

芳纶纬纱比较容易脱纬，因此需要适当增加储纬时间，卷装尺寸也不宜偏大，并且宜卷得紧一些。

（三）浸胶芳纶帆布生产工艺

以芳纶工业长丝作原料，通过并捻、复捻后进行织造，然后进行浸胶处理可制成浸胶芳纶帆布。在浸胶过程中先由环氧树脂物质组成的一次浸液进行活化处理以激活芳纶纤维分子，使分子间隙变大并进行热拉伸，然后再用间苯二酚甲醛液（RFL）进行二次浸胶处理，恢复热定型。目前，国内外市场上，浸胶芳纶帆布产品规格有 630 型至 2000 型多种，大多数是由芳纶长丝与涤纶长丝、锦纶 66 长丝交织而成。

（四）芳纶防刺复合材料基布的生产

利用芳纶立体织物作为增强体，橡胶作为基体制作复合材料。金属板呈交错式间隔粘贴在复合材料内壁上，间隔距离为立体织物空隙宽度。这种金属板的配置是为了达到在正反面都能够防刺，同时尽量减少复合材料重量的目的，加入金属板后解决了纯软体防护材料的不耐刺性，增加了抗冲击性，是在软体装甲中增添硬体装甲因素。

织物作为最终应用产品的基本材料或直接产品，其结构对其本身性质起着决定作用，对最终产品的应用性能或功能同样有着至关重要的影响。下面以角联锁结构织制间隔型三维立体织物为例，说明芳纶立体织物的织造工艺特点。

1. 基础组织的选择

选择基础组织应考虑以下两方面因素：①因织机综框数的限制，应使用尽可能少的综框织造出尽量多的层数（即基础组织的经纱循环数尽可能小）；②结构紧密、稳定，整体性好，织物平整。综合两方面因素，平纹组织被选择作为基础组织。

2. 接结组织的选择

双层或多层组织各层之间接结组织有两种接结方法：自身接结和接结纱接结。自身接结可分为里经接结法、表经接结法和联合接结法；接结纱接结可分为接结经接结法和接结纬接结法。在组织设计中，里经接结法和表经接结法并没有显著差异，联合接结法用于两层以上结构时会出现较大的结构变化。接结纱接结法要增加一组经纱或纬纱，易使生产工艺复杂化，效率降低，所以一般较少采用。选择接结组织时，接结点在一个完全组织内分布均匀。接结组织设计时应根据其应用的场合、受载情况，合理选择与确定接结组织形式和接结经比例。这里采用自身接结法。

3. 上机设计

（1）穿综方法设计

穿综的原则是：浮沉交织规律相同的经纱一般穿入同一页综片中，也可穿入不同综片中，而不同交织规律的经纱必须分穿在不同综片内。穿综方法根据织物的组织、原料、密度以及有利于织造顺利和操作方便等原则决定。这里采用飞穿法。因为，本设计中组织循环经纱数少、经纱线密度较大，若采用顺穿法则综丝密度很大，从而加大经纱与综丝的摩擦，容易引起经纱断头增加或开口不清，造成织物疵点而影响织物的质量。为了减少摩擦则必须相应减少综丝密度，以保证织造顺利进行。飞穿法是把所用综片划分为若干组，穿综的次序是先穿各组中的第 1 片综，然后再穿各组中的第 2 片综，其余依次类推。

（2）上机工艺设计

① 紧度　机织物中经纱（纬纱）覆盖的投影面积占机织物总面积的比例。当紧度为 100%时，纱线覆盖了整个织物，因此，为了保证纱线不至于覆盖整个织物而确保足够的孔隙，有利于橡胶的渗透，织物总紧度应小于 100%。但是为了保证织物的强力，紧度不宜过小。取径向紧度 E_T 为 85%，纬向紧度 E_W 为 50%，织物的总紧度为

$$E_Z=E_T+E_W-\frac{E_TE_W}{100}=92.5\% \tag{5-3}$$

式中，E_Z 为织物总紧度；E_T、E_W 分别为织物经、纬向紧度。

$$P_T=\frac{100E_T}{d}\ (根/10cm) \tag{5-4}$$

式中，P_T 为织物经密度；E_T 为织物经向紧度；d 为纱线直径。

$$P_W=\frac{100E_W}{d}\ (根/10cm) \tag{5-5}$$

式中，P_W 为织物纬密度；E_W 为织物纬向紧度；d 为纱线直径。

② 织造缩率　织物在织造过程中，由于经纬纱之间相互作用，纱线在织物中呈屈曲状态，织物的长度与制织该织物的纱线的长度不相等，其二者之差与纱线伸直长度的比率，简称织造缩率。经纱缩率称织造长缩率，纬纱缩率称织造幅缩率。

③ 幅宽　坯布幅宽＝上机幅宽×(1－织造幅缩率)。

④ 总经根数　根据经纱密度、织物幅宽、边纱根数来决定。对于本织物来说，每一层的经纱根数都是一样的，而且织物没有边纱，因此单层总经根数的计算公式为：总经根数＝成品幅宽×成品经密度/10。

⑤ 筘号　指规定长度内钢筘的筘齿数。通常，公制筘号为 10cm 长度中的筘齿数，英制筘号为 2 英寸（1 英寸＝0.0254m）长度中的筘齿数。公制筘号＝坯布经密度×(1－织造幅缩率)/每筘穿入数。

经纱的每筘穿入数与织物的纱线线密度、组织、密度、产品质量要求等有关。

（3）上机织造

① 整经　整经是十分重要的织前准备工序，是将一定根数的经纱按工艺设计规定的长度和幅宽，以适宜的、均匀的张力平行卷绕在经轴或织轴上的工艺过程。

② 穿综、穿筘　先将绞好的不同送经量的各层经纱分别固定在后梁上，将织轴上的经纱按照织物上机工艺参数设计的要求，依次穿过综丝和钢筘。穿综和穿筘是特别细致的工作，任何错穿和漏穿都会影响织造的过程，使织物产生疵点。

③ 理经　穿筘完成之后，将所有经纱头端理顺并拉直。理经是十分细致的织前准备工序，特别是三维织物，由于经纱密度大，对经纱张力和开口清晰度要求高。因此为保证织造的顺利进行，理经过程应尽量满足：片纱张力均匀，并且在理经过程中保持恒定；理经过程应保持纱线物理性能，如强力和弹性，尽量减少对纱线的摩擦；片纱排列均匀，织轴卷装平整，卷绕密度均匀一致。

④ 织造　织造过程中，为了保证经纱张力均匀、开口清晰、织口平整，先垫起头纱，要求每层片纱张力均匀、各层片纱的张力一致。

一般情况下，织造一个完整组织循环单元时，连接织物厚度的经纱需求量较大，所以，送经机构由两个织轴组成，一个织轴用来输送沿织物长度方向的经纱并控制其张力，另一个织轴用来输送连接织物厚度方向的经纱并控制其张力。连接层织物的织口与其他层织物的织口不在同一个垂直面，所以，连接层织物织够接结长度后打纬机构进行一次长动程打纬，使连接结层织物与其他层织物接结并形成正规的正方形结构。

（五）芳纶正交织物制作流程

1. 三维正交机织物的结构与特点

三维正交机织物中经纱、纬纱伸直平行排列，不存在其他机织物中的经纬纱卷曲，具有极高的面内刚度。同时，Z 向纱与面内的经纱、纬纱相交成 90°，改善了织物的面内剪切性能，使厚度方向具有极高的断裂韧性。同时贯穿于结构厚度方向上的接结纱束捆绑外层纬纱，提高了织物结构的整体性和稳定性。

三维正交机织物的显著特点是起增强作用的经纱与纬纱在织物内几乎呈伸直状态，同时在厚度方向有一组经纱连接，从而可明显改善复合材料在第三方向即厚度方向的力学性能。

经纱、纬纱、Z 向纱（捆绑纱）三个系统上的纱线都是两两垂直的，各个纱线之间没有任何的缠结和卷曲，经纱、纬纱在平面内呈直线形态排列。

2. 三维正交机织物的织造过程

织造时，先将钢筘固定在织物成形端，将经纱穿入筘内，每筘穿一根，经纱一端用双面胶固定在织物成形杆上，另一端用磁性皮条固定在铁杆上。每根纱线都靠向钢筘一侧，这样织成的织物经纱分布均匀，且便于穿投接结纬。按此法每层经纱铺列到排纱端和成形端，在成形端，起初层与层之间用双面胶粘贴住，共20层。每层的经纱之间需平行排列，为之后纬纱和接结纱的穿入打好基础。经纱铺设固定好后，将钢筘从织物成形端取下，放置在纱线另一个固定端固定，调节经纱使之排列均匀、平行，呈伸直状态，尽量保证纱线之间不交叉，排列清晰分明。之后在每一个经纱层间，穿入一根纬纱，并牵引至织口处。再用黏接纱线的梭子按照平纹交织方式，在每一组经纱之间由底至顶上下交错，作为一个循环。以此方式将纬纱和接结纬纱依次织入，得到整块织物。织完一块正交纬接结织物后，用剪刀剪下经向两端多余部分。由于织物内的纱线排列较为松散，在取下织物后，需将四周分散纱线用透明胶粘住，防止织物脱散。

根据三维机织物中经纱与纬纱的不同连接方式，三维机织物的主要结构形式可分为正交结构和角联锁结构。

3. 三维角联锁机织物

（1）三维角联锁机织物的结构与特点

角联锁结构是指接结经在水平方向和厚度方向都分别与一根纬纱呈对角交织，从而将多层经纱、纬纱连为一个稳定的整体的方法。

如果连接各层纱线的经纱呈一定的倾斜角，则所形成的结构即为角联锁结构，但由于各层之间的连接可以是各种各样的，故可形成多种形式的三维角联锁结构。

（2）三维角联锁机织物的织造过程

三维角联锁机织物既可以在特种专用织机上织造，也可以在传统织机上织造，其织造过程与正交织造近似，包括整经、穿筘以及织造等部分。

六、三维编织物

三维编织（立体编织）是通过纤维相互交织而获得的三维无缝合的完整结构，其工艺特点是能制造出规则形状及异形体并可以使结构件具有多功能性，即编织多层整体构件。编织工艺的原理是：由许多按同一方向排列的纤维卷通过纱线运载器精确地沿着预先确定的轨迹在平面上移动，使各纤维相互交叉或交织构成网络状结构，最后打紧交织面而形成各种形态增强结构的立体织物。其优点如下：①异型件一次编织整体成形，实现了人们直接对材料进行设计的构想；②结构不分层、层间强度高、综合力学性能好。

采用三维编织技术除了可以织造矩形截面的预制件和圆筒形预制件以外，各种形状的异型件，例如工形梁、T形梁、十字梁、盒形梁、F形梁、型梁、圆锥套体、圆柱体、横截面变化的制件等都可以一次织造成形。一般来说，只要横截面是矩形的组合或是圆及圆的一部分的预制件都可以采用立体编织技术一次编织出来。

（一）多向三维编织物织造的特点

多向三维编织物是由多层伸直且平行排列的纱线层利用经编结构的组织绑缚在一起形成的。这样的结构可以充分发挥每一根纱线在材料中的作用，充分利用纱线的性能，改善织物的拉伸、抗压、抗冲击等力学性能。

1. 结构上是不分层的整体

三维编织的基本单元中，四根纤维束在空间均匀地向四个方向延伸，构成了不分层的织物而形成一个整体，所以又称为三维整体编织。

2. 工艺上可编织异形编织物

三维编织的基本单元立方体在编织过程中可以形变，通过基本单元立方体的形变来适应异形零件的形状变化。不仅如此，还可以利用基本单元立方体的形变在编织物上留眼、留洞，从而避免机械加工给复合材料带来损伤。所以三维编织又称为异形整体编织。

3. 可以采用 CAD 系统对各种参数进行综合调整

在编织之前，必须使用 CAD 系统对制作零件的编织物进行设计和计算。提供设计和计算的主要参数，有关于纤维束的参数、零件的尺寸参数、编织参数与纤维束含量的体积率等，使用 CAD 系统综合调整这些参数，可以达到最佳效果。

4. 可以构成较复杂的结构形状

三维编织物可以构成一些复杂而且十分有用的编织物，如 T 形、I 形、十字形以及 U 形等型材，还有圆管与长方体的组合以及异型管材等。另外，灵活的编织工艺还可以创造出许多新的复杂的形状。例如，可以编织出既分层又相连的织物，以及形状变化而保持密度不变的密度均衡织物等。

（二）锥形壳体织物的设计及制作技术

整流罩用圆锥壳体织物的制备提出了采用三维整体编织物作为骨架材料的要求。由于飞行器大量的控制电器装置包括天线等都安装在整流罩内，因此圆锥壳体织物复合后不但要满足力学、热学等性能要求，还应具有均匀透波的功能，这就要求拟设计制作的圆锥壳体织物不仅要具有性能优越的结构，而且需保持织物内部各项参数基本均匀一致。

下面将提出的圆锥壳体预成形织物的轴向截面和主要规格要求，就圆锥形壳体织物的编织方式、组织结构、基本结构参数、添纱方案、纱线和弹性元件的长度等做详细的设计和计算。

1. 编织方法

（1）间接法

在织造管状织物时，可根据需要去掉部分边部的经纱，使管状织物的直径逐渐缩小，直至最后将全部经纱去掉，管状织物封口，所形成的织物呈馒头状，又称拱形织物。在此过程中何时去掉边部经纱，应由拱形的外廓确定，频繁有规律地减少边部经纱可以获得平滑的锥形壳体织物，其机织物复合后可以用作导弹头外壳，但面临的问题是在织造锥形壳体织物小端部分时有明显的经纱线头将严重影响织物结构性能的均匀性。

（2）直接法

国内有关锥形壳体织物织造技术的研究和文献较少，有资料说明三种锥形管状预成形机织物（锥形壳体织物）的织造方法，即平面织造法、仿形织造法以及环形立体织造法。其中，平面织造法是以管状织物组织为基础，通过在织物边部有规律地增（减）经纱，可以形成近似于锥形的预成形壳体织物，这种方法与间接织造法相同，但往往织物的结构欠均匀。仿形织造法是采用纱架供纱，锥形辊控制织物的卷绕成形，可按照锥形件的外廓形状生产单层或多层环形织物，生产效率高、设备费用低，生产的预成形织物可以方便地缠绕成锥形复合材料。环形立体织造法是采用专门的环形立体织机，可以织造高质量的锥形多层织物，为保证织物的经纱密度均匀，需在织造过程中增加（减少）经纱，这种方法生产效率较低。

环形立体织造法借鉴圆织机的生产原理，从多个织轴或纱架上引出的经纱排列在锥形模具的周围，全部经纱分成几段，每段由一个多臂开口机构控制，在织造时圆周方向形成多个梭口，多把梭子在梭口内围绕模具做圆周运动，引入梭口的纬纱与经纱相交织，这样可以生产与模具表面形状一致的锥形壳体织物。但是形成的织物具有不均匀的经纱密度，若在织造过程中经纱根数不变，则在圆锥的小端形成的织物经纱密度大、织物厚、纬纱间距大，而在圆锥的大端经纱密度小、织物薄、纬纱间距小，因此用这种方法织造锥形壳体织物时应合理设计经纱的增减工艺，以使织物的结构均匀。另外，锥形模具的安装方向也会影响织物的纬纱密度和织物的成形，模具大端向上时，纬纱张力使新引入的纬纱向锥形模具小端滑移，将有助于纬纱与经纱的紧密交织。

随着三维织物纺织技术、复合材料成形技术以及低成本制造技术的不断发展，三维织物复合材料逐步从航空航天尖端领域向汽车、建筑、体育及生物医疗等一般工业领域延伸。随着 CAD/CAM 技术的不断成熟和完善、生产和生活对各种纺织品需求的增加以及预成形技术的发展，三维织物制作技术将以更高的速度、更低的成本生产出大量满足人们生产和生活所需的各种三维预成形织物，因此三维织物有着广阔的发展前景。

2. 编织方式设计

（1）锥形模具模型设计

为了减少设计的复杂性，首先假设纱线是细度均匀的柔性体并在织物中处于较为理想的均匀排列状态，根据提出的最终成品要求进行锥形模具模型设计。

（2）编织方式的设计

为了满足设计需求，同时为减少最终成品织物中的纱线毛头以及其他结构性能上的缺陷，可采用圆锥壳体织物整体预成形的编织方式进行织物的设计和制作。

根据标准锥形模具的形状尺寸和已经确定的编织方式可以对圆锥壳体织物的各相关参数进行设计与计算。

3. 组织结构设计

如果将圆锥壳体织物沿一条母线处截面切取并展开，则可以认为是一种纬向尺寸不断缩小或放大的平面板状多层织物，因此其结构完全可以选用平面多层织物的结构。形成平面多层织物的方法主要有三维正交法和多层接结法等，因此其相应的结构可以选用三维正交结构、多层接结结构等。

在三维正交结构织物中，三个系统的纱线呈正交状态配置成一个整体，该结构最突出的特点是纱线弯曲小，多呈平直状态排列，纱线内纤维强力损失小，在受外力作用时，每根纤维几乎均匀承载，均匀变形，纤维的力学性能发挥得更完全，有利于充分利用纱线的固有特性，可以提高外力作用下织物的尺寸稳定性（在多层接结织物和正交结构织物的性能比较中得到验证）。同时织物还具有很高的顶破力、断裂韧性、抗撕裂性和抗剪切性，且不存在层间剥离问题，因此该结构可用于生产各种形状、性能优良的结构体，作为纺织增强复合材料的增强体。

根据相关接结纬接结结构织物和三维正交结构织物的性能及结构的验证，三维正交结构织物具有纱线交织规律简单、相同纤维体积密度下其形状保持性更好等特点。总之，基于三维正交结构织物的一系列性能优越性和整流罩用圆锥形壳体织物的性能要求，选择三维正交结构作为模拟整流罩用圆锥壳体织物的结构。

该结构的一个循环是由 12 根地经、24 根纬纱和 1 根接结经纱构成，在圆锥形壳体织物中，地经方向即圆锥壳体的轴向（圆锥母线方向），纬纱方向即圆锥壳体的周向，而接结经纱方向即圆锥壳体的径向（厚度方向发生屈曲并沿圆锥的母线方向延伸）。

4. 基本结构参数设计

（1）厚度设计

织物厚度与织物层数密切相关，因此织物厚度的设计主要是通过织物层数的设计来实现，在纱线细度和单层经纬密度确定的情况下，织物的层数越多可能达到的厚度越大；层数越少，则织物可能达到的厚度越小。因此结合纱线细度、织物层数与厚度的关系等对整流罩用圆锥形壳体三维预成形织物进行厚度的设计。

（2）纱线排列密度设计

织物内部纤维体积密度和单层经纬密度密切相关，因此其纤维体积密度的设计主要通过织物中纱线单层排列密度来实现，这与平面织物相类似，同时也与预设计的编织方式相关，显然，对于圆锥壳体织物来说，其周向纱线单层排列密度越高，可能达到的纤维体积密度也越高，在机架设计加工时的难度和要求也相应增加。由于拟设计的圆锥壳体织物将用于高速飞行器前端的整流罩用壳体，为了增加高速飞行器的射程，要求应尽量减少纤维的体积密度，但是为了满足其整流罩用的基本要求，又必须具备一定的体积密度，因此对于圆锥壳体织物纤维体积密度的设计，本书综合考虑各相关因素以减少设备设计的复杂性。在满足各项性能指标的前提下，应尽可能减轻整流罩的纤维体积密度，以提高性能。由于选用的织物层数较多以及三维正交结构中接结经纱的存在，织物中单层纱线的排列密度不便于直接得到，因此为了描述方便，采用织物10cm内所具有的经纱或纬纱组织循环数来表示其经纬密度的方法。

（3）密度均匀性设计

由于圆锥壳体织物在沿高度即母线方向的断面是连续变化的，要保持密度的均匀一致，必须使周向和轴向纱线单层排列密度（经密度和纬密度）连续均匀变化。对于纬密度可以通过打纬来达到设计要求，而经密度的连续均匀性变化在实际操作中是不可能实现的。因此采用梯度变化的方法来保持圆锥壳体织物经密度的基本均匀一致：选择梯度变化的级差越小，其可能达到的密度均匀性就越好，成品织物的性能越均匀一致；选用的梯度变化越大，其密度的分散性也越大，织物均匀性越差，相应织物中各处的性能差异也越大。但是面临的问题是选择的梯度变化级差越小，设计和制作的过程将越复杂，增加了圆锥壳体织物制作的难度并降低其制作的效率，因此设计时尽量减少所划分的梯度。

通过各项基本结构参数的设计，圆锥壳体织物的层数、选用的纱线细度、织物的经纬密度以及密度均匀性设计方法等都已基本确定，但是为了保证经密度在一定范围内变化，还应考虑划分的每一个梯度中经密度的变化情况，因此需要设计合理的添纱方案以满足实际需求。

5. 添纱方案设计

（1）总体分析

对照密度均匀性的设计要求，若采用三维正交结构编织圆锥壳体织物，则必须随着圆锥直径的变化，相应增加或减少若干个组织循环以满足密度的均匀性变化。进一步分析可知，圆锥直径变化时，即圆周方向尺寸的变化只是引起纬纱长度的变化，而并不引起其纬纱密度的改变。因此增加或减少若干个组织循环意味着增加或减少相应根数的地经和接结经纱。又由于一个循环中一组地经有 12 根，接结经纱实际只有 1 根，经分析可知密度的梯度变化就是以一定的方式增加或减少若干组地经和接结经纱。根据本节设计的编织方式要求，本设计采用从小端直径开始编织模拟整流罩用圆锥形壳体预成形织物，以直径逐步增大编织法设计具体的添纱方案。

随着编织过程的进行，圆锥的断面周长不断变大，要保持圆锥壳体织物的密度均匀一致是不可能实现的，因此设计时尽量使圆锥壳体织物结构和密度在一定的范围内变化，这就需要编织过程中频繁有规律地增加经纱根数，因此必须合理设计经纱的添纱方案。在织造中添纱方案的设计主要包括三个方面，即总的添纱次数设计、每次添纱循环数设计和每次添纱后引纬循环数的设计。

（2）参数设计

结合密度均匀性要求，将模具按一定规律和要求划分成几个断面，其原则是保证经密度在一定范围内变化的情况下，尽量减少添纱次数以降低操作的复杂性。

第三节 碳纤维制品成形技术

一、碳纤维拉索

碳纤维性能稳定，比较柔软，具有纺织纤维的可编性，可制成线缆及绳索。与传统的线缆和绳索如钢丝绳等相比，碳纤维线缆和绳索具有很多优越性，可用作大跨度斜拉索桥悬索、舰船用缆绳、登山用绳索等，有被用于代替自重大的钢缆的发展趋势。但是碳纤维线缆的极限应变很小，多根线缆在承重时，若其中单根线缆因应力集中而断裂，则整个线缆的承载能力会受到极大破坏，这将影响碳纤维线缆的应用前景。可以从结构方面入手，通过线缆内部结构的形变提高其伸长率及极限应变。

（一）碳纤维拉索的构造

碳纤维拉索是从 1987 年左右在日本发展起来的，为绞线型纤维筋，黏结树脂为环氧树脂。碳纤维拉索的索股通常为多股绞线组成，最常用的为 7 股、19 股、37 股，标称直径分别为 15mm、25mm、35mm，很小直径的则由单股组成，一般单股直径为 5mm。在索股的外面套上 PE 管，在中间则填充树脂或砂浆。

（二）碳纤维拉索的优越性

常见的碳纤维拉索的弹性模量比钢材的低，在 140GPa 左右，但国外已有厂家生产出弹性模量与钢丝相近甚至更高的碳纤维材料。碳纤维拉索具有很高的轴向拉伸强度，超过现有的高强钢丝或钢绞线，其值一般为 2000～3000MPa，但其抗剪强度低，仅为拉伸强度的 5%～20%。碳纤维拉索的延伸率已从 1.0%左右提高到 2.0%，最高的已经达到 2.4%，从而具备了可以作为拉索的条件。碳纤维拉索具有蠕变小，松弛率低的性能。试验表明，当将碳纤维筋应力水平维持在其强度的 60%左右时，1000h 后的蠕变几乎为 0，应力松弛不到 1%。德国 DSI 公司用于 DYW ICARB 体系的碳纤维筋经试验得到，1000h 后的松弛率为 0.8%，3000h 后慢慢变为 0.01%。碳纤维材料的抗疲劳性优于钢材，DYW ICARB 体系的疲劳试验表明，19 根单丝的碳纤维拉索在 2×10^{6} 次循环荷载下未发生破坏，其疲劳强度约为相同条件下钢索的 3～4 倍，且在随后的承载能力试验中发现其极限承载能力几乎没有下降。

与钢材相比，碳纤维拉索的制造尚未形成相关的标准，不同厂家根据各自的技术生产。

除了上述力学特性外，碳纤维拉索还具有富有柔性、抗腐蚀和抗疲劳等优点。在 200 万次反复荷载作用后强度不变，500 万次以后仍然保持较高的强度。当使用拉应力在强度的 60%以下时，盐分、日照不会影响它的拉伸强度。碳纤维索的应变和松弛等重要指标也优于钢索，还可以选用耐热、耐火性好的树脂提高它的耐火性能。

已有研究分析了碳纤维复合增强材料碳纤维这种新型材料的特点，从力学角度详细推导了相关公式，对斜拉索的承载效率进行了分析，对于使用碳纤维材料斜拉索的超大跨度斜拉桥，研究了其极限跨径。研究结果表明：①相同条件下，碳纤维拉索的承载效率比钢拉索高得多；②碳纤维拉索的相对密度小，减轻基础施工的难度。采用解析法分析了碳纤维斜拉索的静力特性，发现碳纤维拉索相对于钢拉索具有一系列优点：碳纤维拉索在超大跨度时采用切线模量计算的误差很小；相同条件下碳纤维拉索的等效弹性模量比钢拉索的高得多，且拉索越长，其间差别越大；碳纤维拉索的极限长度为钢拉索的5倍有余，或者说在承载效率一定的情况下，碳纤维拉索的跨度为钢拉索的5倍；碳纤维拉索的自重应力较小，在超大跨度时其承受外荷载的比重仍很高。

基于斜拉索分析的悬链线理论，以主跨1088m的苏通大桥的斜拉索为研究对象，对比分析高强钢丝斜拉索和碳纤维斜拉索的力学特性。研究表明，由于自重的降低，尤其对长索，碳纤维斜拉索的垂度和由垂度引起的刚度损失造成的支承效率损失大大降低。此外，通过有限元分析，对碳纤维索的风振行为进行了研究，讨论了不同的湍流模型，以及碳纤维索在均匀风场和脉动风场下的风振行为。分析结果表明：①在均匀风场作用下，碳纤维索的气弹阻尼效果明显，气弹质量和气弹刚度效果较小。②碳纤维索的气弹阻尼比要高于同尺寸的钢索，且索的振幅越大、频率越高，气弹阻尼效果越明显。③在脉动风场作用下，碳纤维索由于自振频率比同尺寸的钢索要高，且气弹阻尼比要大，如果设计合理，其风振效果可能会优于同尺寸的钢索。该结论对碳纤维索在大跨结构中的应用有一定意义。也有研究从力学角度对斜拉索的垂度和等效弹性模量进行了分析。研究结果表明，由于碳纤维拉索的自重较轻，能有效减小拉索的自重垂度，增大拉索的等效弹性模量，增大荷载传递的效率。

综上所述，与钢材相比，碳纤维材料具有强度高、自重轻、抗腐蚀、抗疲劳、耐久性好等优点，特别适合用作要求高强轻质和耐久性好的缆索材料。采用碳纤维拉索代替钢索，可以减轻桥梁自重，并减小下部结构的规模，增大桥梁的跨径，对降低综合经济指标和施工技术难度都具有十分重要的意义。

（三）加工工艺

综合考虑当前线缆的制造方法及各种工艺的特点、碳纤维的特性和实验室条件后，一般选用捻绳法、绳编法和三维编织法来制作碳纤维拉索。各制作方法及成品的结构如下。

1. 加捻法

参照常见的平行纤维绳和平行钢缆绞线索结构，可采用加捻法对碳纤维进行复合。加捻原理是对并合的单纱、网线或绳索加以一定捻回的工艺过程。

加捻是使纱条的两个截面产生相对回转，这时纱条中原来平行于纱轴的纤维倾斜成螺旋线。对短纤维来说，加捻主要是为了提高纱线的强度，而长丝的加捻既可以提高纱线的强度，又可产生某种效应。对碳纤维复丝进行加捻，可以增强单丝间的抱合力，获得类似于钢缆的平行绞线索结构。

当载纱盘沿盘中心自转时，三根绳股就被捻制加工为拉索。在捻制过程中，先在纱线捻度仪将12k碳纤维复丝加捻成绳股，捻度为15捻/m，捻向为Z；再用载纱盘将三根这样的绳股捻制为拉索，捻度为32捻/m，捻向为S。

要注意的是，由加捻法制得的碳纤维拉索，须将其两端固定，才能保持结构。若释放其头端，则捻度减至5捻/m以下，原因在于碳纤维刚性大，加捻法得到的拉索结构可能不稳定。

2. 绳编法

碳纤维线缆基本结构常为9根、17根等，这里设计线缆基本结构为9根12k碳纤维丝束，编织成形。试验方法为两次编织，即先将碳纤维丝束存储在三线编织机专用的三元上，再将三元安装至载纱器，调整合理的速度以控制碳纤维线缆单位长度内的花节数，在三线编织机上编织成12k×3的线缆。再用同样的方法将12k×3的线缆编织成（12k×3）×3的线缆。用该三线编织机制得的拉索，其花节密度取决于卷取机构的转速。选取合适的花节数能够有效降低编织过程对碳纤维丝束的损伤程度。

编织仪器采用三线编织机。先将三根碳纤维复丝在三线编织机上编织成绳，再将三根这样绳用同样方法编织成拉索。用该三线编织机制得的拉索，其花节密度取决于卷取机构的转速。卷取机构与一根横杆采用皮带传动方式发生联动，横杆的一端套有一个齿轮，与主动齿轮相咬合，调节两个齿轮的齿数配比就可以调节卷取机构的转速。

该编织机在设计时其编织所用纱线适合于柔软的小直径纱线，而12k碳纤维复丝的细度和刚性都较大，在编织时，复丝需要较大的张力才能通过载纱器上的小孔，进行正常编织。而皮带传动方式具有不稳定性，容易打滑，造成复丝张力的不稳定，会影响到成品结构稳定性和编织的顺利进行。在试验中发现，当采用较大卷取速度时，张力不稳定的情况会明显改善。另外，当卷取速度较小时，编织成的拉索不能及时从轨道盘上方的小孔中通过，在小孔下方堆积，影响到成品结构的稳定性。更严重时，会使载纱器相互缠绕，使编织不能正常进行。因此，为了保证成品结构的稳定性，试验选用编织机的最大卷取速度。此时横杆上齿轮与主动齿轮的传动比为94∶28。

为克服上述问题，这里对该编织机进行改造，定制生产。主要调整项目如下：①载纱器容量增大，具体表现为载纱筒子高度增加，载纱半径增大；②轨道盘适应载纱器增大而增大；③导纱钩和纱孔增大至直径10mm，编织成形的碳纤维线缆可以顺利通过；④储线盘容量增大。

该方法制成的产品结构稳定，能连续生产，效率较高，能为以后的批量生产提供良好的经验。

通过绳编的纺织加工方法获得纤维束结构碳纤维线缆，利用拉伸时纤维束结构上的形变，在不显著降低线缆强度的前提下，提高其伸长率。因此，围绕这一目标来进行设计。经过筛选，确定采用绳编法制备结构稳定的碳纤维线缆。

3. 三维编织法

采用“四步法”纵横步进编织，织物在方形三维编织机上制得，所得编织物横截面为方形，采用三维编织机将 8 根 12k 碳纤维复丝按照四步法 1×1 编织，编织纱主体部分为 2×2，编织角选为 35°。在编织时，为保证成品结构的稳定，在用打紧棒进行打紧时，力度应保持均匀。

也可采用三维编织机编织盘根（Packing）结构碳纤维拉索。盘根结构体也叫密封填料，用于密封，通常由较柔软的线状物编织而成，截面积是正方形或长方形、圆形的条状物。盘根结构的特点是高强度，高回弹，柔软而又耐磨。

二、碳纤维无纬布

碳纤维无纬布，又称碳纤维预浸料，由碳纤维纱、环氧树脂、离型纸等材料经过涂膜、热压、冷却、覆膜、卷取等工艺加工而成，用于制纤碳纤维复合材料的中间材料，是制作碳纤维复合材料的重要组成部分。它具有热稳定性好和热导率低、膨胀系数小等优点，是真空袋、模压、热压罐等成形工艺所采用的半成品，在导弹等飞行器中具有广泛的应用前景。

无纬布适用于成形承力构件，故要选用强度高的纤维如高强玻璃纤维、碳纤维和 Kevlar49，或按一定比例混合采用上述纤维（用于制备混杂复合材料）。品种规格多，性能各异，主要性能指标有厚度、树脂含量、挥发物含量、树脂流动性和适用期等。碳纤维无纬布可按不同的分类方法分类：按纤维排布分，有单向、织物和纤维型；按树脂特性分，有热固性和热塑性；按树脂量分，有吸胶型和零吸胶型；按制备方法分，有热熔法和溶液法。其中，高性能复合材料用的热固性碳纤维预浸料，需放置在－18℃下储存。

国内生产的无纬布通常采用滚筒法，它是将连续纤维浸渍树脂后，平行地绕在圆柱形滚筒上，待晾干后，沿着滚筒的一根母线切断展开，便获得无纬布。布的大小由滚筒直径和长度决定。滚筒法生产无纬布的工艺流程是：丝筒→浸胶→绕丝→切割→晾干→无纬布。

经上述工艺获得的碳纤维无纬布具有以下特点：①无纬布表面平整、光滑、无毛丝、厚度均匀；②无纬布的碳纤维无曲皱且互相平行；③无纬布的碳纤维单位面积质量偏差在±3%范围之内，且无可见的缝隙；④无纬布的含胶量偏差在3%范围内，且各部分胶量均匀；⑤含胶量控制在（39±3）%，挥发分含量<3%，无纬布布面密度控制在（130±5）g/m^2。

三、碳纤维机织布

由于国产碳纤维在织造过程中存在易起毛、易粘连、易断头等问题，若采用传统的络筒、整经、浆纱、穿筘、织造工艺流程，在任意一道工序上都会产生起毛、粘连、纠缠、断头等现象，特别是络筒、整经两道工序，络筒工序现有的槽筒材质及沟槽曲线、络纱速度、络纱张力控制方法等都不适合碳纤维的生产加工。整经工序也存在同样的问题，整经时张力小，经轴成形不好，经轴退绕时粘连、纠缠严重，无法退解；整经时张力大，碳纤维起毛、断头严重，给整经带来困难，使原材料消耗加大。

因此，碳纤维布的织造工艺需要在传统工艺的基础上进行改进。根据以往国产碳纤维织物织造的生产实践，碳纤维织物织造的工艺流程要根据不同的碳纤维种类进行适应性调整，碳纤维通过的路径要光滑，经向张力施加方法要适当，织机速度要适合碳纤维种类及幅宽等工艺参数。对碳纤维织造工艺流程中的改进工艺叙述如下。

（一）织造准备工序

为解决传统工艺流程不适合国产碳纤维织造的问题，针对国产碳纤维织造工艺流程越短越好这一现实，考虑到国产碳纤维织造的大多是1k、3k、6k和12k织物，这些织物的幅宽不大、总经根数不多和纤维纤度较大，可以简化准备工序生产工艺。杨建恒等在织造准备工序中去掉整经和浆纱工序，在织机后面加张力机（含模拟经轴）和筒子架，直接把碳纤维纱筒放在筒子架上，碳纤维从架子上引出后进入张力机进行张力调整，张力均匀的丝束即可直接织布。采用这样的工艺流程以后，在织造效率、产品质量及降低碳纤维损耗等方面都有很大改善。具体改进工艺叙述如下。

1. 络筒

为了保证碳纤维纱线的无捻结构、强力和伸长等物理、力学性能，有效清除碳纤维纱线的表面杂质、毛丝等疵点，提高织造效率和成纱品质，以及对碳纤维织物长度的有效控制，需要对碳纤维纱线进行退绕定长工序，即络筒。

络筒工序设计的工艺原则是低速度、控制缠绕张力和清除结杂毛丝。通过反复试验与比较，络筒速度为30m/min，3k丝束缠绕张力为2N，是比较合适的络筒参数。

2. 整经

碳纤维整经技术的关键问题是实现片纱匀张力和单纱恒张力。碳纤维不能直接采用传统的整经工艺，而是采用一种模拟整经工艺，即碳纤维从筒子架上退绕，退绕下的碳纤维纱线进入互不干涉的独立通道内，保持碳纤维丝束平展状，然后绕过模拟经轴，进入织造区域。此种整经条件下，在筒子架到织机后梁区间的碳纤维处在比较小的张力状态，使每个独立通道内的每束碳纤维在此区间的起毛断头等现象基本得到克服，比较适合碳纤维织物的织造。

纱线从筒子架上的退绕方式有径向退绕与轴向退绕。由于碳纤维的退绕是在有张力的条件下进行的，轴向退绕时，筒子架上的碳纤维纱线经过碳纤维纸筒的边缘时，容易刮擦纸筒边缘，刮毛、断头严重，在碳纤维布面上形成毛团、断纱等疵点，影响碳纤维织物的表观质量，因此必须在退绕端加装一个表面非常光滑的退绕环，以克服上述问题。此外轴向退绕时，每退绕一个纱圈，将自动产生一个捻回，不利于一些要求高的产品的生产。碳纤维丝束在径向退绕时，每个碳纤维纱筒要配备一个可灵活转动且有一定角度的转筒座，依靠织造张力，带动碳纤维纱筒和转筒座一起转动，退下碳纤维以满足织造的需要。碳纤维丝束径向退绕的筒子架采用组合式，每一个单元上下可做6～10层，左右可做4～6列，前后做6～10排。根据不同品种、不同总经根数进行组合，以满足不同品种织物的织造要求。在每一排纱筒的上方，安装一根陶瓷导眼板，作为碳纤维引出的依托和通道。这种筒子架的最大问题是制造成本非常高。

3. 浆纱

在织造过程中，经纬纱要受到反复多次的拉伸、曲折、摩擦等作用，要求纱线具有较好的拉伸性、耐屈曲性、耐磨性。然而，碳纤维的耐屈曲性和耐磨性很差，难以满足高质高效织造要求，可以通过经纱上浆来解决这一难题。考虑碳纤维的纱线特性，为了在纱线表面形成完好的浆膜以提高纱线耐磨性，一般采用重被覆、轻浸透的上浆工艺。同时，对浆膜的要求是强度高，弹性好，伸长率与碳纤维接近，浆膜与碳纤维之间有较好的黏附性，浆膜完整性好。通过比较几种不同浆料，发现PVA相对于变性淀粉、变性淀粉/PVA混合浆料而言，经PVA上浆的碳纤维织造效果最好，不仅提高了碳纤维的耐磨性，而且改善了耐屈曲性。

4. 穿经

穿经的目的是将平展状丝束的碳纤维经纱根据工艺设计的要求，按一定的方式将经纱穿入张力机，经过张力调整的碳纤维片状丝束依次穿过综眼和筘齿。因碳纤维平展性较差，丝束比较松散，故综框升降会造成综丝内丝束的相互摩擦，出现断丝和毛丝现象而导致开口不清，使用椭圆孔尼龙综丝，可以有效避免断丝和毛丝现象的发生。

（二）织造工艺

1. 经纱张力控制

在织造过程中，碳纤维经纱的张力可分为三个区：①从筒子架到张力调节器的区间，碳纤维采用小张力径向退绕方式退筒引出，可降低碳纤维与纸筒边缘之间的摩擦作用，减少刮毛。②张力调节器到织机后梁的区间，经过张力调节器调整后的碳纤维呈平展状丝束，每束碳纤维具有相同的张力，形成等张力的碳纤维集束纱，进入包胶皮的模拟经轴和织机后梁。③织机后梁到卷取辊的张力区间，对碳纤维施加必要的张力，以满足织造生产的要求。相对而言，采用可移动的后梁结构较好。

在碳纤维织物的织造过程中，织机织造所需张力主要由模拟经轴和后梁来提供，所以一定要控制好经纱张力以及平展状经纱张力的均匀性。张力大小合适并均匀，所织造的碳纤维织物外观就平整，特别是经向没有光影差。经向光影差一般是由于碳纤维经纱张力不匀、在布面上形成的屈曲波大小不一致造成的，极个别也是由碳纤维本身光影差造成的。

经反复试验与比较，采用具有可摆动后梁，通过导纱罗拉根数和位置，在张力机上进行每束碳纤维张力的调节，经纱张力 5N 最为合适，可使碳纤维的张力基本能满足织造生产的要求。

2. 织机车速

织造过程中车速快，钢筘及综眼与经向碳纤维之间摩擦起毛严重，碳纤维断头多，织造过程中车速快、打纬力也大，纬向碳纤维碰断现象严重，给织造增加了难度，产品质量也难保证。为解决这方面问题可采用长牵手打纬机构和降低车速的方法。经反复研究与试验，国产碳纤维的织布速度在 40～60r/min 左右较为理想。

（三）卷纬工艺

目前，碳纤维还不适合高速条件下的织造，对织机速度要求较低，用有梭织机生产 3k 以下碳纤维织物是较为理想的方法。在用有梭织机生产时，卷纬工序的成纱质量对碳纤维织布有很大的影响，必须对卷纬机和卷纬工序进行改进。现在常用的卷纬机有竖锭式和卧式两种，下面以半自动卧式卷纬机的改造为例，介绍相关的工艺，这是一种卧管、无锭、单面卷纬机。

1. 退绕方式

传统的卷纬方法，筒子纱退绕都是以轴向退绕为主，碳纤维在轴向退绕时会产生两方面问题：一是脱落；二是刮碰起毛。由于碳纤维是无捻长丝，且剪切强力低，高速退绕时易起毛断头，必须在低速条件下进行卷纬。低速卷纬时筒子纱退绕速度慢，没有气圈作用，碳纤维的筒子又比较长，在退绕到底部时碳纤维与筒子上部之间刮碰起毛严重，对卷纬和织布质量都有很大的影响。卷纬速度低、筒子长度长，容易产生的另外一个问题是纬纱脱落，纬纱脱落后相互纠缠，既影响卷纬，又加大损耗。经反复实践与探讨，把卷纬时筒子纱由轴向退绕改为径向退绕，卷纬质量有明显提高，基本上能克服刮碰、起毛、易脱落、纠缠等缺点，可满足碳纤维织布的要求。

为了克服上述问题，根据碳纤维筒子尺寸，做一个能自由回转的筒子架，固定在卷纬机上。筒子架由支架和套座两部分组成，套座由轴和回转体组成。回转体能在轴上灵活回转，回转体的长度及直径应根据碳纤维筒子的筒管尺寸确定；回转体上弹簧销保证碳纤维筒子与回转体之间不产生回转，起到固定碳纤维筒子的作用，卷纬时能够保证回转体与碳纤维筒子同步回转。支架支撑套座和碳纤维筒子，支架安装在卷纬机上时，应能保证套座左右水平，并与卷纬机的导纱锭杆相垂直，套座的左右中心应在导纱锭杆的垂线上，支架的尺寸根据碳纤维筒子尺寸确定。根据需要在筒子架上可加装简易摩擦张力调节装置，通过增大回转体回转摩擦阻力的方法调节卷纬时的张力，保证纬管成形良好。采取这种方法调节卷纬张力，由于张力不直接加在碳纤维上，可减少碳纤维的刮碰起毛，也能保证纬管成形良好。

2. 工艺路径

卷纬工艺路径为：碳纤维筒子→导纱棒 1→导纱棒 2→导纱器→瓷眼。

导纱棒要求是表面光滑的玻璃棒或不锈钢管，并能自由回转，以减少碳纤维与导纱棒之间的刮碰摩擦，减少碳纤维的起毛，并要求导纱棒 1 和套座轴 1 在同一垂线上。

（四）碳纤维的四剑杆织机织造

多剑杆织机是参照普通剑杆织机设计制造的，采用了多梭口和多剑杆引纬织造工艺，比普通织机更适宜织造三维立体织物，具有织造工艺简单、操作简便、织造效率高等优点，是一款非常有潜力的新型织机。

1. 四剑杆织机概况

四剑杆织机是参照普通剑杆织机设计制造的专门用于制织三维机织物的新型设备。该织机的主要特点有：①采用多眼综丝，经纱在空间形成排布，经纱分成多个层次；②综框提起多个高度，一次开口在竖直方向形成多个梭口；③多个剑杆对多层梭口同时进行引纬；④平行打纬机构将纬纱推向织口；⑤平拉式卷取机构将织物平行引离织口；⑥多经轴分层送经。

同一根综丝上的经纱沿厚度方向排列，且运动规律相同，可以用来织造含有相同浮沉规律、经纱层数较多的织物；多层经纱的运动规律受综框运动和综丝眼位置影响，织造出复杂结构织物；多梭口织造与多剑杆同时引纬，极大地简化了复杂组织的织造过程，提高了织造效率。因此，多剑杆织机具有织造工艺简单、操作简便、织造效率高等优点，比普通织机更适宜织造三维立体织物，是一款非常具有潜力的新型织机。

2. 五大运动特征

（1）开口机构

这里的多剑杆织机采用多眼综丝控制经纱，并通过伺服电动机控制综框的运动，使综框具有多个提起高度，一次开口即可形成多层梭口。

① 多眼综丝　四剑杆织机采用多综眼综丝，一根综丝上有多个综眼，可穿入多根经纱。由于经纱在综丝上竖直排列，一页综框即可控制在织物厚度方向上不同层的经纱。

传统织机采用单综眼综丝，一根综丝上穿一根经纱。织造多层织物时，一页综框控制一种运动规律的经纱。理论上，三维机织物的厚度越厚，在垂直方向上的经纱层数就越多，所需的综框页数越多。综框页数过多也会给织造带来很大问题。为开清梭口，后页综框提起高度需比前面综框页大，但这样又会导致经纱伸长差异，增加经纱张力不匀。由于综框数有限，传统织机上无法织造厚度过大的织物。然而，多眼综丝在一定程度上突破综框数的限制。将织物组织中厚度方向起伏规律相同的经纱穿在一根综丝上，织物所需的综框数即可减少。一般说来，对于同一种组织结构，综丝的综眼数越多，所需综框数越少。

多眼综丝的应用不仅大大减少了织造织物所需综框数，而且将织物中所有经纱分为多个层次，降低了经纱排列密度，减少了经纱与经纱之间以及经纱与综丝之间的磨损。

② 多个提起高度　为织造复杂组织织物，多眼综丝的综框可提起不同高度。为同时形成多个清晰的梭口，综框提起高度以综眼间距为单位。当多眼综丝的综眼数为 n，综框提起 1 个高度时，织机开口最多形成 n 个梭口；提起

$2n-1$ 个高度时，最多形成 $n+1$ 个梭口；织机最多提高 n 个高度，形成 $2n-1$ 个梭口。当综框提起两个或两个以上的高度，不同综眼层内的经纱出现交叉，从而使综眼层间织物接结起来。

试验织机采用伺服电动机和回综弹簧共同作用的方式来实现综框多动程的运动方式，伺服电动机控制系统具有灵活、多样、准确等优点。

综框提起多个高度，在织造时同时开多个梭口，避免分层开梭口时对另一层经纱的摩擦，这样不仅可以降低经纱密度，提高开口清晰度，而且可以解决多层织物综框多、织造张力大、毛单纱易断的问题，同时提高产量。

（2）多剑杆引纬

由于开口系统采用多眼综丝，多层经纱在垂直方向上排列，每次开口可形成多个梭口，需要多个引纬器对应多梭口同时引纬。

这里的织机采用多剑杆引纬。剑杆数根据综眼数设置，由于每层综眼内是以传统织造为基础，剑杆数一般为综丝的综眼数。为配合四综眼综丝织造，织机采用四剑杆同时引纬。四根剑杆固定在一个滑块上，由伺服电动机通过皮带轮传动，每根剑杆对应一套纬纱供应系统。

多剑杆引纬机构由伺服电动机控制，其优点是精确速度控制、精确位置控制、精确推力控制等，可使剑杆准确快速地进出梭口，引入纬纱；选纬器、夹纱器和剪纱器等机构使用气缸来控制，使之按要求动作。在计算机的精细控制下，伺服电动机和气缸共同作用，可以准确快速地完成织造引纬，提高效率。

（3）平行式打纬

多剑杆按要求引纬后，钢筘将纬纱推向织口与经纱交织成织物。

三维机织物厚度大、重纬数多。一个竖直截面内的纬纱往往需要多次开口和引纬，多次引入的纬纱必须在同一织口与经纱交织，从而形成竖直堆叠。再者，三维织物总经纱根数多，上机张力大，不易打紧纬纱。三维机织物多采用高模量纤维，屈曲程度小，经纬纱交织不易抱合，纬纱随钢筘回拨现象严重。打纬不足时，纬纱不易形成重叠，织物纬密度达不到设定值。这就要求打纬机构不仅能将多层梭口的纬纱平行推向织口，并且保证有足够的打纬力将不同开口引入的纬纱打向同一织口。

（4）平拉式卷取

为保证织造生产的连续进行，必须把织口附近已经形成的织物引离织口。

在织制三维机织物时，为使织物中重纬纱在同一个竖直截面上重叠，必须在一个竖直截面的纬纱全部纱线引入梭口与经纱交织后，再进行卷取，因此卷取运动是间歇的，即一个竖直截面纬纱系列的纱线发生一次卷取，而不是每织一纬都发生卷取运动。同时，三维机织物多为高厚织物，截面可能会是 T 形、L 形、U 形等异型截面结构，弯曲刚度大，直接通过压送辊卷取，不仅摩擦阻力大，而且还会导致织物变形。

卷取系统由两个阶段的间歇式卷送装置共同组成。第一阶段的卷送装置包括压送辊和步进电动机。压送辊由一对相互挤压的皮辊组成，下面的压送辊受电动机驱动正转，靠摩擦力拖拽织物使之远离织口，卷取控制系统根据纬密度和下机缩率计算出织物的卷取量并步进电动机的转速，以此来驱动压送辊运动。第二阶段的间歇式卷取装置包括交流调速电动机和霍耳接近开关。这部分通过张力杆感知织物张力，依据织物张力调节卷取。当织物（机头布）张力逐渐变小，使得张力杆偏转，张力杆上的电磁触头与后端（左端）的霍耳式接近开关靠近，电动机促使卷布辊电动机正转，将织物卷到卷布辊上；织物（机头布）张力逐渐增大，触头与前端（右端）开关靠近，卷布辊停止卷布。

（5）多轴分层送经

送经机构主要有经纱送出和经纱张力调节两方面功能。对送经机构的工艺要求是：保证从织轴上均匀地送出经纱，补偿织物的卷取量，适应织物形成要求；给经纱以维持符合工艺要求的上机张力，并在织造过程保持经纱张力的稳定。

三维机织物的经纱层数多，可能出现有的经纱消耗率大、有的经纱消耗率小的情况。送经机构必须根据各层经纱消耗量的差异，满足不同的经纱送经量的需要。同时，复合材料用的三维机织物多采用玻璃纤维、碳纤维等高性能纤维，其弹性小，抗剪切能力差。这些纤维的经纱在开口过程伸长量很小，综平时和开口时经纱张力不同，应有张力调节机构使上下梭口的经纱都能保持适当的张力。

3. 四剑杆织机的织造工艺

四综眼四剑杆织机原理：经纱由经轴架上经轴引出，按一定规律穿过分层定位装置再穿过多眼综丝，穿入钢筘后，在卷取装置上起头绑定经纱。在织造过程中，各页综框不同的升降规律，使经纱形成多层梭口。纬纱从经轴上退绕下来，引纬剑穿过开口夹持住纬纱，引纬剑回退，将纬纱引入开口，钢筘将纬纱推向织口，进行打纬，织物卷取机构将形成的织物引离，至此一个引纬循环结束。多剑杆织机是参照普通剑杆织机设计制造，专门用于制织三维机织物的新型设备。

（1）开口运动

这里采用的综丝为多眼综丝，每一页综框都由一套伺服电动机通过一定的机构实现升降高度的精确控制，并且综框可以提起多个不同高度，形成多个开口，完成织物的交织，而综框提起高度以综眼间距为单位。

织造过程中的开口对织物的形成质量有着重要的影响。在普通剑杆织机上，由于每页综框只有一个综眼，若要形成多层接结组织，必然要使用很多页综框，而在四综眼四剑杆织机上，由于每根综丝上有四个综眼，根据织造原理，可以使用较少的综框进行较厚织物的织造。

当综眼间距相同的综丝安装在综框上时，由织造过程可知，它们的织口处于同一位置，但各层经纱由于综眼位置的差异，它们的纱线路径会有差异，穿在靠近后页综框上的经纱易占据穿在前页综框上的经纱所形成的梭口空间，并易对引纬器穿过梭口造成阻碍作用，因此有必要对前后页综框上经纱所形成的梭口大小进行调节，以使引纬器顺利通过梭口。

其中，织机的计算机系统对每页综框的提起高度和提起速度以及其他参数，如打纬速度和打纬次数都可以进行设定，这些规格参数是针对不同特征的样品进行设定，以满足织造的顺利进行。

（2）引纬运动

多眼综丝和综框提起不同的高度，可以形成多个开口，采用多剑杆进行引纬，并将传统的剑杆头改装成剑杆夹持装置。具体引纬运动是：初始状态，4根刚性剑杆携夹持装置停在织机的右侧，4把木梭停留在多梭箱接收装置中。第一纬，经纱开口后，刚性剑杆通过皮带由步进电动机驱动，穿过梭口，夹持木梭下方尼龙滑块，根据选纬规律，将对应的木梭引入梭口。第二纬，完成打纬和再次经纱开口后，停留在织机右侧的刚性剑杆，夹持多把木梭再次穿过梭口，将其交还给织机左侧的多梭箱接收装置。接收装置设计有气缸选纬机构，当木梭进入多梭箱并抵达设定位置后，梭道内气压将其固定在梭箱中。回退的刚性剑杆，克服木梭底部尼龙滑块与夹持装置之间的摩擦力，使木梭与夹持装置分离，刚性剑杆携夹持装置返回初始位置，机构回到初始状态。循环进行上述动作，木梭中的纬纱可以实现连续引纬。其中，多系统选纬机构使用气缸来控制，使其按绘制纹版的规律来动作。初始状态下，四把木梭按照从上到下的顺序放置在四梭箱的梭道中，每次引纬时，四剑杆夹持装置均进入梭口，夹持木梭，但梭箱后的气缸会根据纹版选纬的设置，相应变化有无气压作用在相应的梭道中，从而控制引入梭口的木梭。

（3）打纬运动

三维机织物垂直纬向截面上有多根纬纱排列。织造时，一次开口引入多根纬纱且不能完成一个循环的纬纱引入，需多次开口。因此，需要打纬时钢筘平行将纬纱打向织口完成织造。

（4）卷取运动

织造时形成的织物需及时引离织口。三维机织物本身具有一定厚度，不能像薄型织物一样直接采用传统的卷取辊卷取。为确保三维机织物不发生卷取形变，多综眼多剑杆织机增加一根导布辊，将织物平行拉离织口进行卷取。

（5）送经运动

送经机构主要有经纱送出和经纱张力调节两方面功能。对送经机构的工艺要求是：保证从织轴上均匀地送出经纱，补偿织物的卷取量，适应织物形成要求；给经纱以维持符合工艺要求的上机张力，并在织造过程保持经纱张力的稳定。

四、碳纤维三维机织物

（一）三维机织物

传统多层织物的织造，根据经纱开口运动规律的不同，使某些经纱或纬纱以一定的方式穿过织物厚度方向，这样不仅产生了沿织物厚度方向的纱线取向，而且产生了层与层之间的多种不同方式的接结，从而形成具有一定结构的三维织物。经纱开口运动的规律不同，形成的三维织物的结构也不同。

碳纤维三维机织物是在借鉴多层经纱机织方法的基础上，采用自行设计的简易织造装置进行织造。通过控制缝纬的运动，使得多层织物的经纱有选择地进行接结，在某些区域多层经纱通过一定的方式连接成相互交织的整体结构，在某些区域又分成两层。由于采用了多层经纱，碳纤维织物的厚度较普通二维织物有明显的增加，经纱层数越多，碳纤维织物厚度越厚。以采用缝纬选择性接结的板状三维织物为基础，经过适当的裁剪、折叠后，可形成T字梁、工字梁、十字梁等外形。

1. 织造装置的组成

织造装置主体由分纱筘、经纱前握持装置、分纱板、机前立柱、机后立柱及底座组成，配件有引纬器和握纱磁条。织造装置中经纱前握持装置方向为机前，分纱板方向为机后。织造装置整体尺寸为70cm×63cm×43cm，经纱前握持装置在机前立柱20cm处，装置包含13个分纱板，每个分纱板间距3cm。装置最大可织幅宽40cm的织物装置中分纱筘经钢筘改进而来，筘号14（公制），整筘幅宽46cm，筘高60cm。机前立柱、机后立柱及底座由铝合金型材拼接而成。经纱前握持装置通过夹纱板机械夹持方式将经纱握持。分纱板为普通钢材，握纱磁条为软磁铁可以随意弯曲，握纱磁条与分纱板可在机后握持碳纤维引纬器采用摩擦系数极低的聚四氟乙烯制作而成。

2. 织造装置的特点

织造装置具有以下特点。

① 织造装置机前立柱、机后立柱和底座采用铝合金型材组成，具有重量轻、可灵活调节的特点，可以根据织物幅宽、长度的需要前后调节机前立柱和机后立柱的相对位置。

② 分纱板与机后立柱为活动螺丝连接，可随意调节分纱板高度，也可根据所织织物层数增减分纱板数量。握纱磁条为软性磁铁制成，分纱板与握纱磁条可对经纱有效握持也不会损伤碳纤维。

③ 装置采用了固定开口的开口形式，穿好经纱后即可开始织造，织造的过程中不需要重新开口或者调节开口。

④ 采用了摩擦系数极低的聚四氟乙烯引纬器，在引纬时可将引纬器对碳纤维及其复丝的损伤降至最低。

⑤ 可织造多种形状的三维织物，包括板材、T 字梁、工字梁、十字梁等。

3. 织造流程

(1) 机前准备工作

机前准备工作主要是经纱、纬纱的配置以及织造装置的调节。

经纱配置：选用线密度为 800tex 的 12k 碳纤维纱，碳纤维纱宽约 6mm，截取长度 60cm，总经根数 273 根，经纱密度 18.2 根/cm。

纬纱配置：①选用线密度为 800tex 的 12k 碳纤维纱，碳纤维纱宽约 6mm，截取长度 20cm，纬纱总根数 515 根；②选用线密度为 800tex 的 12k 碳纤维纱，碳纤维纱宽约 6mm，截取缝纬长度 25cm，缝纬总根数 43 根。纬纱总密度 18.6 根/cm。

织造装置的调节主要是设置合适的可织长度。由于碳纤维板状织物设计长度为 30cm，考虑到经纱沿长度方向靠近机后立柱的部分缝纬不易收紧，织造难度大，为此，织造装置的可织长度按偏大设置。为保证碳纤维两端在可靠夹持的同时，尽量避免碳纤维长度过长导致的材料浪费，可织长度不能太长。综合以上两个方面的因素，设置可织长度 40cm。将两个机前立柱沿织造装置幅宽方向平行对齐并固定，沿织造装置前后方向移动机后立柱，调节其与机前立柱的距离，将机后立柱固定在与机前立柱相距 40cm 处。

(2) 穿经

穿经前调节分纱筘的位置并固定。穿经方法按照从下往上的顺序进行，每层经纱采用从左至右的方式进行，同一经纱平面内每个分纱筘筘齿内穿入一根经纱，这就有效地保证了同一平面内经纱分布的均匀性。碳纤维纱独特的结构要求穿经过程中经纱不能扭转、绞结，经纱沿织机前后方向必须与机前立柱和机后立柱垂直。经纱每穿完一层后，用双面胶将其一端粘贴在经纱前握持装置上以免滑脱，另一端利用夹纱磁条将其夹持在分纱板上。由于没有整经工艺，穿经质量的好坏直接影响织物的质量，因此穿经过程需要细心完成。

（3）固定机前经纱

经纱逐层穿完后，检查每层经纱是否有错穿、漏穿、平面扭转的现象。在确保穿经工序准确无误后，逐层对经纱施加一定的预加张力，使经纱层之间张力保持一致，使每个经纱层之间开口清晰。最后，采用夹纱板及夹纱钳将处于伸直状态的经纱牢牢固定在经纱前握持装置上。

（4）调节经纱张力

固定机前经纱后，对每层经纱平面内的每根经纱进行张力调节，使每层经纱间的张力均匀，并且经纱尽量处于伸直状态。

（5）织造

织造主要完成引纬打纬的动作。引纬前将纬纱连接在引纬器上，引纬过程需保证纬纱平行无扭曲，引纬顺序自下而上。引纬器携带纬纱穿过梭口后，取下引纬器，双手握住纬纱两端，施加张力保证纬纱伸直，纬纱移向织口完成打纬动作。纬纱和缝纬交替引纬，即每引完一列纬纱后引一根缝纬，该缝纬引完后引纬纱。引缝纬时，需将引纬器垂直穿过经纱层，缝纬与经纱的交织为平纹组织。例如，第一根缝纬与第一列经纱的交织点为经组织点，第二个组织点为纬组织点，依次类推，第二根缝纬与第一列经纱的交织点为纬组织点，第二个的组织点为经组织点。缝纬采用的平纹组织使织物具有稳定性，不易松散。

（二）三维双轴织物

通常的机织物为二维双轴编织，这种织物在经、纬（互相垂直的两组纱线）两向上的力学性能较好，但在其他方向上的力学性能及尺寸稳定性均较差，于是开发出二维三轴（三向织物）和二维五轴织物以改善织物力学性能的各向异性。但是，二维织物在垂直于织物平面第三维方向上的力学性能较差，尤其是对碳纤维这种径向抗压、抗剪切性能力较差的纤维来说更是如此。三维织物改变了这种情况。

三维双轴织物编织时纱线由互相垂直的 2 个方向喂入，但纱线在织物中根据组织结构改变位置，将不同平面的纱线连接成一个整体。三维三轴织物由 3 个不同方向喂入的纱线编织成为一个立体的整体。

五、碳纤维三维编织物

三维编织技术是二维编织技术的拓展。它通过携纱器精确地沿着预先确定的轨迹在平面上移动，使许多同一方向排列的纤维相互交织构成网状的整体结构，最后打紧交织面而形成不同形状的预制件，二步法和四步法编织代表了该领域的主流。每种方法有方形编织和圆形编织两种形式。

四步法编织既可以只有编织纱系统，也可以有编织纱和轴纱两个纱线系统。编织纱的携纱器沿行向和列向交替运动，形成 Z 字形运动轨迹，并沿斜向穿过内部区域，运动到边界停顿一步后，改变运动方向返回到内部区域，所有的携纱器遍历所有的边界，经过若干步后回到初始位置。轴纱均匀地加在编织纱中间，每根轴纱周围都被编织纱交织包绕，由于纱线的一个运动循环分为四步，故称四步法。四步法应用广泛，可以编织出许多不同断面的结构，如板状、柱体、管状等结构。而二步法编织必须有编织纱和轴纱两个纱线系统。在编织过程中，轴纱静止不动，编织纱按一定规律在轴纱间相互交错运动，并把轴纱绑紧形成三维编织预制件，其纱线在机器上的排列形式经过两个运动步骤后，恢复到初始状态。二步法编织的形状范围大、运动少，特别适合较厚的结构。

（一）四步法编织

目前最常用的编织工艺是四步法，需要先按预制件的要求尺寸、编织角、纤维体积比等确定纤维粗细、编织头数（对矩形件来说，就是用多少纵轨、横轨；对管状件来说，用多少环轨、射轨及载纤豆的个数）。四步法编织具体过程如下，第一步，交错移动横轨（环轨）1 格；第二步，交错移动纵轨（射轨）1 格；第三步，按照与第一步相反的方向交错移动横轨（环轨）1 格；第四步，按照与第二步相反的方向交错移动纵轨（射轨）1 格。

有学者在大量的编织实践和理论研究中，取得了许多新的成果，如几种新的三维编织单元体结构、带直角结构件在直角处的等圆角编织技巧等。上述新的三维编织单元体结构在编织形状复杂、承力复杂的预制件时有效实用，并且该学者还使用这些新单元体结构的不同组合，成功地编织出了带有一大孔、一小孔的回冲程汽车发动机连接杆预制件。带直角结构件在直角处等圆角的编织技巧，对带直角结构件（如 L 梁、工字梁等）直角处力学结构更趋合理（如改善应力集中等）做出了贡献。

（二）二步法编织

二步法三维编织复合材料是三维编织复合材料的一种，它以独特的结构和优越的力学性能在纺织复合材料领域中占有一席之地。目前，在航空航天和建筑领域都有采用这种材料作为主要承力结构件的需求，以取代目前性能达不到要求的铺层复合材料。与四步法三维编织相比，二步法三维编织工艺的提出比较晚。鉴于它独具的特点，二步法三维编织工艺引起了业内人士的兴趣，到目前为止，研究人员所做的大量工作推动了二步法三维编织技术的不断发展。

二步法三维编织有两个纱线系统，一个是编织纱，另一个是轴纱。在编织过程中轴纱保持轴向不动，编织纱按照一定的规律相互交错运动，并把轴纱捆绑起来，从而形成一个不分层的三维编织整体结构。在编织过程中，纱线在机器上的排列形式经过两个运动步骤后又恢复到初始状态，即两个机器运动步骤为一个循环，故称为“二步法三维编织”。

三维编织预制件和复合材料除了有着传统复合材料所固有的优点，例如重量轻、强度高等，还有着以下几个独特的优点：①三维编织预制件从理论上讲可以达到任意的厚度，并且厚度方向有增强纤维通过；②采用三维编织技术可以直接编织成不同形状的异型整体件；③三维编织预制件的纱线结构具有可设计性；④采用三维编织技术完全可以实现对高性能纤维的编织。

第四节 其他高性能纤维制品成形技术

一、芳砜纶纤维

（一）可加工性

芳砜纶纤维又名聚苯砜对苯二甲酰胺纤维，是一种新型高科技合成纤维，具有超高强度、高模量、耐高温、耐酸、耐碱、重量轻等优良性能，因而在电力、冶金、化工、水泥、国防军工及环境保护等领域有极为广泛的重要用途。

外观上，芳砜纶纤维颜色为米黄色，带有后加工成的卷曲，那是由于化学纤维若不加卷取，其抱合力很差，纺纱加工会很困难，因此芳砜纶纤维和Nomex纤维、Protex纤维一样带有后加工成的卷曲。这种卷曲一般是在后加工中经过卷取机挤压而成，卷曲数量较多，但其卷曲牢度较差，容易在纺织加工中逐渐消失。

芳砜纶纤维的断裂比强度低于Nomex纤维，断裂伸长率不到Nomex纤维的1/2。芳砜纶纤维的拉伸性能较差，也是造成其可纺性能差的原因之一。在开松梳理的过程中，纤维容易被拉断，造成缠结，影响纺纱工艺的顺利进行。强力过低会直接影响纱线的强度，从而进一步影响织物的力学性能，对芳砜纶纤维应用于防护织物带来不良影响。纤维的初始模量代表纺织纤维和纱线在受拉伸力很小时抵抗形变的能力，它会影响纺织品的耐磨、耐疲劳、耐冲击、手感、悬垂性和起拱性能。

芳砜纶纤维属于芳香族有机耐高温纤维材料，类似纤维只有少数发达国家才能生产。据悉，作为我国具有独立知识产权的原创性项目，作为制造高性能防护材料和结构材料的基础原料，芳砜纶被列为我国耐高温产业领域的一项核心技术。纺织纤维在纺织加工和纺织品的使用过程中会受到各种外力的作用，要求纺织纤维具有一定的抵抗外力作用的能力。

1. 芳砜纶纤维的基本物理性能

（1）纤维外观截面形态试验分析

从外观上看，芳砜纶纤维颜色为米黄色，而 Nomex 纤维为白色，仅仅观察颜色就可以将芳砜纶纤维与 Nomex 纤维区分开来。通过扫描电子显微镜试验，可观察纤维纵向形态及横截面形态。芳砜纶纤维纵向表面带有细微的菱形刻蚀，这些刻蚀增强了纤维对光线的漫反射，因而使得芳砜纶纤维具有近似真丝的光泽。芳砜纶纤维的横截面形状主要为圆形，也有少量的椭圆形。而 Nomex 纤维纵向带有很明显的凹槽，横截面为犬骨状。

（2）回潮率

回潮率是表征纤维吸湿性能的指标。纤维吸湿之后，对自身性能及其产品的性能都有很大影响。吸湿之后纤维的重量会增加。在称量纺织材料的重量时实际得到的结果是一定回潮率下的重量。因此正确表示纺织材料的质量或与质量有关的一些指标，如纤维或纱线的细度、织物的单位面积质量，应取公定回潮率时的质量即标准质量。如果疏忽了回潮率这一因素，就会造成重大误差。吸湿之后纤维的长度和横截面积都发生膨胀，不仅使得织物变得厚而硬，而且使得纱线的直径变粗，织物中纱线的弯曲程度增大，同时相互挤紧，使织物在经向或纬向比吸湿前需要占用较长的纱线，从而使得织物收缩。在力学性能方面，由于水分子进入纤维后改变了纤维分子间的结合状态，所以吸湿之后纤维的强力下降，而断裂伸长率则随之增大，纤维的塑性形变增加，纤维的表面摩擦因数也变大。在热性能方面，纤维吸湿后，其比热容、导热系数增加，纤维材料的保暖性能会大大降低。在电学性质中，由于水具有导电性能，因此纤维吸湿之后其电阻下降、介电常数上升，不同回潮率时纤维的电阻值差异很大。在纺织生产过程中，常常利用纤维的这一性质来解决化纤静电严重造成纺织加工困难的问题。

不同纤维在同一条件下测得的回潮率越大，说明其吸湿性能越强。Nomex纤维的吸湿性能较强，芳砜纶纤维次之。从纤维分子结构角度分析，纤维大分子中亲水基团的多少和基团极性的强弱对纤维的吸湿性有很大影响。芳砜纶纤维、Nomex纤维中都含有较强的亲水基团——酰氨基（—CONH），因而都具有一定的吸湿性。从外观形态上看，纤维的比表面积越大，表面能也越大，表面吸附能力越强，纤维表面吸附水分子能力也越强，表现为吸湿性越好。通过上面的扫描电子显微镜试验可观察到芳砜纶纤维表面有细小沟槽，增加了纤维的表面积，在一定程度上改善了其吸湿性能。而Nomex纤维纵向有凹槽，横截面为哑铃形，这种结构在一定程度上可增加纤维的芯吸效应，增强吸湿能力。

（3）强伸性能

纺织纤维在纺织加工和纺织品的使用过程中，会受到各种外力的作用，要求纺织纤维具有一定的抵抗外力作用的能力，而且纤维的强度也是纤维制品其他物理性能得以充分发挥的必要基础。因此，纤维的力学性能是最主要的性质，它具有重要的技术意义和实际意义。纺织纤维的长度比直径大1000倍以上，这种细长的柔性物体，轴向拉伸是其受力的主要形式，其中，纤维的强伸性质是衡量其力学性能的重要指标。

2. 芳砜纶纤维的其他物理性能分析

芳砜纶纤维最初应用于耐高温绝缘电机，要求它具有良好的电绝缘性能，由它制成的纤维纸体积电阻率为 $2.6\times10^{16}\Omega\cdot cm$；表面电阻率为 $2.05\times10^{13}\Omega\cdot cm$；电压击穿强度为22～25kV/mm。但是要作为纺织服装材料，这一优点就变成了给加工生产带来严重危害的静电问题。静电会影响纺纱工艺的每道工序，在开松梳理过程中，静电会造成纤维缠结，梳理之后不易成条；在并条拉伸工序中，纤维缠绕皮辊，造成拉伸不匀；在粗纱细纱工序中，静电也会使得纤维缠绕皮辊皮圈，造成纱线条干不匀，且容易断头，纺纱工艺难以顺利进行。芳砜纶还具有较好的耐辐射稳定性，经CO丙种射线 $5\times10^{4}\sim1\times10^{5}$ Gy的剂量辐照后，强力和伸长率均无明显变化。

3. 芳砜纶的热学性能

热稳定性能是材料在受热与持续升温条件下各项物理与化学性能稳定的综合表现，是耐高温材料的一项重要性能。对于耐高温材料，热稳定性的研究是评价材料应用性能的基础。通过热重分析法和差示扫描量热法及气相色谱-质谱联用分析法，从芳砜纶受热裂解过程方面进行测试和分析，以确定材料的热稳定性，从而为开发芳砜纶的各种耐高温材料提供依据。现有研究显示，裂解产物中含有邻苯胺、对苯胺、二氧化硫等物质，由于苯胺容易经完整皮肤吸收，在体内氧化为对氨基酚，代谢中间体产物苯基羟胺会导致溶血症。二氧化硫主要影响呼吸道，吸入二氧化硫可使呼吸系统功能受损，加重已有的呼吸系统疾病（尤其是支气管炎及心血管病）。尤其是在悬浮粒子协同作用下，二氧化硫亦会导致死亡率上升。因此在用芳砜纶织物作为耐高温材料使用时，一定要注意使用者的安全问题，尤其在使用温度接近芳砜纶织物的分解温度时，不然，对使用者也是一种极大的危害。

（二）芳砜纶纱线

传统环锭纺纺纱试验的工艺流程：清梳联→头并（6 根）→二并（8 根）→粗纱→传统环锭纺细纱→股线。

芳砜纶纤维具有高阻燃性、高耐热性等优良特点，但是其初始模量高、比电阻大、表面摩擦系数小，纤维纺纱过程中条子易蓬松、抱合力差，容易造成成纱强力低、毛羽较多。针对以上问题，一般在纺纱前需对芳砜纶纤维进行表面预处理，如添加适量的抗静电油剂，但是添加抗静电油剂，纤维回潮率过高使得纤维间容易粘连。清梳联流程中芳砜纶纤维静电较大、蓬松，所以喂入定量宜轻，同时放慢车速，以减少纤维打击，减少纤维卷曲损失；刺辊转速降低，减少了刺辊对纤维的损伤，生条短域含量就减少，从而降低了毛羽的产生概率。并条流程中，为利于熟条的条干均匀度，采用头道拉伸倍数大于并合数、二道拉伸倍数稍小于并合数的倒拉伸；同时为利于粗纱的拉伸，熟条定量宜轻。粗纱流程中，为增加纤维间的抱合力，以及为让须条有一定捻回并进入细纱工序前拉伸区，加强纤维在拉伸区的凝聚作用从而减少毛羽，采用较大的粗纱枪系数；为减轻绕皮辊现象，降低粗纱机转速，减小粗纱后区拉伸倍数。细纱机流程中，为更好地控制芳砜纶纤维，细纱机上采用滑溜牵伸，滑溜拉伸时上下胶圈只对须条起约束集聚作用，不起积极控制作用。

（三）芳砜纶阻燃纯纺机织物的织造

作为我国独立研制成功并享有完全知识产权的有机耐高温纤维，芳砜纶纤维的研究、开发、完善、质量提高，尽快实现产业化已成为有关部门的共识。目前，芳砜纶纤维中试生产线已经成功投产，要进一步得到发展，就必须将纤维生产和应用紧密结合起来。同时，为了能够摆脱我国阻燃防护织物对国外阻燃耐高温纤维的依赖性，有必要进行芳砜纶阻燃织物的可行性研究。

1. 芳砜纶纱线的基本结构和性能

为了对织造过程进行合理的设计和控制，在织造前，对织造用的芳砜纶纱线进行结构观察和力学性能分析，主要进行了纱线捻度和断裂强力的试验测定。试验用的芳砜纶纱线取自上海市合成纤维研究所，为16支双股纯纺芳砜纶锥形筒装股线纱。在织造前对所用纱线的线密度、纱线捻度、纱线的断裂强力和断裂伸长率进行测试，测试结果见表5-13。

（1）纱线线密度的测试

对纱线的线密度进行测试，依据GB/T 4743—2009的相关规定，测试的样本容量经过统计检验，符合要求。

（2）纱线的捻度测定试验

对纱线的捻度进行测试，通过试验可以了解试样的加捻状态和其捻度的分布情况。该试验所用的仪器是由常州市第二纺织机械厂制造的Y331A型纱线捻度机；选择直接退捻法进行测试。测试的样本容量统计检验，符合要求。

（3）纱线的拉伸性能测试

对纱线进行断裂强力测试，能够很直观地了解试样的断裂强力以及其强度分布的均匀度情况。

表5-13　纱线的性能测试结果

项目	线密度	捻度	捻向	断裂强力	断裂伸长率
纯芳砜纶	457.67D	402/10cm	S向	1533cN	21.2%
*CV*值	4.235%	8.258%	—	5.302%	4.157%

由表5-13可知，所测试纱线几种性能的*CV*值≤12%，均符合机织物的织造要求。

2. 织造过程

小样机织造试验流程如下：筒子纱→绕纱→穿综→穿筘→上机→整经→卷绕→设置程序→织造。

在织造前准备工序中，芳砜纶纱线的静电现象十分严重，几乎要影响到整个穿综穿筘过程，因为在这一过程中，纱线与综眼、纱线同筘齿之间发生反复摩擦，而芳飒纶本身的导电性能就很差，所以造成静电集聚的现象。为了克服这一现象给织造过程带来的影响，先将纱线放到恒温恒湿实验室调试平衡一段时间，以增加纱线内外的湿度，并在穿综、穿筘时，在纱线表面喷雾，从而减弱穿综、穿筘时产生的静电排斥现象。

织造中要经常调整后梁以保证经纱张力的均匀度，这是由卷绕不一致性造成的。织造时要对织物的开口进行处理，以保证开口清楚。另外，由于小样机的动力来源于高压气体，每次的出气不匀都会导致打纬力的不匀。打纬力过小，打不紧纬纱，容易引起纬纱的反拨，还会导致纬纱排列松紧不一；打纬力过大，对于织口冲击过大，造成经纱张力增大，容易引起断头。所以一旦出现这一现象就必须停下机器调节后梁高度以调节经纱张力，保持织造时经纱张力均匀，从而保持织造的织物表面平整光洁，以有利于织物的各种性能测试。

3. 织物性能测定

(1) 物理性能

将织造获得的各织物依据后继研究的需要分别测取经纬纱密度、厚度、透气率和单位面积质量，计算织物的紧度。其中 1# 是采用工厂的样布，2# 是采用 30/2 的芳砜纶纱线织造的纯芳砜纶织物，具体结构规格如表 5-14 所示。

表 5-14 各种芳砜纶织物的测试值

试样号	织物组织	经密度/(根/10cm)	纬密度/(根/10cm)	厚度/mm	紧度/%	透气量/[L/(m^2·s)]	单位面积质量/(g/m^2)
1#	平纹	325.5	225	0.651	92.0	165.6	228.5
2#	平纹	324.5	225	0.701	92.3	156.5	352.3
3#	3/1 斜纹	279.5	160	0.801	94.2	187.9	373.5
4#	3/1 破斜	280.5	161	0.795	95.1	185.5	375.3
5#	2/2 斜纹	281	161	0.798	93.9	179.3	372.7
6#	2/2 方平	278.5	159.5	0.800	92.9	188.7	372.0

由表 5-14 可以知道，3#、4#、5#、6# 四种芳砜纶织物的经纬密度、厚度、紧度、透气量和单位面积质量都在一个范围内，属于比较稳定的织物，1# 来自工厂大样，2# 为织造的 30/2 的芳砜纶平纹织物，各种织物测试值经过统计检验，均符合测量要求，同时由于经过多次在织机上的试织造，最后所确认的各上机参数，所织造芳砜纶织物布面的平整度也比较好，织造时的张力比较均匀，有利于对芳砜纶织物的后续研究。

(2) 力学性能

织物的力学性能是指织物在各种机械外力作用下所呈现的性能，是织物的基本性能之一。织物抵抗外力引起损坏的性质称为织物的耐久性或坚牢度，大多是通过测试织物的拉伸断裂性能、撕裂性能等来反映的。下面将通过测试织物的弯曲性能、顶破性能、耐磨性能、拉伸性能、撕裂性能来研究织造工艺对芳砜纶织物力学性能的影响。

① 弯曲性能　织物受到其自身平面垂直的力或力矩作用时会产生弯曲形变，织物的弯曲性能与织物的刚柔度有关。各种织物的滑出长度和弯曲长度、弯曲刚度、抗弯弹性模量见表 5-15 和表 5-16。由表 5-15 和表 5-16 的 1# 和 2#

可知，随着织物纱线密度的增加，芳砜纶织物的经纬向的滑出长度、弯曲长度、弯曲刚度、抗弯弹性模量值均有增加，表明了芳砜纶织物在同等密度的情况下，纱线密度越大，织物的刚度越强。而芳砜纶织物刚度也与织物的组织结构有关系，对 3#、4#、5# 和 6# 四种织物作对比分析，发现 4# 即 3/1 破斜纹的滑出长度、弯曲长度、弯曲刚度、抗弯弹性模量均最大，其他依次为 2/2 斜纹、2/2 方平组织、3/1 斜纹。对于防护织物来说，芳砜纶织物的抗弯曲刚度影响到作业人员在从事高危作业时，防护服对作业人员的保护程度，同时也影响到作业人员着装时的舒适程度，因此，作为特殊防护用的芳砜纶织物，弯曲性能的研究对织物的实际应用有着重大的意义。

表 5-15　芳砜纶织物的经向滑出长度 *L*、弯曲长度 *C*、弯曲刚度 *EI*、抗弯弹性模量 *MOE*

试样号	L/cm	C/cm	EI/(nN·cm)	MOE/(daN/cm^2)
1#	3.18	1.549	0.849	3.69
2#	3.58	1.744	1.212	4.168
3#	4.22	2.055	3.241	7.483
4#	4.26	2.074	3.348	7.996
5#	4.20	2.045	3.187	7.526
6#	4.18	2.035	3.135	7.347

表 5-16　芳砜纶织物的纬向滑出长度 *L*、弯曲长度 *C*、弯曲刚度 *EI*、抗弯弹性模量 *MOE*

试样号	L/cm	C/cm	EI/(nN·cm)	MOE/(daN/cm^2)
1#	3.18	1.549	0.849	3.69
2#	3.58	1.744	1.212	4.168
3#	4.22	2.055	3.241	7.483
4#	4.26	2.074	3.348	7.996
5#	4.20	2.045	3.187	7.526
6#	4.18	2.035	3.135	7.347

② 顶破性能　对于芳砜纶织物来说，在作为防护用织物时，会经常遇到多向拉伸的现象，这里利用顶破试验来研究芳砜纶织物多向拉伸的性能，并且分析了顶破性能与芳砜纶织物参数的关系，为芳砜纶织物的实际应用提供了理论基础。下面将通过测量六种芳砜纶织物的顶破强力、顶破扩张度和顶破功来分析芳砜纶织物的顶破性能。上述织造试样的顶破性能测试结果如表 5-17 所列。由表 5-17 可知，对 1# 和 2# 分析，随着织物纱支的增大，织物的顶破强力增加，织物顶破功增加，但织物的顶破扩张度减小。对于 3#、4#、5# 和

6# 四种具有相同规格不同结构组织的芳砜纶织物，2/2 斜纹组织顶破强力值最大，2/2 方平组织最小；在顶破扩张度方面，3/1 斜纹最大，2/2 斜纹最小；而在织物的顶破功方面，3/1 斜纹最高，2/2 斜纹最低。因此通过织物顶破性能的分析，可以全面了解芳砜纶织物在受到多向拉伸时的耐劳度，由表可知，这里重点探讨的四种芳砜纶织物的顶破强力都在 700N 以上，都具有一定的顶破扩张度作用，达到了防护织物的要求。

表 5-17 芳砜纶织物的顶破强力、顶破扩张度和顶破功的测试值

织物组织	顶破强力/N	顶破扩张度/mm	顶破功/J
1#	414.70	9.44	0.21
2#	509.52	7.84	0.26
3#	823.37	10.17	0.38
4#	794.26	8.47	0.31
5#	885.83	7.98	0.29
6#	769.36	9.18	0.32

③ 耐磨性能　作业人员在穿着织物时，由于身体的各个部位不断地进行摩擦，也会造成织物的摩擦强力的损失。因此，需要对芳砜纶织物的耐摩擦性能进行测定，通过织物的结构组织进行织物的摩擦因数和摩擦过程中的织物的质量损失率比较来确定织物的耐磨性。耐磨性的测定：外加 250g 重物，磨齿为 100，织物的表面摩擦因数在 KES 风格仪上测得，结果如表 5-18 所列。由表 5-18 可知，对 1# 和 2# 两种芳砜纶平纹织物，织物的摩擦因数和相同摩擦次数下质量损失率随着纱支的增大而变小，其原因是在相同经纬密度的条件下，织物的纱支越高，其织造的织物的紧度越高，织物的表面越光滑，从而使织物的表面摩擦因数减小，织物的磨损质量损失率减小。对 3#、4#、5#、6# 四种织物，由于改变的只是织物的组织结构，各种织物的经纬密度和紧度的数值在很小的范围内，因此测得的各种织物的摩擦因数和摩擦质量损失率数值也在一个相对小的范围内。

表 5-18 织物的磨损质量损失率和表面摩擦因数测试值

织物组织	1#	2#	3#	4#	5#	6#
质量损失率/%	3.44	3.28	3.10	3.11	3.14	3.18
表面摩擦因数	0.264	0.253	0.211	0.215	0.219	0.222

④ 拉伸断裂性能　对芳砜纶织物，拉伸性能是衡量其织物力学性能的一个重要指标，由于其拉伸过程中织物受力伸长，而产生一定的形变，进而影响

织物的拉伸断裂强力。下面将通过对不同组织的四种芳砜纶织物进行经纬向的断裂强力、断裂伸长率和断裂功的测试，对其在相同材料不同组织下的断裂性能的综合分析，确定所采用组织的优劣。在测试方法得到满意的效果后，各个试样拉伸试验值见表 5-19 和表 5-20。

表 5-19　芳砜纶织物的经向断裂强力、断裂伸长和断裂功

织物性能	3#	4#	5#	6#
断裂强力/N	1435.83	766.00	1178.16	1298.50
断裂伸长率/%	38.74	48.12	65.22	72.69
断裂功/J	3.97	2.55	5.5	6.54

表 5-20　芳砜纶织物的纬向断裂强力、断裂伸长和断裂功

织物性能	3#	4#	5#	6#
断裂强力/N	1029.33	578.50	888.50	876.66
断裂伸长率/%	29.49	38.65	42.25	48.93
断裂功/J	2.84	1.95	3.41	3.29

对于芳砜纶织物来说，它们的负荷——伸长曲线和其他的织物一样也大体分为三个阶段，对应着织物中的不同形变作用。第一阶段为高模量区，这是由织物需克服纱线和纤维间因弯曲变化引起的摩擦阻力，但此阶段很短，随即进入第二阶段；第二阶段为低模量区，机织物的主要形变特征是在受力方向上纱线的弯曲减小和垂直受力方向上纱线的弯曲加大的弯曲形变，以及纱线在交织点的压缩；第三阶段为高模量区，主要为纱线和纤维的伸直、伸长和滑移。

芳砜纶织物在拉伸外力作用下破坏时，主要的和最基本的方式是受力纱线被拉断。当纱线开始受拉伸时，首先是纱线由弯曲状态变成伸直，并且压迫非拉伸系统的纱线；继续承受外力时，受力系统的纱线开始变细，织物变薄，横向非拉伸系统的纱线由于切向滑动阻力的作用，两边的纱线向里凹进，织物呈现“束腰型”，最后纱线逐根断裂，整个织物解体。在其他条件相同时，线密度大的机织物强度比线密度小的高，这是因为线密度大的纱线强度较大，织成相同密度的织物，其紧度较大，经纬纱之间接触面积增加，纱线间摩擦力增大，使织物强度提高。同样，在一定范围内，增加织物密度，经纬纱的交错次数增加，也可使织物拉伸强度增加。

根据表 5-19、表 5-20 中的数据，以及在试验过程中得到的拉伸曲线和观察到的现象，可以知道，织物组织不同，进行拉伸试验时，所测试的值也不相同，3/1 斜纹的断裂强力最大，2/2 方平次之，3/1 破斜纹最小；而在织物的拉伸伸长方面，2/2 方平的断裂伸长率最大，2/2 斜纹次之，3/1 斜纹最小；在织物的断裂功方面，2/2 方平织物的断裂功最大，2/2 斜纹次之，3/1 破斜纹最小。可由于组织规格的不同，即使在相同的设计经纬密度下，各种组织结构的织物所具有的性能也不一样。在采用芳砜纶织物作特种防护品时，既要考虑织物所要承受的断裂强力，也要考虑在承受一定拉力下织物的弹伸性能，3/1 斜纹组织虽然具有较大的断裂强力，但其断裂伸长率和断裂功均较小，加之在织造过程中，发现 3/1 斜纹有很厉害的卷边现象，作为耐高温防护织物，在高温下织物因为意外而产生破裂时，对使用者会有相当大的危险，其他几种织物则无此现象发生。综合断裂强力、断裂伸长率和断裂功考虑，在耐高温防护方面，方平组织具有极高的实用价值。

⑤ 撕裂性能　目前，我国对芳砜纶织物撕裂性能的测试还没有一个统一的标准，先来看一下常规材料的撕裂方法。测试方法有单舌撕破、双舌撕破、梯形撕破和落锤撕破。哪种方法适宜于检测芳砜纶织物的撕裂强力，没有资料可循，因此这里将 4 种方法都加以采用和比较。

第一，撕裂强力。相同组织织物不同试验方法所测得的撕裂强力有明显差异。方平织物的经向撕裂强力的由大到小顺序依次为梯形撕破、双舌撕破、单舌撕破、落锤撕破，而其他 3 种织物的顺序为双舌撕破、梯形撕破、单舌撕破、落锤撕破。4 种织物的经向撕裂强力的大小顺序依次为梯形撕破、双舌撕破、单舌撕破、落锤撕破。不同撕裂方法的撕裂强力值差异的主要原因在于撕裂破坏的形式不同，梯形撕破拉伸方向与断裂纱线的轴向一致，某种程度上类似于拉伸试验，其他方法的拉伸方向与断裂纱线的轴向垂直。双舌撕破的撕裂强力略小于 2 倍单舌撕破的撕裂强力，两条撕裂口同时进行，使它们之间的滑移发生重叠，减少了滑移的空间，且两条缝的延伸由于外在条件存在不同时性，所以双舌撕裂强力值略小于 2 倍单舌撕裂强力值。单缝撕破和落锤撕破撕裂破坏机理相似，两者的撕裂强力值相近且单舌撕破的撕裂强力值略大于落锤法，其原因在于落锤法撕裂速度较快，在高速冲击过程中，纱线没有更多时间做相互滑动，使撕裂三角形变小而受力纱线根数减少，因此撕裂强力较低。

第二，撕裂伸长。织物在拉伸外力作用下破坏时，主要的和基本的方式是受力纱线被拉断。当纱线开始受拉伸时，首先是纱线由弯曲状态变成伸直状态，织物伸长到一定的程度，开始被撕裂。评价织物撕裂性能的标准，不仅要具有极佳的撕裂强力，还要在特殊的破坏形式下具有极佳的撕裂伸长性能，使其在有较大外力下不会立刻被撕破，依然具有一定的防护作用。作为特种防护用的芳砜纶织物，其撕裂伸长性能的好坏直接影响到人体的安全。对四种不同组织的织物，采用单舌撕破、双舌撕破、梯形撕破和落锤撕破方式时，在织物经纬向的数值是不同的，不同的撕裂方法所测的数值也是不同的，在织物经纬向，双舌撕破的撕裂伸长是最大的，其顺序依次为双舌撕破、单舌撕破、梯形撕破、落锤撕破。对于四种织物，方平组织在经纬向的撕裂伸长都是较大的，而其他几种组织结构的芳砜纶织物的撕裂伸长的大小则不显著。

第三，撕裂功。相关研究工作表明，织物的服用牢度与其经向断裂功和经纬纱露于织物表面支持面的大小有关，经向断裂功和支持面大的，往往其服用牢度亦大。在4种组织中，2/2方平组织不仅在撕裂强力上优于其他几种组织，而且其撕裂功亦居几个组织之首，因此2/2方平组织的耐劳度方面应优于其他几种组织。

综合以上各种织物拉伸断裂强力、断裂伸长、断裂功和各种织物的撕裂强力、撕裂伸长和撕裂功的比较，2/2方平组织具有撕破性能上的优势，其组织结构引起的抗撕破性能是最优越的，其撕裂伸长和撕裂功也优于其他几种织物。3/1斜纹的断裂强力虽然最大，但是在进行试样拉伸和撕裂试验过程中发现3/1斜纹的卷边很厉害，在作为耐高温防护服穿着过程中易被异物撕破。如果是在高温环境下，强热空气可能通过撕裂时产生的卷边把热量直接传递给身体，这样后果会不堪设想。所以3/1斜纹从这点上是不适合作为防护服的优选组织的。因此在实用性方面，2/2方平组织对于芳砜纶织物防撕裂有极高的应用价值。

第四，撕裂检测方法间的相关性分析。如果每次都通过4种撕破方法来测定织物的撕裂强力，显然是件费时费力的事情，若能够省掉一些相类似的撕裂方法，这样可以减小测定时所带来的麻烦，而通过对4种撕破方法的相关性分析则可以达到这一目的。4种检测撕裂性能方法测出的数据有明显的差异，这是撕裂方法的不同，撕裂速度、撕裂面积和作用时间的不同而引起的。对于芳砜纶织物来说，撕裂破坏形式的不同可能会导致某种撕裂方法和其他几种撕裂方法的撕裂机理不同。

在4种组织的经向，单舌撕破、双舌撕破、梯形撕破间的相关系数在0.96～0.99之间，落锤撕破和其他撕裂方法间的相关系数小于0.7。在纬向，单舌撕破、双舌撕破、梯形撕破和落锤撕破的相关系数在0.95～0.99之间。由相关系数的统计假设检验可知，当显著水平$a=0.01$时，相关系数临界值$r_{0.01}=0.7079$。因此可以认为，单舌撕破、双舌撕破和梯形撕破在经向相关，而落锤撕破与前3种方法间不存在相关性。在织物纬向，4种撕裂方式的撕裂强力皆线性相关。

出现这种现象的原因是：落锤撕破的撕裂过程和其他三种撕破不同，其他三种撕破均是在拉伸仪上进行的，撕破的速度较慢，属于准静态测试；而落锤撕破在落锤式撕破仪上进行的，撕破的速度较快，具有动态测试的特征。4 种织物的纬纱密度都明显低于经纱密度，织物密度的不同导致了落锤撕破和其他几种撕破方法间的差异。至于密度值为多少将导致出现差异或经纬密度值相差多少将会导致出现差异需进一步试验分析。

由此可见，在检测各种芳砜纶织物的撕裂特性时，单舌撕破、双舌撕破和梯形撕破方法只需要选择其中的一种即可，但落锤撕破都要做，这样才能得到更具有说服力的结论。

（四）平面四轴向机织物

平面四轴向机织物是近几十年发展起来的性能比较优越的材料，纺织结构复合材料的应用，尤其是多轴向结构的开发，对复合材料的发展起到了相当重要的作用，同时也给传统的纺织业提供了难得的发展机遇和广阔的发展空间，为纺织业开辟了设备和织物新的加工领域。平面四轴向机织物是指，四组纱线以 45°相互交织，在交织点处呈米字形结构的织物。四轴向织物特殊的织物组织结构，交织点处呈米字形，使作用于织物上的力分散在四个轴线上，织物承受负荷的能力大大地增强，织物的耐冲击性能、破裂强度、撕裂强度、断裂强度均比普通织物高，在任何方向上均具有均匀的强力，耐斜拉伸、可挠性大、经久耐用。

1. 平面四轴向机织物的织造原理

这里所设计的平面四轴向织机的织造原理与普通织机的相似，在普通织机的基础上添加了纱线的横移机构。平面四轴向机织物的织造原理由两组斜纱、一组经纱、一组纬纱交织而成，两组斜纱在织物中是倾斜的，为此在织造过程中，斜纱必须做横向移动，每织入两根纬纱则两组斜纱反向移动一个经纱间隔。当它们移动到两个极端位置后就各自转移到另一组中去做相反方向移动。一组经纱相对固定，不做纬向运动，在水平面内做前后运动，与纬纱交织，对两组斜纱具有一定程度的绑缚作用。

2. 平面四轴向织机的设计与制作

由于平面四轴向机织物具有四组纱线，不同于常规机织物，因此，采用普通织机无法满足平面四轴向机织物的织造要求。为实现平面四轴向机织物的织造，李毓陵教授团队自行设计、制作出满足织造要求的平面四轴向织机。四轴向织机的设计与制作过程主要包括开口机构、横移机构、引纬机构、打纬机构、卷取机构以及送经机构。

为了织造出符合设计要求的平面四轴向机织物，根据平面四轴向机织物的织造原理，对平面四轴向织机提出如下两个基本要求：第一，必须提供一个使两组斜纱以相反的方向运动的横移机构，当一根斜纱到达横移机构一端时，它就必须从该组斜纱转换到另一组斜纱；第二，由于四组纱线相互交织，传统织机的开口机构不能满足要求，本织机需要一个特殊的开口机构。

本织机组建了一套机架，用于承载织造所需的各个机构。为了容易操作和机械上的便利，该机架采用垂直安装。为了便于纱线横移操作，机架高度设计为2m，宽1.1m。开口机构位于机架1m高的位置，如果位置过低或者过高，均不方便开口运动的操作。

（1）横移机构的设计和制作

平面四轴向机织物具有两组倾斜的纱线，这是区别于常规机织物的最显著特征。要求这两组斜纱在平面四轴向机织物中是倾斜的、连续的，在织物边部改变倾斜方向，沿织物经纱方向呈之字形，斜纱自左端或右端，依次不断地一边移动一边参与交织以至终端，并进入对面一组斜纱而结束，因此斜纱在布幅的幅端以90°角曲折被引向新的方向。为此，在织造过程中，斜纱必须做横向移动，每织入两根纬纱则两组斜纱反向移动一个纱线间距当它们移动到两处极端位置后就各自转移到另一组中去做相反方向移动，从而形成倾斜、连续的之字形路径斜纱。纱线间距的设计值为0.8cm。如果间距过大，则两端的纱线会在竖直方向上出现较大的倾斜角度，影响织物密度的稳定性；如果间距过小，则纱线补偿装置会相互缠绕，不利于进行开口操作。

本织机设计的横移机构是其重要组成部分，主要由横移轨道和载纱滑块构成。要求前排轨道载纱滑块能够每次纬向移动一个滑块的间隔距离，同时后排轨道载纱滑块反向回移一个滑块的间隔距离。当载纱滑块处于轨道端部时，就必须将该载纱滑块从这排轨道上取下，把它移至另一排轨道上。这一动作由织机的滑块转移机构来完成。织机每侧的每列滑块均需要一套这样的机构。位于载纱滑块上的纱线随着滑块的不断移动，得到倾斜的纱线。

横移轨道的设计长度为100cm，变轨圆弧部分的直径为6cm，载纱滑块的设计厚度为0.8cm，滑块使用数量为

$$N=2L/d \tag{5-6}$$

式中，N 为载纱滑块的数量；L 为横移轨道的长度；d 为载纱滑块的厚度。

（2）开口机构的设计和制作

经纱随综丝运动，形成梭口的过程即为开口运动，开口机构的作用便是完

成经纱的开口。在平面四轴向织机上，要求开口机构能够满足以下两个条件：第一，保证全部经纱步调一致地水平移动，与斜纱形成一个能使梭子或引纬器顺利通过的清晰梭口；第二，为全部斜纱提供顺利流畅地完成横向移动的通道。

其中，梭子或引纬器飞行的通道有效宽度与梭子或引纬器的尺寸有关。要求该通道的有效宽度应比引纬器的厚度大，以保证引纬的顺利进行，开口机构的设计动程为 8cm。

普通织机的开口机构只能满足第一个条件，无法满足第二个条件。本织机借鉴平面三向织机的综片，采用自行设计制造的新式综片——钢片综。在织前的准备工序中，经纱穿入综丝的综眼，当综丝水平移进时，整幅经纱便同时前移，与斜纱形成一个能使梭子或引纬器通过的通道即梭口，以便引入纬纱；当纬纱引入后，综丝再水平移出，交替以形成新的梭口。此时，综片退至机后位置，为斜纱的横向移动提供通道。如此不断反复循环，从而实现经纱、纬纱、斜纱的交织。

本织机的开口机构主要由导板、综片、推综器及护具、底座等组成。其中，导板是开口机构的主要部分，其上有均匀分布的导槽，分布密度与平面四轴向机织物的经向密度保持一致，为 7 个/in；导槽长度为 9cm，深度为 3mm，宽度为 1mm。将综片安放在导板导槽内，控制综片的运动路径，确保所有综片的运动步调保持一致，同进同退。

平面四轴向织机使用一种特殊的自制综片——钢片综，用于控制经纱的运动。该综片前端有一个综眼，后端有一个凸起部分，便于控制综片运动。钢片综的全长为 12cm、厚度为 0.8mm、宽度为 2.5mm；凸起部分尺寸为 6mm×4mm；端部综眼的直径为 4mm。

推综器相当于普通织机的综框，带动钢片综移动。织口的形成是通过推综器与钢片综凸起部分发生作用，使钢片综在导槽内进出运动。推综杆为 30mm×30mm×1140mm 方形不锈钢材，沟槽的尺寸为 6mm×4mm。该沟槽与钢片综的凸起部分紧密契合。

推综器护具控制推综器按照设定的路径平稳、准确地移动，防止推综器偏移、失控。选用结构致密和硬度也满足要求的硬质塑料加工制成。安装在导板的两端，与导板之间的接合为可调节性接合方式，以避免安装时对位不准而无法正常安装。

底座用于安放导板，由于导板的幅宽较大，直接安装在机架上形成桥式结构，容易使导板弯曲变形，严重影响钢片综的移动精度，因而底座起到防止开口机构变形的作用。此外，底座还起到安放开口机构的作用，同时提供合适的工作操作平台。

（3）引纬装置的设计和制作

在织机上，引纬是将纬纱引入经纱开口所形成的梭口中。通过引纬，纬纱得以和经纱实现交织，形成织物。平面四轴向机织物要求以连续纬纱形成的双侧光边，具有结构平整、坚实、光洁的特点；织物两侧无需织边组织，也无需加边纱，而是斜纱在布幅的幅端以90°角曲折并与连续纬纱配合，在回到织造平面时形成布边。

根据平面四轴向机织物布边的要求，本织机的引纬机构必须具备引入连续纬纱的特点；剑杆的长度为110cm，横贯整个织机的宽度；梭子的厚度为2cm，小于开口宽度，确保梭子顺利流畅地穿过梭口。

李毓陵教授研发的刚性剑杆引入连续纬纱机构对本织机引纬机构具有重要的借鉴意义。本织机采用一种引入连续纬纱的自动化刚性剑杆引纬机构，该机构包括刚性剑杆、握持装置、接收装置与梭子握持装置固定在刚性剑杆上面，位于织机一侧，接收装置由夹持块和活动插销组成，并位于织机另一侧，通过刚性剑杆的往复运动，握持梭子在梭口中往复引纬，使得梭子交替地停在握持装置和接收装置里，实现了引入的纬纱连续，织造出平面四轴向机织物。

（4）打纬装置的设计和制作

在织机上，依靠打纬机构将一根根引入梭口的纬纱推向织口，与经纱交织，形成符合设计要求的织物的过程称为打纬运动。完成打纬运动的机构称为打纬机构。由于织造时平面四轴向织机上的斜纱除了做纵向运动还需做横向间歇运动，打纬装置应在每次打纬之后从经纱形成的梭口中退出，待斜纱完成横向移动之后再插入梭口进行打纬，因而不能用普通钢筘来打纬，而采用开放式打纬装置。此打纬装置的植筘密度与平面四轴向机织物的经纱密度保持一致，为7齿/in；筘齿长度应大于开口宽度，为10cm；植筘宽度应大于织物幅宽，为50cm。

（5）筒体的设计和制作

纬纱被打入织口形成织物以后，为使织造过程能连续正常进行，必须连续且有规律地将织好的织物引离织口，同时卷绕到卷布辊上。

卷取装置的作用是将在织口处初步形成的织物引离织口，并以一定形式卷绕到卷布辊上。本织机采用半自动小样机的卷取装置，将该卷取装置安装在机架底部的横梁上。

在织物形成过程中，经纬纱相互交织，发生了纱线的屈曲现象，纬纱的屈曲使织物幅宽收缩，以致经纱和斜纱的密度严重偏离设计密度。为了保持织口处织物幅宽不变，纱线密度基本保持稳定不变，在织口附近安装了起伸幅作用的全幅边撑——双向丝杠，即丝杠的左端用右旋螺纹，右端用左旋螺纹。

（6）纱线长度补偿装置的设计和制作

在织造生产中，随着织物的形成，卷取机构将形成的平面四轴向机织物不断引离织口，卷到卷布辊上。同时从纱线长度补偿装置上送出一定长度的纱线，使经纱、纬纱、斜纱不断地进行交织，以保证织造过程持续进行。在平面四轴向织机上，由于斜纱不仅做纵向运动，还做缓慢地横向间歇运动，加之纱线补偿与织物卷取不同步进行，从而引起经纱和斜纱张力的波动。鉴于此，本织机的纱线长度补偿装置除了进行纱线长度的补偿，还必须满足解决经纱和纬纱的张力波动问题。

本织机设计的纱线长度补偿装置是一个独立机构——储纱器。为了弥补纱线张力波动的缺陷，采用弹性元件来调节纱线的张力。在储纱器的顶部引入弹性元件，该弹性元件既为纱线提供了比较稳定的上机张力，又将储纱器与载纱滑块连为一体。

二、PPS 纤维

（一）纤维可加工性

聚苯硫醚（Polyphenylene Sulfide，PPS）作为广泛应用的一种高性能纤维，是一种以苯环在对位上连接硫原子而形成的大分子刚性主链的线形高分子结晶性聚合物，具有优异的耐热性、抗化学腐蚀性和阻燃性以及良好的电性能及尺寸稳定性。聚苯硫醚纤维具有优异的物理性能，断裂伸长率通常在 20% 以上，断裂强度可达到 0.57GPa，模量可达 6.9GPa，收缩率在 204℃为 5%，具有较好的加工性能。聚苯硫醚纤维的介电常数一般高于 5.1，介电强度（击穿电压强度）可达到 17kV，因此，在高温高湿的条件下，其纤维具有优良的电绝缘性。聚苯硫醚纱线具有较强的强力和优良的伸长率，所以聚苯硫醚在织造的过程中并没有特殊的要求，在一般的剑杆织机上就可以进行织造。

（二） PPS 纤维的机织物开发

纱线的断裂强力、捻向等自身的力学性能和结构对织物的力学性能有一定的影响。为了对聚苯硫醚纱线的织造过程进行更好的控制，要对聚苯硫醚纱线的基本力学性能以及对纱线的热学性能进行测试和分析。为了给后续试验提供试样，对聚苯硫醚织物试样进行设计和织造。

1. 纱线性能测试

对织造用的聚苯硫醚纱线进行力学性能分析，主要进行了纱线捻度、断裂强力和毛羽的试验测定。试验用的聚苯硫醚纱线为短纤双股纱。在织造前对于所用的纱线做了线密度、纱线的断裂强力和断裂伸长率、纱线毛羽、纱线捻度以及纱线的热学性能测试和分析。

（1）纱线线密度测试

纱线的细度表示纱线的相对粗细。纱线的粗细直接决定织物的规格、品种、风格、用途和力学性能。线密度是国际单位制采用的纤维或纱线的细度指标，其计量单位为 tex，它表示 1000m 长的纱线在公定回潮率时的质量（g）。

依据 GB/T 4743—2009 的相关规定，对纱线的线密度进行测试，测试所用仪器为 YG086 缕纱测长仪和 FA2004A 型电子天平仪。

（2）纱线捻度测试

加捻是将纤维束须条、纱、连续长丝束等纤维材料绕其轴线的扭转、搓动或缠绕的过程。对短纤维纱线来说加捻尤为重要，因为加捻使纤维间产生正压力，从而产生切向摩擦阻力，使纱条受力时纤维不致滑脱，从而具有一定的强力。捻度和捻向不仅对纱线的结构和性能影响重大，而且对织物的外观及物理性能有直接的影响。通过试验可以了解聚苯硫醚纱线的加捻状况和气捻度分布的情况。

退捻加捻法，又称张力法。它是将试样在一定的张力下，回转退捻伸长，继续回转捻缩复位时，可以认为退捻数与反向再加捻数相等。

（3）纱线强伸性能测试分析

由于加捻作用，纱中纤维相互紧密抱合，纱线的断裂过程就是纱中纤维的断裂和相互滑移的过程。对短纤纱而言，还存在纤维头端滑移的问题，使短纤维纱在断裂时，在断裂区内，只是部分纤维断裂，还有相当部分的纤维仅相互滑脱。通过试验，能够很直观地了解聚苯硫醚纱线的断裂强力以及强力的均匀性。

（4）纱线毛羽指数测试

纱线的毛羽是指伸出纱线体表面的纤维。毛羽性状是纱线的基本结构特征之一。但在多数情况下，纱线毛羽不仅影响织物的透气，抗起毛起球、外观、织纹清晰和表面光滑等，而且影响纱线中纤维的有效利用与强度。故毛羽是纱线品质的重要参考指标。

（5）聚苯硫醚纱线的差示扫描量热法分析

聚苯硫醚织物的热学性能与其原材料的降解温度、裂解有着密不可分的联系，而这些指标可以直接利用差示扫描量热法进行研究。差示扫描量热法（DSC），是在程序控温下，测量输入到物质和参比物的功率差与温度的关系的技术。

2. 聚苯硫醚织物的织造

为了更好地对聚苯硫醚织物的性能进行分析，本书在试验的设计过程中，结合现有的试验条件，要织造出不同组织结构聚苯硫醚织物试样。在满足防护服基本性能要求的基础上找出织物综合性能较好的组织结构，并在这个结构基础上改变密度来确定使织物性能较优的经纬密度，同时通过对试验织造过程中所遇到的问题进行分析和总结并提出自己的想法，来探寻聚苯硫醚织物在今后批量生产中可能会遇到的问题。

（1）试样基本性能要求

防护服外层面料主要承担各种穿着强度，在其基础上实现功能性的要求。所以对外层面料的断裂强力、撕破强力以及面密度要达到规定的要求，基本性能要求如下。第一，断裂强力。断裂强力经向不小于 400.0N，纬向不小于 300.0N。第二，撕破强力。撕破强力经向不小于 10.0N，纬向不小于 9.0N。第三，面密度。面密度应不大于 190g/m^2。

（2）试样参数设计

在试验所用的纱线一定的情况下，主要考虑织物的面密度。在满足面密度的前提下，织造试样。

从织物结构角度看，织物的设计主要考虑织物组织、织物紧度、经密度、纬密度、筘号等因素。

第一，织物组织。平纹组织交织点多，质地坚牢、挺括、表面平整，正反面外观效果相同。1/2、2/2、3/1 斜纹组织织物的纹路清晰，布面匀整；四枚破斜纹布面平滑匀整、质地柔软。在相同的原料、相同的织造条件选择平纹、1/2 斜纹、2/2 斜纹、3/1 斜纹、四枚破斜纹这五种组织进行织造。

第二，织物紧度。织物紧度是织物中纱线的投影面积与织物的全部面积之比，它表示织物的紧密程度。因此织物在强力和面密度达到防护服装标准要求的情况下，尽量选择较小的紧度，并且同时考虑织物单位面积内交织次数的增加，对织物的紧度进行适当的调整并用于织物的最终力学性能和热学性能的比较。

第三，织物密度。经纬纱密度的大小直接决定织物的厚薄程度，要使织物在满足一定强力的情况下，面密度尽量小，就要选择较小的经纬密度，进而较小织物的面密度＝织物紧度/纱线直径，即

$$(P_j, P_w)=(E_j, E_w)/(d_j, d_w) \tag{5-7}$$

$$d=k_d\sqrt{Tt}, k_d \text{ 取 } 0.078 \tag{5-8}$$

式中，P_j，P_w 为织物、经纬向密度；E_j，E_w 为织物经、纬向紧度；d 为纱线直径。

第四，公制筘号。

$$N_{\Phi}=\frac{P_j}{n}(1-a_w) \tag{5-9}$$

式中，a_w 为织物纬向缩率；N_{Φ} 为公制筘号。

织物的纬向缩率初步定为3%。

根据不同的织物组织取相关参数值代入进行计算得到小样织造的参数。

(3) 织造工艺

织造过程所使用的是实验室 ASL2000 自动剑杆小样织机，具体的试验流程如下：筒子纱→整经→穿综→穿筘→设置纹板→织造。

在织造过程中，整经所用仪器为东华大学研制的 DHU-3 型单纱整经机，由于使用了整经机进行整经，可以较好地控制整经过程中经纱的张力均匀性，为接下来的织造提供条件。

聚苯硫醚纱线的强力和断裂伸长率都较大，所以在织造过程中经纱断头现象并不严重，这样就可以得到表面平整光洁的织物，为以后的织物力学性能和热学性能测试提供了有利条件。

3. 织物的基本性能测试

对在小样织机上织造获得的各个试样，根据后面的需要，按照各个测试所适用的标准，分别测试出经纬纱线密度、厚度、面密度和单位面积质量。

(1) 经纬密度测试

依据 GB/T 4668—1995 的相关规定，用织物密度镜测试试样每 5cm 的纱线根数，并计算织物的经纬密度，织物经纬密度结果见表 5-21。

(2) 织物厚度测试

依据 GB/T 3820—1997 的相关规定，用 YG141N 数字式织物厚度仪测试织物厚度，测试结果见表 5-21。

(3) 织物单位面积质量测试

依据 GB/T 4669—2008 的相关规定，使用电子天平测试尺寸为 10cm×10cm 的试样的质量，并计算得到试样的单位面积质量，见表 5-21。

由表 5-21 可知，设计中具有相同上机参数的试样经纬密度、试样厚度都在一个范围内，相差不大。

表 5-21　聚苯硫醚织物下机测试结果

编号	经密度/(根/10cm)	纬密度/(根/10cm)	厚度/mm	单位面积质量/g
1#	354	162	0.6264	167.03
2#	360	158	0.6488	163.92
3#	359	161	0.7214	166.47
4#	360	158	0.7608	163.82
5#	358	159	0.7502	166.55
6#	331	163	0.6222	161.77
7#	334	189	0.6676	174.12
8#	328	161	0.6354	160.48
9#	332	188	0.6755	174.31
10#	362	210	0.7865	205.43

三、其他高性能纤维典型产品的加工

（一）高强度高模量聚乙烯纤维的可加工性

超高分子量聚乙烯纤维（UHMWPE）是继碳纤维、芳纶纤维之后出现的第三代高性能纤维，它具有优良的力学性能，是世界公认的高性能纤维。其密度只有芳纶纤维的2/3和高模碳纤维的1/2，还具有优良的耐冲击性能、优良的耐化学腐蚀性、优越的耐磨性能和良好的电绝缘性等。

高强度高模量聚乙烯纤维目前主要用于安全防护、航空、航海、体育用品等领域，代表产品有防弹用无纺布、防刺服、防切割手套、各类绳索、渔网等，主要为高强度高模量聚乙烯长丝制品。

相比之下高强度高模量聚乙烯短纤维的用量较小，一方面由于做成短纤产品后其强度优势有所降低；另一方面，做成短纤其成本也有所增加。但从使用角度来看，短纤维产品也有其优点，如自由度更高，单丝之间既可以紧密抱合也可在各种基体中均匀分散，适于做复合材料的增强骨架。所以高强度高模量聚乙烯短纤维的使用非常灵活，有很大的发展空间。

高强度高模量聚乙烯纤维很容易产生静电，单丝之间容易飞散开，在短纤维的制备过程中要根据后续应用要求选用合适的油剂。油剂的主要作用是减少静电干扰，增强纤维耐摩擦性，或增加高强度高模量聚乙烯纤维与各种基体材料的相容性。

高强度高模量聚乙烯短纤维可以纯纺，也可以与各种纤维混纺，在普通纱线产品中混入一定比例的高强度高模量聚乙烯纤维可以明显提高纱线的断裂强力，纱线的断裂强度很容易达到 0.857GPa 以上，而普通纤维纱线却很难达到这个强度。高强度高模量聚乙烯纤维的纯纺有一定难度，这主要是因为高强度高模量聚乙烯纤维卷曲的保持性不好，在毛条的梳理过程中卷曲会变得越来越弱，纤维越梳越直，卷曲不断减少直至消失，这导致纤维间抱合性很差，毛条强度很低，容易断头。高强度高模量聚乙烯纤维和涤纶、锦纶等纤维的混纺相对容易一些，其他纤维的加入可以改善毛条强度，使纺纱过程能够顺利进行。

对纺纱来说卷曲非常重要，卷曲有利于毛条中纤维的抱合，虽然高强度高模量聚乙烯纤维的刚性很大，但在卷取机强大的外力作用下纤维还是可以进行卷曲的，这种卷曲对纤维的微观形态有很大影响。短纤维可克服长丝易起毛的缺陷，在纱线、复合材料、建筑增强材料、非织造布等领域有独特的优势。高强度高模量聚乙烯短纤维含量较高的纱线产品可以制作包括防切割手套在内的各种防切割纺织品，因为高强度高模量聚乙烯纤维做成短纤后其防切割性能并没有下降，虽然纱线的强度不及长丝的 50%，但防切割等级是一致的。而且短纤维纱制作防切割产品不存在长丝产品的钩丝、毛丝、张力不匀、手感不好等问题，有其特定的优势。从纤维力学性能上来看，高强度高模量聚乙烯纤维是理想的复合材料增强骨架，其密度小、强度高、模量高、耐老化、抗冲击、稳定性好，但由于其表面缺乏极性基团，化学惰性强，表面能很低，而且结晶度和取向度又很高，因此在与树脂基体制成的复合材料中界面结合性很差，导致其增强作用很难发挥。在国内外，主要通过对纤维表面化学改性，提高界面黏合强度。

高强度高模量聚乙烯纤维复合线（PE-C）由高强度高模量聚乙烯纤维经特殊工艺和新型基体树脂复合而成，包括：①PE-C 单股复合线，亲水性复合镀层，弹性耐磨复合材料，复合率 90%。由于亲水性复合镀层易被水湿润，亲水性能非常好，下沉快。主要用于各种渔具用线，如手竿垂钓用线、火线(子线)、主线、竞技线、渔网线等。②折叠 PE-C 三股或多股复合线，由三股或多股单股复合线编织而成，疏水性复合镀层，弹性耐磨复合材料，复合率 90%。由于疏水性复合镀层及高强度高模量聚乙烯纤维经复合后复合线内部无空隙，三股复合线不吸水不沾水，收线（回线）不带水，三股复合线光滑耐磨，线体挺直密实易远投不卡线，主要用于各种渔具用线，如抛竿线、远投线、矶钓线、船钓线、海钓线、体育器械用线及多股重力缆绳等。③折叠 PE-C 单股复合扁平线，复合率 60%～90%。主要用于平织布。平织布单层或多层复合可制成防护衣料、头盔、防护板、罩、盾牌、航空航天的构件、工业容器、传送带、汽车构件等。由于PE-C具有众多的优异性能，在高性能复合材料市场上，包括国防、航空航天、民用等领域可发挥举足轻重的作用。

UHMWPE复合长丝自身没有捻度，纱线表面摩擦因数比较小，在横机上进行UHMWPE纱线编织时，纱线与导纱钩、织针等机件接触时会产生大量的静电，无法顺利进行编织。为达到针织用纱的要求，需要对UHMWPE纤维复合长丝进行再处理，特别是要消除静电，增加捻度。可以通过长丝卷绕、长丝加捻、纱线卷绕等工艺过程的处理，改造针织用UHMWPE低捻纱，然后对纱线进行抗静电处理。

（二）碳化硅纤维

碳化硅纤维是以有机硅化合物为原料经纺丝、碳化或气相沉积而制得具有β-碳化硅结构的无机纤维，属陶瓷纤维类。

碳化硅纤维编织的立体结构件具有质量轻、整体性与仿形性好、力学性能优良等诸多优点，对于生产纤维强化的耐高温陶瓷基复合材料非常重要，在航空航天、国防军工、交通运输、能源等众多领域得到广泛应用。2.5维碳化硅纤维预制体内部的纬纱贯穿经纱，能有效克服二维叠层材料层间结合强度低、三维编织材料明显的各向异性等缺点。碳化硅纤维基复合材料的制备水平和产业化能力是国家在高科技领域综合实力的重要体现。

碳化硅纤维编织的结构对于生产纤维强化的耐高温陶瓷基复合材料非常重要。为了生产这种织物的结构，往往需要单步或者多步生产工艺流程，如编织、经编、纬编等。织物结构的强度、形变和断裂性能取决于纤维排列的密度以及取向。然而，碳化硅纤维材料的弹性模量很高，不容易发生形变，为脆性易断裂纤维，所以编织起来比较困难。

纤维与机器部件之间、纤维与纤维之间的摩擦也会影响纤维的弯曲，以致碳化硅机织物的织造技术难度大。要实现连续化碳化硅机织物的机械化生产，必须研发高效率、自动化的织机，并优化编织过程的各项工艺参数。

交织的织物在各个方向上的悬垂性能和拉伸性能都很差。而经编的织物通过环形连接，具有更高的弹性和形变。然而，碳化物材料的弹性模量很高，不容易发生形变，所以编织起来比较困难。另外，纤维同机器部件之间、纤维与纤维之间的摩擦也会影响纤维的弯曲。

德国学者认为纤维的弯曲是碳化硅纤维针织工艺的关键上机条件，纤维间摩擦致使表面浆料减少是连续碳化硅纤维针织结构成形的关键工序。科学家改进了针织工艺条件，减少了碳化硅纤维卷绕过程中的屈曲和摩擦，在纤维最大摩擦点和关键针织部件渗透油剂润滑，降低纤维断裂。与机织碳化硅纺织结构件相比，针织纤维柔韧性更好、空隙更宽和悬垂性更高。德国研究人员研发了一种经编碳化硅纤维织物的方法，通过测试纤维结和纤维环得出一个临界的弯曲压力，并对编织过程的各项参数进行了优化，最后，对织物在拉伸状态下的力学性能进行了测试。试验中发现，编织过程中的扭曲、弯曲和拉伸都可能会导致纤维的断裂。研究人员将纤维的弯曲作为编织工艺中的临界条件，内部纤维摩擦面积的减小被认为是生产连续的织物结构的关键。研究人员通过改变工艺条件，减少了织物的褶皱和纤维的摩擦，利用渗透润滑油减小摩擦，降低纤维断裂的比例与交织的结构相比，经编的织物具有更优良的弹性、更宽的孔径范围以及更好的悬垂性能。

随着全球对高性能纤维复合材料需求的不断攀升，研究制织 2.5 维连续碳化硅纤维机织物的工艺技术，研发自动化程度高、品种适应性强的织机，已经成为近年来复合材料领域的重要课题。“863 计划”和“973 计划”，国家发展改革委的“高技术产业化示范工程项目”，科技部的“国家科技支撑计划”等均将高性能纤维基复合材料的制备工艺和装备列入重点发展目标。

（三）聚四氟乙烯纤维

聚四氟乙烯纤维又称特氟纶，是以聚四氟乙烯为原料，通过直接纺丝或制成聚四氟乙烯（薄膜）后使用刀具切割再进行原纤化后制得的一种合成纤维，其密度为 $2.2g/cm^3$，纤维强度 17.7～18.5cN/dtex，伸长率 25%～50%，吸水率<0.01%，其纤维熔点 327℃，分解温度为 415℃，它具有优异的高低温性能，使用温度范围广，可达 190～260℃；具有优异的耐大气老化性能、耐辐照性能、较低的渗透性和耐药品性；具有可贵的不燃性，其极限氧指数为 90；耐高湿、耐腐蚀性、耐水解，可承受各种强氧化物的氧化腐蚀，具有良好的低摩擦性、耐磨损等优点。其分子结构中，氟原子体积较氢原子大，氟碳键的结合力也强，起到保护整个碳-碳主链的作用，使聚四氟乙烯纤维化学稳定性极好，耐腐蚀性优于其他合成纤维品种，其耐化学腐蚀性极佳。聚四氟乙烯纤维最早由美国杜邦公司开发，但由于结构的特殊性，纤维不适合用通常的溶液和溶融纺丝来制备。因此纤维虽然工业化已多年，但至今还只有少数公司生产纤维产品。其主要的纺丝工艺路线为四种：熔体纺丝、糊状挤压纺丝、膜裂纺丝以及乳液纺丝。纤维因其本身固有的优异的化学性能，高温稳定性、低摩擦性以及良好的生物相容性等特征，在化工、石油、纺织、食品、造纸、医学、电子和机械等工业和海洋操作等对材料具有较高要求的领域得到广泛应用，并成为现代军用和民用中解决众多关键技术的不可缺少的材料。由聚四氟乙烯纤维制成的高性能缝织线，可用于制造过滤高温气体时所用的粉尘袋，以

及对耐挠、耐高低温性能要求较高的日常纺织用品，还可以用于医疗纺织品以及服装上的耐擦伤拼接料。例如，在运动员的运动袜上，采用聚四氟乙烯纤维拼织易摩擦的部分，从而防止运动员脚起泡。

采用聚四氟乙烯纤维或聚四氟乙烯纤维同其他耐高温纤维混合，通过针刺，制成高温复合针刺毡过滤材料，其他耐高温纤维可为合成纤维［聚酰亚胺P84纤维、芳纶、聚苯硫醚纤维（PPS）、Kermel纤维］、无机纤维（玻璃纤维、陶瓷纤维、碳纤维和金属纤维）等纤维中的一种或多种制成的高温复合针刺毡过滤材料，可再经化学处理，以进一步提高其理化性能。该种复合过滤材料的过滤效果好，性价比佳，耐温性好，是一种新型的高性能耐高温针刺毡滤料，在高温环境下的使用寿命长，聚四氟乙烯纤维复合针刺过滤毡可广泛用于火电、钢铁、水泥、沥青与木材、化工等领域高温烟气过滤。聚四氟乙烯生产加工的难点是聚四氟乙烯纤维几乎无卷曲、纤维光滑、纤维细、密度大，且导电性差，耐磨性也不好，热膨胀系数大，生产加工中易产生静电、断毛、粘毛、结块等，容易造成梳理困难、纤网破洞、针布缠毛、出现毛粒等，而且聚四氟乙烯纤维在梳理和辅网时转移困难，所以该纤维复合针刺毡滤料生产制造难度很大，特别是100%聚四氟乙烯纤维针刺毡滤料生产加工难度更大，目前国内外仅有少数几家专业的滤料生产厂家能生产出该产品。

（四）PBI纤维

PBI（聚苯并咪唑）纤维是一种耐高温、耐化学腐蚀的纤维，最初用于美国国家航空航天局（NASA）开发的降落伞制动装置和阻燃的宇航防护服，近十年来应用日趋广泛。它具有耐高温，高强度、高模量增强材料和阻燃的特点，目前PBI主要用于高温过滤织物、热防护服和石棉替代材料。同时，这种聚合物在薄膜、泡沫材料和黏合剂等领域也显示其良好的发展前景。

PBI由三种不同的方法聚合加工而成：①在多磷酸中；②在热熔但不起溶解作用的稀释剂如联二苯砜中；③通过固相聚合。PBI经干态纺丝变成纤维，在溶剂中，高聚物溶解形成纺丝原液，从喷丝孔中挤出，然后纤维表面的溶剂在到达络丝筒的过程中挥发除去。按照纺织加工的顺序，纺出的纤维在最后的卷绕成形之前要经过洗涤、拉伸和酸处理一系列操作。

PBI长丝的拉伸强度为39.7～43.2cN/tex，短纤维为27.4cN/tex，延伸率为23%～24%，吸湿率高达15%，高于棉花，耐强酸、强碱和有机溶剂，耐高温，耐化学品腐蚀，具有良好的纺织性能。针对不同织造工艺，其纺纱织造流程一般为：并条→粗纱→细纱→整经→织造前准备→织造（机织）或并条→粗纱→细纱→织造（针织）。

第六章 高性能纤维的产业特性与发展

第一节 高性能纤维产业特点

一、市场特性

（一）规模很小

由于性价比的缘故，高性能纤维在竞争性市场上不具成本优势，难以对尼龙等大宗纤维形成替代，故应用还只局限在一些不可替代的高端领域。尽管近些年来，碳纤维和对位芳纶的用量及产能都有了成倍的增长，但与通用化纤的规模相比，高性能纤维产业的规模仍很小。

（二）日本、美国垄断高端技术与市场

全球高端高性能纤维的生产商几乎都是日本和美国的企业。从市场性质看：全球中低端碳纤维市场是竞争性市场；高端碳纤维（高强度型和高模量

型）市场是寡头垄断市场，即由日本东丽公司独家垄断；对位芳纶纤维则是双寡头垄断市场，即由美国杜邦公司和日本帝人公司垄断了全球市场。近年来，由于国产间位芳纶和超高分子量聚乙烯纤维的产能建设持续发展，这两种产品已经形成了完全竞争性市场。而国产高性能聚丙烯腈基碳纤维和对位芳纶虽已实现了产业化技术和能力建设的突破，但从综合技术性能、企业竞争力和行业盈利能力等指标考量，与日本同类企业相比，总体实力仍有很大差距。

二、产业特点

（一）产品生命周期很长

1. 产品生命周期介绍

高性能纤维应用发展的五个阶段折射出了它的产品生命周期特性。根据产品生命周期理论，高性能纤维的产品生命周期可分为四个阶段，即孕育期、成长期、成熟期和退出期。高性能纤维是工业原材料，因此，其应用领域随着时间的延长而不断扩大，需求量不断增加，价格和利润也会有序消长。基于这些因素，高性能纤维的产品生命周期曲线呈扇贝形。以 PAN 基碳纤维和对位芳纶为例，虽然市场寿命已经超过了 40 年，但其仍处于产品生命周期中的成熟阶段，且仍将有较长时间的市场生命力。

2. 产品生命周期三个阶段

（1）孕育期约 10 年

孕育期是指高性能纤维的研发时间。PAN 基碳纤维和对位芳纶的研发历程告诉我们，高性能纤维的产品孕育期需要长达 10 年甚至更长的时间。

（2）成长期约 10 年

成长期是指高性能纤维开始进入市场，潜在用户认识到其独特的性能优势并开始进行商业化应用的时间。例如，从日本东丽公司 1972 年用碳纤维来制造鱼竿，到 1992 年 T800H/3900-2 型碳纤维预浸料用于制造 B757 和 B767 飞机的主承力结构部件，花了 20 年时间，完成了对高性能碳纤维增强树脂材料和制品的研究及验证过程。此间，碳纤维的性能和质量稳步提高，并应用于体育休闲产品和压力容器制造，以及建筑补强等领域。进入产品生命周期的成长期后，高性能纤维的销售量开始稳步提高，成本开始下降，产品开始盈利。

（3）成熟期超过 30 年

成熟期是指产品进入销量和利润同步稳定增长的阶段。随着性能、质量的提高和应用技术的发展，高性能纤维在已经进入的应用领域内的消费需求持续增长。随着成本下降和新应用领域的拓展，其销量和利润进一步提升，产品进入成熟期。高性能碳纤维和对位芳纶的实例表明，高性能纤维产品的成熟期至少30年，至少有20年的获利期。以尼龙为参照，成熟期的时长已超过60年。

（二）技术创新很难

高性能纤维产业化制造技术突破和产业化能力建设是产业发展的起点和难点。原因在于，围绕高性能纤维产业建设开展的创新活动不是一般性的产品创新，而是复杂产品系统创新。

复杂产品系统是那些研发成本高、物化知识种类多、技术集成度高、生产批量小、项目管理难度大的大型产品、系统或基础设施。20世纪70年代，西欧国家劳动力成本高、资源不足，产业无法与美国的大规模定制生产模式进行竞争。为摆脱竞争劣势，西欧国家开始专注在大型复杂产品（大型商用飞机）领域开展持续创新。经过20多年努力，西欧国家避开了弱项，成功地发挥出了自身优势，开辟了一个全新的竞争领域，形成了核心竞争力，实现了产业的结构调整和升级。20世纪90年代末，人们发现大型复杂产品与大规模制造产品在创新方面存在明显不同，于是开始将其作为独立的对象进行研究并进而认识到，复杂产品系统是“构筑一切现代经济活动基础的生产资料”，关系到国家的强弱兴衰，是一个国家赖以生存和发展的关键要素。

高性能纤维产业技术创新活动具有对基础研究依赖性强、对知识一体化集成能力要求高，以及对设备性能和公用设施配套要求高等特征，是典型的复杂产品系统创新。

1. 对基础研究依赖程度高

高性能纤维的高性能，源于其独特的微观结构特性。要使规模生产中制造出来的纤维的微观结构特性能够实现，就需要对其微观结构的形成过程有非常清楚的认识，对影响其结构形成的外部条件有精准的控制。要做到这一点，纤维制造工程必须有基础研究的有力支撑。

2. 对知识一体化集成能力要求高

高性能纤维产业化技术创新涉及化工、化纤、机械、电气、电子、土建、流程管理等诸多领域的知识，需要一支经验丰富的一体化项目团队来协力完成。一体化项目团队在不断发现和解决问题的过程中，实现高性能纤维制造与应用全部知识的系统集成，并持续物化到工艺装备和过程控制技术之中。

3. 对设备性能和公用设施配套要求高

高性能纤维制造是在强酸、高温条件下进行的精细化学反应，这对工艺装备的材质性能、加工质量和控制水平要求极为严格，需要非常高的工程设计水平和装备制造能力。

公用设施指纤维制造所需的水、电、气、暖、溶剂回收、污染物处理等装置，这些装置如果单独应用于某一两个品种的高性能纤维制造是非常不经济的，依托大型化纤制造企业已经具备的完善基础设施来布局高性能纤维制造产业应是经济合理的。

（三）产业建设投入巨大

斯蒂芬妮·露易丝·克沃莱克发现对位芳纶后，杜邦公司投入了5亿美元研发其产业化技术和建设生产能力，是其有史以来最大规模的一项产业建设投入，被《财富》杂志称为“寻找一个市场上的奇迹”。

如果没有20世纪70年代这5亿美金的产业建设投入，杜邦公司就不会有Kevlar®品牌产品40年的盈利。我国近年国产高性能纤维企业的产业化建设实践也证明，足够的投入规模是产业成长成熟的必要条件之一。

（四）纤维应用对产业成长成熟作用重大

应用是高性能纤维制造技术得以成熟、高性能纤维性能臻于完美的必要保证。日本东丽公司和美国杜邦公司是全球最高水平的高性能纤维制造商，都兼具纤维制造和纤维应用两方面的技术优势。日本东丽公司不仅在碳纤维制造技术方面具有领先优势，而且在碳纤维应用技术领域（预浸与复合技术）也具有强大的技术优势，这对推动碳纤维在飞机制造上的应用发挥了重要作用。同样，美国杜邦公司不仅在对位芳纶制造技术上具有独到优势，而且在下游产品制造技术方面（防弹装备和特种防护服装技术）也占据领先地位。

第二节 高性能纤维产业发展策略

我国碳纤维产业经过长期的自主研发，打破了国外技术装备的封锁，千吨级工业化装置关键技术取得突破，但仍面临产能高、产量小、稳定性差、生产成本高、装备及下游产品落后等突出问题。因此必须加快关键技术的突破，促进碳纤维的发展。碳纤维关键技术的突破主要表现在纺丝原液质量的提高、低成本原料的替代、生产工艺的改进以及关键设备的研发。开发高性能、低成本的碳纤维，提高工业化生产的稳定性，促进下游产品的开发和应用，提高产业集中度，培育龙头企业成为我国碳纤维产业亟须解决的问题。针对我国碳纤维技术落后、发展缓慢的问题，2013年10月工业和信息化部印发了关于《加快推进碳纤维行业发展行动计划》的文件。明确提出我国发展碳纤维要坚持产业发展与下游应用相结合的原则，明确了碳纤维行业发展的具体目标和路径。首先，保障国家重大工程需求。围绕航空航天、军事装备、重大基础设施等领域对高端碳纤维产品的性能要求，建立完善上下游一体化协作机制，保障供应性能优越、质量稳定的碳纤维产品。完成碳纤维复合材料在民用航空航天领域关键结构件的应用验证，达到适航要求。加快碳纤维复合材料在跨海大桥、人工岛礁等重大基础设施中的示范应用。其次，扩大工业领域应用。重点围绕风力发电、电力输送、油气开采、汽车、压力容器等领域需求，支持应用示范，引导生产企业、研究设计机构与应用单位联合开发各种形态碳纤维增强复合材料、零部件及成品，加快培育和扩大工业领域应用市场，带动相关产业转型升级，保障战略性新兴产业发展需要。再次，提升服务民生能力。加大碳纤维在建筑补强领域的应用范围，提高建筑安全系数；继续做大做强碳纤维体育休闲产品，满足民众对文化体育生活的需求；积极开拓碳纤维产品在安全防护、医疗卫生、节能环保等领域的应用，不断满足经济和社会发展需求。

为达到上述目标，需加强科技创新能力，提升产业化发展水平。依托高校和科研机构，系统研究碳纤维生产过程中的关键环节，包括 PAN 的聚合、纺丝成形、预氧化、碳化、表面处理等环节。加强低成本沥青基、木质素基等碳纤维的研发，突破产业化关键技术。同时提高企业的技术改造能力，增强预氧化炉、碳化炉等大型关键设备的自主化制造水平，加快复合材料及应用制品的产业化，降低能耗和污染物排放量，提高资源和能源综合利用水平。另外，需制定行业准入标准，防止低水平重复建设，优化产业结构，鼓励创新型企业的发展，规范碳纤维行业发展。此外，还需积极推动企业间的联合重组，促进碳纤维上下游产业集约、协调发展，形成颇具特色、产权优势显著的产业集聚区。

一、碳纤维发展趋势

（一） PAN 基碳纤维的发展趋势

PAN 基碳纤维未来的发展主要包括两个方向。

1. 高性能碳纤维的制备

东丽公司生产的 T1000 碳纤维的拉伸强度为 7.02GPa，即便是实验室已研制的拉伸强度为 9.13GPa 的碳纤维也仅达到了其理论强度的 5%，因此碳纤维的拉伸强度具有很大的提升空间。碳纤维拉伸强度的提高可通过以下途径进行改进：①聚合工艺的改进；②纺丝原液纯度的提高；③PAN 原丝的细旦化；④生产环境的洁净化；⑤原丝的表面处理；⑥预氧化、碳化时外场的施加。通过工艺的优化，进一步降低碳纤维表面及内部的缺陷，有望得到高强度的碳纤维。

2. 低成本碳纤维的开发

碳纤维由于生产成本高，目前的应用领域主要为航空航天等高端领域，在民用领域特别是汽车、建筑等行业的应用较少。有效降低碳纤维成本有利于进一步拓展其应用领域。目前降低碳纤维成本的方式主要有三种：一是原料成本的降低，包括在 PAN 中添加成本较低的材料，或寻找其他低成本碳纤维前驱体；二是成形方法的改进，采用熔融纺丝等其他低成本纺丝方法，提高纺丝速度，降低有机溶剂回收等费用；三是缩短预氧化和碳化时间，提高碳化效率。

（二）沥青基碳纤维的发展趋势

沥青基碳纤维产业化的难点在于纺丝沥青的调制和沥青的熔融纺丝。与传统概念的沥青不同，纺丝沥青的分子量更高，软化点在 260℃以上。纺丝沥青的调制一般是采用热缩聚方法，其基本原理是沥青分子在高温下裂解出自由基引发缩聚反应。通用级沥青碳纤维的纺丝沥青一般采用重质芳烃化合物氧化或热缩聚调制，其在价格上具有一定的优势。中间相沥青基碳纤维的纺丝沥青要求则较高，最初的中间相沥青是采用单纯热缩聚得到的，但软化点比较高，流动性也较差，导致纺丝温度较高，制备较困难。在此基础上研究人员对其进行了改进，主要归结为以下四点：①工艺参数的改进和优化，降低软化点；②组分的提纯，加速中间相沥青的形成；③加氢改性，改善流变性；④化学合成，降低灰分。

由于纺丝中间相沥青在溶剂中的溶解性较差，目前还没有发现可完全溶解的溶剂，因此仅能采用熔融纺丝。影响沥青熔纺成形的因素较多，包括加工温度、停留时间、设备设计等，沥青的纺丝温度在 300℃以上，此时的沥青会发生二次裂解-缩聚反应，因此停留时间不宜过长。此外，纺丝沥青的黏度随温度变化明显，造成其加工窗口较窄。在设备设计方面，通常选用具有快速熔化和输送功能的单螺杆或双螺杆进行输送。在熔融纺丝过程中，中间相沥青的液晶结构在纺丝过程中的剪切作用下容易沿着纤维的轴向取向排列，得到碳纤维的碳原子排列更接近理想石墨的结构，而且石墨晶体尺寸较大，致使其强度较高。而通用级沥青基碳纤维的取向不高，导致得到碳纤维的力学性能较差。同 PAN 基碳纤维的原丝不同，沥青纤维的拉伸强度很低，导致在后续处理工艺中保持长丝非常困难，因此常采用落筐收丝法来得到沥青长丝。此外，沥青纤维在后处理过程中也无法施加牵伸，但沥青分子的片状结构导致其在熔纺成形中已得到较高的取向，因此并不影响所得碳纤维的性能。在制备碳纤维过程中，沥青纤维还需经过不熔化、碳化以及石墨化等工艺。沥青的不熔化时间较长，设备投入大，有必要进一步深入研究其机理。石墨化处理可使中间相沥青基碳纤维高模量和高导率的优异性能凸显出来，石墨化温度越高，性能越好。石墨化设备的研发及机理的研究同样是个难点。此外，沥青基碳纤维的制备也需要油剂、上浆剂等辅助产品的开发。

秦显营等人采用熔融纺丝方法制备了沥青基碳纤维，考察了其结构与性能的关系，并对制备高性能沥青基碳纤维的主要影响因素进行了研究，提出通过优化纺丝工艺条件、选择合理的氧化、碳化路径可改善纤维结构，提高沥青基碳纤维的力学性能。穆翠红等人采用电化学氧化法对中间相沥青基碳纤维进行表面处理改性，并通过溶胶-凝胶法在处理后的碳纤维表面分别制备了钽、锆涂层，提高了中间相沥青基碳纤维的耐高温抗氧化性能。孙进等人研究了中间相沥青基碳纤维预氧化及碳化过程中结构转变规律，对优化沥青基碳纤维生产工艺具有重要的指导意义。尽管进行了大量的研究工作，但连续的中间相沥青基碳纤维技术还没有研发成功，其关键是纺丝用中间相沥青的生产和连续沥青纤维工艺的开发。此外，减少不熔化和碳化时间，降低生产成本也成为未来沥青基碳纤维的发展方向。

（三）木质素基碳纤维的发展趋势

木质素是自然界中一类具有芳香族结构的天然高分子，普遍存在于维管植物中，与纤维素、半纤维素共同组成植物的主体结构，其产量仅次于纤维素，为第二大天然高分子。作为造纸黑液的副产物，木质素由于具有原料来源广、价格低廉、含碳量高、可再生等优点而颇受关注。

木质素在熔纺成形前一般需要对原料进行提纯，具体要求为：①木质素含量大于99%；②碳水化合物质量分数小于0.05%；③挥发分含量低于5%；④灰分含量小于0.1%；⑤不熔颗粒（大于1pm）含量小于0.05%。对木质素的提纯目前主要包括碱提纯和有机溶剂提纯两种，其基本原理是将可溶性物质和不溶物质分开，达到纯化的目的。布罗丹等人采用陶瓷膜和离子交换膜纯化木质素，所得灰分满足纺丝要求。贝卡等人对比了有机溶剂纯化的木质素和未处理的木质素，发现经有机溶剂纯化后木质素的可纺性大幅提高。为了得到可纺性较好的木质素，一般需对提纯后的木质素进行进一步的处理，主要包括以下几种方法：①加氢和重质化处理。木质素中存在的热不稳定的官能团及键，经加氢后被消除，转换成分子可旋转的立体结构。同时，由于木质素的分子量较低，且含有较多挥发性小分子，因此，需在加热减压下抽滤去除小分子，提高木质素的分子量。②化学改性法。木质素中含有醇羟基和酚羟基，可与酰化试剂发生酰化反应，从而改变木质素的热熔性。③物理共混法。采用高聚物与木质素共混可有效改善木质素的脆性问题，提高可纺性。木质素与高聚物之间的相容性及相互作用对所得纤维的力学性能影响较大。相容性好的高聚物包括PEO、PET、PVC、聚乳酸（PLA）等，相容性较差的高聚物包括PP、PVA等。

尽管通过改性，木质素的可纺性有所提高，但所得碳纤维的力学性能却有待改善。在弹性模量方面，碳纤维的弹性模量理论上可接近石墨的理论模量1020GPa，实际生产的PAN基碳纤维弹性模量已达900GPa，接近目标模量。但目前木质素基碳纤维的弹性模量则要小得多，文献报道中最好的达到94GPa，不足理论模量的1/10，亟须提高。针对木质素基碳纤维模量低的缺陷，可通过在加工过程中施加张力或优化热处理工艺来提高碳层状平面的轴向取向。在拉伸强度方面，木质素基碳纤维同样远远小于其他碳纤维，影响其纤维强度的因素主要包括纤维缺陷、纤维结构和纤维直径等。浦崎等人发现木质素纤维在碳化后，横截面上未出现类似沥青基碳纤维的放射性条纹，而是呈平行状结构，表明在纤维轴向上不具备六角形网状结构的结晶碳，从而导致其力学性能较低。

随着汽车轻量化时代的到来和石油资源的日益短缺，开发低成本可再生碳纤维成为未来的发展方向。因此木质素基碳纤维的发展方向主要包括以下几点：①绿色低成本纯化工艺的研究。通过研究木质素的纯化工艺，降低整体的生产成本，在价格上体现绝对的优势。②木质素的增韧改性研究。将木质素进行合适的化学改性或物理共混，提高其可纺性，改善其脆性大的缺点，得到优质的木质素纤维。③加工工艺的改进。采用外加场等方式缩短预氧化和碳化时间，增大结晶碳的取向排列，提高其力学性能。

二、芳香族聚酰胺纤维发展策略

（一）加强基础研究是芳纶国产化稳定生产与跨越式发展的重要途径

1. 芳纶分子链结构控制

芳纶纤维的原料由对苯二甲酰氯和对苯二胺反应得到PPTA树脂，这一反应在*N*-甲基吡咯烷酮（NMP）溶剂中进行。由于反应活性高、反应热大、反应速度快，而且当分子链长到一定程度会发生相转变，从溶液中以固体形式析出，这些分子链就难再增长。因此，聚合反应的结果是：分子量及其分布难以控制，容易形成支化交联的凝胶化结构，对纺丝的稳定性和纤维力学性能造成很大影响。因此，系统研究如何降低反应活性、减少反应热、推迟或避免相转变发生的新方法，是解决这类复杂问题的根本，同时系统研究在双螺杆聚合反应器中各阶段的反应情况、相态情况、热量情况、分子量及其分布情况，对工艺控制和双螺杆螺纹结构设计会有很大的帮助。

2. 共聚单体设计与合成

共聚单体对提高芳纶性能具有重要作用，我国应该充分发挥有机合成单位的力量，设计合成一系列新的单体，可望制备出更高性能和更低成本的芳纶。同时还要研究在芳纶Ⅱ中加入微量的共聚单体，提高 PPTA 分子链在 NMP 溶剂体系中的溶解度，改变相转变行为，同时又不影响微量共聚的 PPTA 分子链在浓硫酸中的液晶行为，甚至对液晶性能有促进作用。

3. 溶解过程的降解控制

因浓硫酸的作用，PPTA 树脂在配制纺丝液过程中会发生分子链降解，影响纺丝与纤维性能。应该系统研究降解的影响因素及其规律，建立防止降解的溶解方法，包括各原料水分含量的影响、设备、工艺等。

4. 液晶行为研究

芳纶纤维的最大特色是采用液晶纺丝方法，不需要进行拉伸，从喷丝孔出来就可以得到高度取向的纤维，应深入研究这种高取向液晶相在拉剪、温度、凝固液作用下，结构演变的规律及影响因素，这对纤维凝聚态结构控制有质的帮助。

（二）开展多学科合作是提高产业水平的有效途径

芳纶纤维制备是多学科合作的结果，主要包括单体有机合成与纯化、高分子化学、高分子物理、聚合反应工程、溶剂纯化工程、纺丝工程、机械制造、控制等方面。目前我国芳纶与碳纤维产业研制与生产单位每家都小而全，实力单薄，应整合各方面的力量，通盘协作，建立起我国先进的芳纶产业链科研与生产体系。这样才能够适应我国各行业各领域对高性能芳纶纤维的需求，并缩小与国际先进芳纶产品的差距，提高国产芳纶应用比例，尽快建立具有我国自主知识产权的芳纶产品制备工艺技术。

三、超高分子量聚乙烯纤维产业发展策略

（一）继续提升和完善 UHMWPE 纤维生产工艺

目前，国内已有多家 UHMWPE 纤维的生产厂家，尽管它们都有不同规模的生产和各种应用产品，但由于采用的工艺和设备各不相同，在单机产量、产品质量、消耗成本等方面差距较大。不仅国内同行之间存在差距，与国外相比也有一定的差距。当前关键在于选择最佳的工艺路线及最完善、成熟的配套设备，突破 UHMWPE 纤维高新技术“瓶颈”制约，加速结构优化调整和产

业升级。要紧跟世界 UHMWPE 纤维合成与应用的发展潮流，尽快达到经济规模，进一步推进循环经济、节能减排、环境友好，在产品质量、环保、节能等方面都要有所提升，从而使国内 UHMWPE 纤维产业迎来一个快速发展阶段。

（二）加速推动 UHMWPE 纤维的应用与发展

为满足民用市场的需求和国防的独特性需要，我国已几次将 UHMWPE 纤维确定为国家技术创新项目和国家发展重点项目。国内一些企业在保证军需、国防需求外，也在不断开发一些新的产品，产品链标准化工作亟须加强，一条龙应用开拓体系尚待建立，产品的应用领域和范围还有待扩展，这些事关 UHMWPE 纤维产业经济安全和可持续发展，意义重大，以实现我国化纤行业由“数量型”向“技术品种效益型”的战略转变，并在市场竞争中不断发展壮大。面对当前全球新的竞争形势，必须加快树立我国 UHMWPE 纤维产业技术在世界上应有的形象与地位，逐步由化纤生产大国向技术强国迈进。

（三）加强研发创新，深化产学研相结合

中国经济正进入重要转折期，表面上看是从高速增长向中速增长转变，实质上是从资源要素投入驱动转向创新驱动。实施创新驱动发展战略，注重协同创新，构建以企业为主体、市场为导向、产学研相结合的技术创新体系，正是立足于提高质量和效益的主要内容。包括高性能纤维企业在内的任何行业都必须重视科技创新和可持续发展，高水平的高性能纤维研发离不开科技创新的支撑，这就需要国内生产企业要重视与科研院所的合作。

回顾国内高性能纤维生产企业发展历程，在发展初期都是与科研院所合作，通过生产带动科研，科研促动生产，逐步将科研成果转化成新工艺和新产品，但是合作力度会逐渐变弱。失去科研院所的参与和支持，相当一部分企业会遭遇发展瓶颈，不是在技术进步上难有突破，就是在未来发展方向上捉摸不定。实践证明，我国高性能纤维行业初期所取得的成就离不开产学研合作，今后应与科研院校紧密联系，继续深化在基础理论研究、科技成果转化和人才队伍建设等方面产学研合作，推动高性能纤维行业转型升级，为提升行业竞争力提供技术支撑。

四、聚酰亚胺纤维产业发展策略

目前我国长春高琦聚酰亚胺材料有限公司和江苏奥神新材料股份有限公司均已建成两条千吨级生产线，分别形成湿法和干法两种工艺路线。国家有关部门应继续从政策方面加以引导，对高性能聚酰亚胺纤维的开发和生产予以足够

的重视和支持，促进高性能聚酰亚胺纤维进一步发展。建议继续加大聚酰亚胺纤维产业化技术的研发力度，尽快采用具有更多自主知识产权的不同品种聚酰亚胺纤维生产工艺技术并逐步实现产业化工程技术的突破，推动聚酰亚胺纤维及其制品的国产化进程，满足国内需求，逐步替代进口。实现聚酰亚胺纤维产学研学科链的形成。

当前需要积极开发生产稳定的原材料，为聚酰亚胺纤维产业化提供坚实的基础。重点建设配套的从二酐和二胺单体、聚酰亚胺聚合体和纤维纺丝制造的系列生产装置，加强技术创新和合作。生产企业应向规模化、系列化方向发展，形成上下游完整的产业链，填补我国在相关技术领域空白，打破国外对这一技术的垄断，并能为国内发展这类高新技术纤维提供全套成熟的关键性技术，推动我国行业进步和产业升级。

以聚酰亚胺纤维优异的特性，加快市场的开发，进一步拓展其在高强度、高负荷、高温领域内的应用，将更加巩固聚酰亚胺纤维在复合材料领域中的重要地位，使其发挥更大作用，成为最具有发展潜力和高附加价值和广阔应用前景的产业用技术性纺织品，逐渐在一些关键应用领域取代其他的高性能纤维。这对于我国在国防军工、航空航天等高科技领域内的科学发展和现代化建设具有十分重要的意义，也将有利于我国高性能纤维领域整体产品结构调整和效益结构优化升级，同时要实现经济规模生产，降低产品成本，与进口产品竞争，并在国内市场站稳脚跟。

五、聚苯硫醚纤维产业发展策略

2012 年以来，我国粉尘微粒（$PM_{2.5}/PM_{10}$）空气污染问题日益突出。聚苯硫醚纤维作为工业用高温除尘滤袋的一种基础材料，需求量日益攀升。为了满足聚苯硫醚纤维原料供应需求，国家各地区政府和企业全力推动纤维级聚苯硫醚树脂的国产化生产。

面对国外高端聚苯硫醚纤维和其他品种耐高温纤维产品的冲击，国产化聚苯硫醚纤维产品仅仅具有微弱的价格优势，但性能劣势较为明显。因此，发展我国聚苯硫醚纤维产业的主要任务有两个方面：①提高国产化纤维原料和产品的质量稳定性，提高纤维综合性能；②利用聚苯硫醚纤维优异的综合性能，开发应用新领域，实现应用多元化。针对这两个问题，我国应采取以下对策：①产品高品质化，耐高温、耐氧化、耐候性能进一步提升，显著提高复杂苛刻工况下的服役寿命，打破国外对高品质产品的垄断，提高国产化产品竞争力；②产品系列化、功能化，通过直径微细化（细旦、微纳米）、截面异形化、纤维复合化（多组分）以及功能化（抗熔滴、导电、抗静电等），丰富产品系列，拓展应用领域；③纤维制备技术低碳化，聚苯硫醚粉末功能改性——纺丝“一步法”生产技术开发，降低能源损耗，提质增效。

六、聚四氟乙烯纤维产业发展策略

氟化工是资源、技术、资金密集型产业，该产业在我国起始于20世纪50年代，经过60多年发展，形成了氟烷烃、含氟聚合物、无机氟化物及含氟精细化学品四大类产品体系和完整的门类。21世纪以来，我国的氟化工行业高速发展，取得了令人瞩目的成就，氟化工已成为国家战略新型产业的重要组成部分，同时也是发展新能源等其他战略新型产业和提升传统产业所需的配套材料，对促进我国制造业结构调整和产品升级起着十分重要的作用。

“十三五”是我国氟化工产业“转型升级，创新发展”的关键时期，国家实施的“一带一路”倡议和“中国制造2025”战略，坚持创新驱动、智能转型、强化基础、绿色发展，加快从制造大国向制造强国的转变，为氟化工行业发展提供了千载难逢的机遇。随着纤维材料的快速发展与专业细分，定制化产品，满足消费者多元化需求，践行低碳、绿色、环保理念，实现纤维与人、纤维与环境的和谐相处必将成为发展的潮流。“中国制造2025”的核心概念在于提高生产链的灵活生产能力，同时生产自动化，将进一步地实现分工细化，提高整个产业的协同效用。一切从终端市场需求出发，将丰富的产品系列投入到市场上，根据客户反应，对产品进行升级换代，创造新价值，将人工智能、互联网、云制造等现代化制造技术运用到其中，实现柔性生产线升级和供给侧改革。加快产品结构调整与升级，以市场需求为导向，加强宏观调控。以技术创新为依托，提升产业层次，降低原料消耗和能耗，实施清洁生产，实现产品精细化、系列化、集群发展，合理布局，突出重点，优化资源配置，向优势企业集聚，形成几家有特色的龙头企业，提高抗风险能力和国际竞争力，重点增加技术含量高，高性能、高附加值，成长性好的产品，替代进口，满足内需。

随着城镇化和工业化的发展，全球范围内的水体和大气污染日益严重。一方面，由于全球性水资源的短缺，污水处理问题越来越引起人们的重视。特别是我国的水污染情况日益严重，仅纺织印染行业，每年废水排放量高达25亿吨，加之我国水资源短缺，对废水的处理和再次利用就显得非常重要。另一方面，根据世界卫生组织报道，每年城市中有超过200万人因空气污染而死亡。$PM_{2.5}$粒子粒径小，飘浮能力强，在大气中停留时间长、输送距离远，比表面积大，可携带大量有毒、有害及重金属物质，对人体健康和空气质量影响极大，是对人体呼吸道及肺等器官造成危害的主要诱因。从根源上断绝污染物排放的同时，采用过滤吸附以拦截空气中有害颗粒是治理空气污染的有效手段之一。其中，新型纤维材料分离及防护技术是当前公认最有效实现烟气除尘、脱硫脱硝、硫尘过滤与捕集，以及空气洁净、汽车尾气、$PM_{2.5}$ 等高效过滤和个体防护的途径。

参考文献

[1] 代少俊. 高性能纤维复合材料［M］. 上海：华东理工大学出版社，2013.

[2] 唐见茂. 高性能纤维及复合材料［M］. 北京：化学工业出版社，2013.

[3] Hearle J W S. 高性能纤维［M］. 马渝茳，译. 北京：中国纺织出版社，2004.

[4] 徐坚，刘瑞刚. 高性能纤维基本科学原理［M］. 北京：国防工业出版社，2018.

[5] 周宏. 高性能纤维产业技术发展研究［M］. 北京：国防工业出版社，2018.

[6] 俞建勇，胡吉永，李毓陵. 高性能纤维制品成形技术［M］. 北京：国防工业出版社，2017.

[7] 李清文，吕卫帮，张骁骅，等. 高性能纤维技术丛书：碳纳米管线网［M］. 北京：国防工业出版社，2018.

[8] 黄伯云，朱美芳，周哲. 中国战略性新兴产业——新材料：高性能纤维［M］. 北京：中国铁道出版社，2017.

[9] 杨铁军. 产业专利分析报告第14辑：高性能纤维［M］. 北京：知识产权出版社，2013.

[10] 张清华，赵昕，董杰，等. 聚酰亚胺高性能纤维［M］. 北京：中国纺织出版社，2019.

[11] 吕永根. 高性能炭纤维［M］. 北京：化学工业出版社，2016.

[12] 祖群，赵谦. 高性能玻璃纤维［M］. 北京：国防工业出版社，2017.

[13] 张清华. 高性能化学纤维生产及应用［M］. 北京：中国纺织出版社，2018.

[14] 萨日娜. 高性能纤维的表面修饰新方法及其橡胶复合材料的界面设计与粘合性能研究［D］. 北京：北京化工大学，2015.

[15] 刘博. 高性能纤维混凝土力学性能试验研究［D］. 西安：长安大学，2012.

[16] 张忠胜. 几种高性能纤维的弯曲疲劳和有限元应用［D］. 上海：东华大学，2013.

[17] 罗敏. 绿色高性能纤维增强水泥基复合材料加固钢筋混凝土柱试验研究［D］. 济南：山东建筑大学，2013.

[18] 柴晓明. 树脂基厚向混杂防弹复合材料的制备及侵彻机理研究［D］. 杭州：浙江理工大学，2014.

[19] 肖露. 混杂热固性树脂基防弹复合材料的制备及侵彻机理研究［D］. 杭州：浙江理工大学，2013.

[20] 陈杰. 高性能纤维复合纸基摩擦材料的研究［D］. 西安：陕西科技大学，2014.

[21] 何业茂. 高性能纤维增强树脂基复合材料防弹装甲的研究［D］. 天津：天津工业大学，2017.

[22] 李尚佳. 绿色高性能纤维增强水泥基复合材料新型框架节点抗火性能试验研究［D］. 济南：山东建筑大学，2017.

[23] 黄浚峰. 高强聚乙烯防切割手套织物工艺与性能的研究［D］. 杭州：浙江理工大学，2016.

[24] 况宇亮. 高性能纤维水泥基复合材料的制备与优化设计［D］. 南京：东南大学，2015.

[25] 陈莲. 几种高性能纤维的综合性能研究［D］. 北京：北京化工大学，2016.

[26] 丘晓文. 高性能纤维增强环氧树脂基复合材料的振动阻尼性能研究［D］. 天津：天津大学，2014.

[27] 王磊. 橡胶基复合材料用高性能纤维的表面修饰及其粘合性能研究［D］. 北京：北京化工大

学，2017.
[28] 曹田. 超高分子量聚乙烯高性能纤维纺制过程中结构演变机理研究 [D]. 北京：中国科学技术大学，2018.
[29] 胡文静. 纳米 SiO_2 原位改性高性能纤维及其纸基摩擦材料性能研究 [D]. 西安：陕西科技大学，2018.
[30] 黄广华. PVA 纤维与钢纤维对高性能纤维增强水泥基复合材料力学性能影响的试验研究 [D]. 北京：北京交通大学，2010.
[31] 刘晓艳. 柔性高性能纤维的光热稳定性研究 [D]. 上海：东华大学，2005.
[32] 宋磊磊. 高性能纤维针刺毡三维重构及其复合材料性能表征 [D]. 天津：天津工业大学，2016.
[33] 曲日华. 高性能纤维增强尼龙 66 复合材料的制备及应用研究 [D]. 沈阳：沈阳工业大学，2020.
[34] 孙晓婷，郭亚. 高性能纤维的性能及应用 [J]. 成都纺织高等专科学校学报，2017，34 (2)：216-219.
[35] 郭云竹. 高性能纤维及其复合材料的研究与应用 [J]. 纤维复合材料，2017，34 (1)：7-10.
[36] 罗益锋，罗晰旻. 世界高性能纤维及复合材料的最新发展与创新 [J]. 纺织导报，2015 (5)：22-24，26-32.
[37] 杨坤，朱波，曹伟伟，等. 高性能纤维在防弹复合材料中的应用 [J]. 材料导报，2015，29 (13)：24-28.
[38] 周鹏，周中波. 复合材料用高性能纤维及热塑性树脂发展现状 [J]. 合成纤维，2015，44 (8)：21-26，41.
[39] 罗益锋，罗晰旻. 高性能纤维及其复合材料新形势以及"十三五"发展思路和对策建议 [J]. 高科技纤维与应用，2015，40 (5)：1-11.
[40] 罗益锋. 新形势下高性能纤维与复合材料的主攻方向与新进展 [J]. 高科技纤维与应用，2019，44 (5)：1-22.
[41] 牛磊，黄英，张银铃. 高性能纤维增强树脂基复合材料的研究进展 [J]. 材料开发与应用，2012，27 (3)：86-91.
[42] 俞科静，沙晓菲，曹海建，等. 剪切增稠液/高性能纤维复合材料防刺性能的研究 [J]. 玻璃钢/复合材料，2012 (6)：47-51.
[43] 陈利，孙颖，马明. 高性能纤维预成形体的研究进展 [J]. 中国材料进展，2012，31 (10)：21-29，20.
[44] 孔令美，郑威，齐燕燕，等. 3 种高性能纤维材料的研究进展 [J]. 合成纤维，2013，42 (5)：27-31.
[45] 罗永文，陈向标. 高性能纤维的性能与应用 [J]. 当代化工，2014，43 (4)：528-531.
[46] 雷瑞，郑化安，付东升. 高性能纤维增强复合材料应用的研究进展 [J]. 合成纤维，2014，43 (7)：37-40.
[47] 罗益锋，罗晰旻. 高性能纤维及其复合材料的新形势与创新思路 [J]. 高科技纤维与应用，2016，41 (1)：1-9，23.
[48] 田小永，刘腾飞，杨春成，等. 高性能纤维增强树脂基复合材料 3D 打印及其应用探索 [J].

航空制造技术，2016（15）：26-31.
[49] 李陵申. 拓展高科技应用领域，推进军民深度融合，促进行业高质量发展 [J]. 纺织导报，2018（S1）：31-35.
[50] 雷洋. 老工业基地升起的新材料朝阳 [J]. 奋斗，2019（23）：48-50.
[51] 张娜. "纺织之光"碳纤维编织/成型加工技术及应用科技成果推广活动在威海召开 [J]. 纺织导报，2019（12）：89.
[52] 李仲平，冯志海，徐樑华，等. 我国高性能纤维及其复合材料发展战略研究 [J]. 中国工程科学，2020，22（5）：28-36.
[53] 徐坚，王亚会，李林洁，等. 2019年先进纤维复合材料研发热点回眸 [J]. 科技导报，2020，38（1）：82-92.
[54] 董笑妍. 让尖端技术成为行业发展"火车头""纺织之光"纺织复合材料成果推广活动在浙江海宁举办 [J]. 纺织服装周刊，2019（43）：12.
[55] 牛方. 如意集团：用科技硬实力开辟变局中的新局面 [J]. 中国纺织，2020（Z2）：110-112.
[56] 沈锂鸣，马志辉，顾军. 培育世界级纺织、服装产业集群的五个关注点 [J]. 中国纺织，2020（5）：130-132.
[57] 曲希明，王颖，邱志成，等. 我国先进纤维材料产业发展战略研究 [J]. 中国工程科学，2020，22（5）：104-111.
[58] 郭伟. 以创新文化引领打造新材料领域一流转制院所 [J]. 江苏建材，2018（6）：59-61.
[59] 薛采智，陈阳，李凡. 以科技创新助推质量提升江苏省连云港市高性能纤维材料产业质量提升纪实 [J]. 中国质量技术监督，2018（10）：44-46.
[60] 商龚平，马琳. 对我国高性能纤维产业发展的思考 [J]. 新材料产业，2019（1）：2-4.
[61] 赵永霞. 全球化纤产业的最新进展（上）[J]. 纺织导报，2019（2）：25-26，28-36，38.
[62] 唐瑞，杨晓亮，赵安中，等. 重庆市新材料产业现状分析（下）[J]. 功能材料信息，2018，15（6）：7-17.
[63] 钱伯章. 我国将加快高性能纤维创新研发 [J]. 合成纤维，2018，47（10）：5.
[64] 陈南梁. 高性能纤维经编材料助推国家航天事业发展 [J]. 纺织导报，2018（S1）：36-39.